HAIANDAI
ZONGHE GUANLI

海岸带综合管理

周珊珊　朱坚真　刘汉斌　编著

中山大学出版社
SUN YAT-SEN UNIVERSITY PRESS

·广州·

图书在版编目（CIP）数据

海岸带综合管理/周珊珊，朱坚真，刘汉斌编著 . —广州：中山大学出版社，2023. 11
　　ISBN 978 - 7 - 306 - 07785 - 1

　　Ⅰ. ①海…　Ⅱ. ①周…　①朱…　①刘…　Ⅲ. ①海岸带—综合管理
Ⅳ. ①P748

中国国家版本馆 CIP 数据核字（2023）第 064725 号

出　版　人：王天琪
策划编辑：曾育林
责任编辑：梁嘉璐
封面设计：曾　斌
责任校对：谢贞静
责任技编：靳晓虹
出版发行：中山大学出版社
电　　话：编辑部 020 - 84113349，84111997，84110779，84110776，84110283
　　　　　发行部 020 - 84111998，84111981，84111160
地　　址：广州市新港西路 135 号
邮　　编：510275　传　　真：020 - 84036565
网　　址：http://www. zsup. com. cn　E-mail：zdcbs@ mail. sysu. edu. cn
印　刷　者：广东虎彩云印刷有限公司
规　　格：787mm×1092mm　1/16　19. 25 印张　360 千字
版次印次：2023 年 11 月第 1 版　2023 年 11 月第 1 次印刷
定　　价：78. 00 元

001

序

中国太平洋学会理事长、原国家海洋局副局长　张宏声

进入 21 世纪以来，随着时代的进步、国际形势的变化和我国综合国力的增长，发展海洋事业的重要性和迫切性日益突显。目前复杂多变的国际形势，钓鱼岛、南沙群岛等海域的主权问题，以及"台独"势力及其分裂活动的发展，都使我国迫切需要提升海上作战与防御能力，以维护国家的安全与统一。经济的快速发展使我国对资源的需求大大提高。以石油为例，目前我国对石油进口的依存度已达 1/3，而进口石油 90% 以上通过海上运输，因此要扩大港口建设，进行航道开发，发展远洋运输业。解决能源短缺问题，一方面依赖大量进口，另一方面要扎根于自己的能源开发建设。海洋中有大量的能源可以利用，如潮汐能、海洋生物能及海底油气等，其中，开发海底油气资源的需求已日益迫切。海洋环境问题是一个亟待解决的问题，目前我国海域环境质量逐年下降，特别是沿岸及近海海域环境质量堪忧，生态平衡遭到破坏，渔业资源严重衰退，亟待进行管理和治理并开展有关的科学研究工作。

海洋是一个沿海国家社会经济发展的重要空间与资源基地，合理开发、切实保护海洋已经成为关系沿海各国生存、发展和强盛的重大战略问题。我国是发展中的人口大国，社会经济发展对资源的需求旺盛，但长期以来能源、资源的短缺与发展空间的不足一直是限制我国社会经济发展的瓶颈。我国是一个陆地大国，也是一个海洋大国，拥有广阔的管辖海域，环境条件优越，海洋资源丰富，为海洋经济的发展提供了强大的物质基础。海洋在接替和补充陆地空间和资源不足等方面潜力巨大，开发利用海洋来缓解 21 世纪社会经济发展所需的食物、能源和水资源紧张局面具备现实需求的必要性和经济技术的可能性。

改革开放以来，党中央、国务院高度重视海洋工作。党的十七大在规划我国未来 20 年经济社会发展宏伟蓝图时，将"实施海洋开发"作为其中一项重要的战略部署；《国民经济和社会发展第十二个五年规划纲要》首次将海洋作为专门一章进行规划部署；《国家中长期科学和技术发展规划纲要

（2006—2020 年）》把海洋科技列为我国科技发展五大战略重点之一。可见，海洋大开发的时机已经成熟，海洋事业将日益在我国政治、经济和社会的发展中发挥重要的作用。把眼光转向海洋，大规模开发利用海洋资源，以海洋作为自然资源开发的后备战略基地，为中华民族开拓生存发展空间是我国实施可持续发展战略的必然选择。

海岸带作为海洋、陆地、大气相交的地带，占据了约 18% 的地球表面，为全球提供了约 90% 的渔获量，并拥有 25% 的全球初级生产力，是资源类别、品种、储量和开发区位最为优越的区域，对人类的生存与发展起着至关重要的作用。同时，海岸带作为沿海国家对外交流的门户和国防的前沿，在国家经济、政治、社会发展中的地位非常重要。随着经济社会的发展，海岸带以其丰富的自然资源而被誉为"天富之地"，有着巨大的经济、生态和社会效益，是沿海各国和地区的生命带，成为世界经济、文化、政治的荟萃之地。

我国海岸带地处太平洋西岸和欧亚大陆东部的中段，既是世界经济发展最有活力的地带，也是我国海洋开发的主要基地。我国海岸线曲折漫长，总长度接近 30000 千米，其中岛屿岸线长 10000 千米，是世界上海岸线最长的国家之一。该区域蕴藏丰富的土地、矿产、交通、生物、能源、风景名胜等资源，是地球上生产力最高的地区之一。据统计，我国海岸带的石油地质资源量为 64.7 亿～122.6 亿吨，可开采量为 17.1 亿～32.9 亿吨，主要分布在渤海、珠江口盆地和北部湾盆地；天然气地质资源量为 16200 亿～66300 亿立方米，可开采量为 10200 亿～41600 亿立方米，主要分布在莺歌海盆地、琼东南盆地和珠江口盆地。生物资源中节肢动物门、脊索动物门、软体动物门等每门都超过 25000 种；植物界的 6 个门包括海藻 3 个门共 794 种，维管束 3 个门共 413 种，原生生物界 7 个门近 5000 种。港口建设空间资源中可供建港址共有 300 多处，其中可建成万吨级和 5 万吨级及以上级别的港址分别约占总港址数的 3/10 和 1/10。滨海旅游资源丰富多彩，包括海岸景观、海蚀景观、堆积景观、海湾景观、岛屿景观、浪潮景观、海市景观等。随着国际经济和国内经济拓展，海岸带经济将逐渐成为我国经济重要的增长带。

然而，海岸带又是地壳结构稳定性较差、生态环境脆弱的敏感区域。随着社会经济的不断发展，资源的迅速消耗，以及海洋运输、工业和娱乐带来的重大压力等，海岸带更易受到威胁和变得极为脆弱。首先，它面临巨大的人口压力。在世界工业化地区，有 50% 的人口居住在 1 千米范围的海岸带地区，而且仍有大量人口从内陆迁往沿海地区。其次，世界范围内的温室效应带来全球气候变暖，导致海平面上升，致使海岸侵蚀加强，大片的海滨湿地丧失，沿海低地的三角洲平原洪涝灾害增加。据统计，中国的平原海岸已有70%左右被侵蚀。此外，地面沉降、淤积、土地盐碱化和风暴海啸等灾害，对沿海地区发展和建设构成严重危害。面对这些事实，人们必须认识到人类社会是需要永续发展的。在追求经济增长的过程中，人们逐渐意识到人类生存环境与经济发展的对立统一。为了有效地解决目前存在的问题，必须开展海岸带环境综合管理和保护。只有加强海岸带的综合管理和保护，努力实现人与自然和谐共存，才能促进经济、社会和生态环境的可持续发展。

本书遵循由现象到本质的认知规律，构筑海岸带经济与海岸带管理两大部分，所研究的内容在以下方面比以往有所深入：

（1）"海岸带经济"概念和范畴的重新界定。以往的研究成果一般没有对海岸带作出明确的界定或者仅仅限于海岸线狭长的区域。本书结合了中国的地形与经济腹地，向陆一侧以中国的第三级阶梯为限，向海一侧则是以200海里专属经济区为界，进一步拓宽了海岸带的范畴。此外，海岸带的范畴从经济学的角度分析是一个动态的概念，它会随着人类社会的技术进步而不断地得到拓宽。

（2）运用系统工程的思想审视海岸带的资源及产业布局。这不仅仅包括自然资源，还包含海岸带的区位、人口、技术和环境等。根据我国海岸带资源的分布特征及其利用状况，构筑海陆产业的经济布局，实现资源利用效率的帕累托最优。

（3）以海岸带为载体，以海陆统筹为路径，突出产业的优化升级，探讨海洋经济和陆域经济的和谐发展。以海岸带沿线、黄海、长江、珠江沿线作为国家的一级重点开发轴线，在全国的范围内构建"Π"字形的框架结构。同时将主要的铁路干线作为二级开发轴，根据不同的定位确定若干中心城市，组成多层次的全国点轴开发系统。

（4）哲学视野下定位海岸带，实现可持续开发利用。从历史逻辑的角度证明海洋和海岸带的资源不是取之不尽、用之不竭的。作为一个复杂又脆弱的系统，海岸带需要人类实施有效的保护。

（5）从世界的视野出发，借鉴国外海岸带的管理实践经验，结合我国海岸带实际情况给相关部门提出行之有效的管理建议。根据从美国的夏威夷、法国的蓝色海岸，到澳大利亚的黄金海岸管理经验，作者建议我国的海岸带管理应该综合化、法制化。

本书的编写出版，顺应了21世纪开发利用和保护海洋的国际潮流，适应了我国海洋经济社会发展的需求，有利于建立一支高效的海岸带综合管理研究团队，有利于培养一批能担当未来重任的海岸带综合管理专业人才队伍。这对推进我国海洋经济社会发展、维护我国海洋权益、充分利用海洋资源、建设海洋强国、实现海岸带可持续发展都具有重要的现实意义和理论价值。

目　　录

第一章　海岸带综合管理导论

　　本章学习目的：海岸带是陆地系统与海洋系统交接，自然、地理、生态、经济、政治、社会等多系统多要素复合的重要地理地带，是人类社会生产生活的主要舞台和活动场所。随着世界人口数量和经济总量的高速增长，陆域资源大量消耗，几近枯竭，无法满足经济发展和人类需求，人们将目光转向了海洋。作为集聚自然资源、能源要素和产业潜力的空间载体，海洋被各国重视，开发利用海洋资源，发展高新技术下的海洋产业经济已经成为许多沿海国家的重要战略。但随着海洋开发的进行，传统单一的海岸带管理模式已无法满足强度日益提高的海岸带开发的需求，海岸带经济效益降低，生态破坏严重，各国开始寻求新的海岸带管理思路，海岸带综合管理概念应运而生。本章要求学生对海岸带综合管理有一个大致的宏观认知，了解其基本概念、研究对象、研究基础和一些基本的研究方法，以便为后面的学习打下良好的基础。

　　本章内容提要：本章共分为四节，主要介绍海岸带综合管理的基本概念、研究对象、研究基础和研究方法。

第一节　海岸带综合管理的基本概念

一、海岸带

（一）海岸带的概念

海岸带是海岸线向陆海两侧扩展一定宽度的带状区域，包括陆域与近岸海域，对于其范围，至今尚无统一的界定。联合国于 2001 年 6 月发布的《千年生态系统评估》将海岸带定义为"海洋与陆地的界面，向海洋延伸至大陆架的中间，在大陆方向包括所有受海洋因素影响的区域；具体边界为位于平均海深 50 米与潮流线以上 50 米之间的区域，或者自海岸向大陆延伸100 千米范围内的低地，包括珊瑚礁、高潮线与低潮线之间的区域、河口、滨海水产作业区，以及水草群落"。在实际管理中，海岸带范围可根据管理目的和研究需要而定。

现代海岸带包括现代海水运动对于海岸作用的最上限及其邻近的陆地，以及海水对于潮下带岸坡剖面冲淤变化所影响的范围。中国在进行海岸带调查时，规定调查范围为：由海岸线向陆方向延伸 10 千米左右，向海至水深 10～15 米等深线处；在河口地区，向陆方向延伸至潮区界，向海方向延伸至浑水线或淡水线。

目前，关于海岸带的概念尚无统一明确的定义，其范围在世界各国并不一致，在学术界和综合管理部门中还存在很大的差距。

美国根据其《海岸带管理法》，将海岸带定义为临海水域和邻近的岸边土地，彼此间有强烈影响的沿岸水域及毗邻的滨海陆地，这一地带包括岛屿、过渡区与潮间带、盐沼、湿地和海滩。这个区域从海岸线延展到岸边陆地，这些土地的使用将对沿海水域产生直接且重要的影响，对该区域的控制可能受到或非常容易受到海平面上升所带来的影响。参与海岸带管理计划的州，只要认为有利于管理制度，就有权自由定义其海岸带区，但必须经过联邦政府的批准。

墨西哥海岸带被视作三个区域的综合：一是陆地区域，这个区域被沿海自治市和靠近沿海自治市的内陆自治市覆盖；二是海洋区域，即海平面以下到 200 米等深线的区域；三是所有墨西哥岛屿的组合。

英国把海岸带的向陆一侧的范围的边界定为 300 米，而向海一侧则从登陆艇登陆水深算起。澳大利亚把海岸带定义为陆域从平均高潮线算起100米以内的陆地，海域从海岸线算起至3海里以内的区域。斯里兰卡的海岸带陆域宽度为300米，海域宽度为2000米。

（二）海岸带的基本特征

1. 地理位置突出，区位优势明显

中国海岸带背靠广阔的内陆，面向浩瀚的太平洋，水陆交通便利，在中国经济社会发展中有着其他国土区域所没有的优势。当今世界经济、技术、贸易中心正从大西洋向太平洋转移，环太平洋地区正在逐渐成为世界经济增长速度最快的地区。中国海岸带区域正位于这最有利的区域，既是海洋开发的前沿基地和生产基地，又是海洋开发的后勤保障基地，在海洋开发利用过程中具有独特的功能和作用。①

2. 资源密集，易于开发

海岸带是地球上四大自然圈层（岩石圈、大气圈、水圈和生物圈）汇聚交集的区域，生态上具有复合性，蕴藏着更为丰富的自然资源，如化石资源、土地资源、生态资源、海水资源、空间资源等。这里不仅资源种类多，储量也是极为巨大的。例如，海岸带是咸水和淡水的汇合地，是鱼虾等水生物大量繁殖、发育生长与洄游的场所，形成了高生产力和生物多样性的生态系统。又如，海洋具有丰富的油气资源，我国海岸带的油气资源相当丰富，渤海、南黄海、东海、珠江口、莺歌海和北部湾存在六大含油气盆地，这些都是我国海洋石油产业的前沿阵地。

3. 生态环境脆弱

海岸带生态环境脆弱主要有三个方面的原因。一是海洋处于生物区层的最底部。"条条江河通大海"，人为过程和自然过程产生的废弃物绝大部分最后要流归大海，而且海洋污染总负载的一半集中在占海岸带面积1‰的沿岸地区，因此海岸带是最容易受到污染的区域。二是海岸带作为海陆过渡与相互作用的地带，海陆相互作用剧烈，具有多样性的自然地理地貌特征，是自然灾害最严重的区域。这里不仅受到陆上各种自然灾害的影响，更受到海岸带自然灾害的破坏。三是海岸带地区是人口密集、人类经济社会活动频繁的地区。人类各种不合理的开发等因素会诱发和加剧各种灾害与生态问题，如海水入侵、土地盐碱化、海岸侵蚀等。上述因素相互影响、

---

① 朱坚真：《海洋经济学》，高等教育出版社，2010，第76－79页。

相互叠加，使海岸带的地区的生态系统脆弱，极易受到破坏。[①]

（三）海岸带的划分范围

根据潮汐作用的范围，海岸带可划分为三个部分。

1. 潮上带

潮上带指平均大潮高潮线以上至特大潮汛或风暴潮作用上界之间的地带。此带常出露水面，蒸发作用强，地表有龟裂现象，有暴风浪和流水痕迹，生长着稀疏的耐盐植物。此带常被围垦。

2. 潮间带

潮间带指平均大潮低潮线至平均大潮高潮线之间的地带。此带周期性地受海水的淹没和出露，侵蚀、淤积变化复杂，滩面上有水流冲刷成的潮沟和浪蚀的坑洼，是发展海水养殖业的重要场所。

3. 潮下带

潮下带指平均大潮低潮线以下的潮滩及其向海的延伸部分。此带水动力作用较强，沉积物粗。

二、海岸带综合管理的概念及特征

（一）国外海岸带综合管理的概念

20 世纪 30 年代，阿姆斯特朗等[②]就提出对延伸至大陆架外缘的海洋资源区应当采取综合管理，这是海岸带综合管理思想的萌芽。美国于 1972 年颁布《海岸带管理法》，提出对海岸带地区实施"综合开发，合理保护，最佳决策"的管理方针，拉开了海岸带综合管理的序幕。[③]

1992 年召开的联合国大会上通过了《关于环境与发展的里约热内卢宣言》（以下简称《宣言》），正式提出"海岸带综合管理"的概念，并首次解释了其内涵。《宣言》将海岸带综合管理定义为"一种政府行为，各利益集团在国家或政府公权力的引导下参与到海岸带综合管理规划及实施中，寻求各方平衡的最佳利益方案，协调海岸带开发与保护之间的矛盾，获得

---

① 徐质斌：《海洋经济学教程》，经济科学出版社，2003，第 174 – 175 页。

② 阿姆斯特朗、赖纳：《美国海洋管理》，林宝法等译，海洋出版社，2000，第 35 – 37 页。

③ Khelil Nawel, Larid Mohamed, Grimes Samir, Le Berre Iwan and Peuziat Ingrid, "Challenges and Opportunities in Promoting Integrated Coastal Zone Managemet in Algeria: Demonstration from the Algiers Coast," *Ocean & Coastal Management* 62, no. 18 (2019): 185 – 196.

海岸带区域的总体发展"。① 这次会议将传统的各部门独立执法、互不干涉的单目标海岸带管理转化为多部门协调统一、联合执法的现代海岸带综合管理。1993 年，世界海岸大会上制定的《世界海岸 2000 年——迎接 21 世纪海岸带的挑战》中将海岸带综合管理定义为"一项政府措施，政府通过制定必要的法律法规和机构框架，保证海岸带开发与环境保护相结合，并吸引有关方参与"，强调从国家立法层面推行海岸带综合管理。

约翰·克拉克将可持续发展概念应用到海岸带综合管理的内涵中，提出"海岸带综合管理将可持续发展概念应用于每一个发展阶段，通过编制发展规划和监督开发项目，避免对沿海地区资源环境的破坏"。② Sorensen J. 将海岸带综合管理的环境内涵和战略内涵综合起来，将海岸带综合管理定义为"以海岸带地区的资源、生态等自然条件和政治、经济等社会条件为基础，横向各部门和纵向各级政府、非政府组织都参与其中，利用多种法律法规及措施对海岸带资源和环境进行综合的管理和规划，并对相关利益集团进行引导，确保海岸带的资源能源得到高效利用，区域环境得到保护和改善"。这个定义中对海岸带综合管理的实施主体提出了新的观点，除了政府，还包括各级非政府组织。

加拿大学者里基兹在我国就海洋综合管理的有关问题举办讲座时将海岸带综合管理提升到发展战略的高度，指出国家政府为协调海岸带开发中的利益关系，解决开发矛盾，应制定相关法律法规对海岸带实施动态监控和管理，以保证海岸带资源在保护的基础上开发利用，发展健康可持续的海岸带经济。其内涵解释对我国海岸带综合管理研究产生了巨大影响。③

（二）我国海岸带综合管理的概念

我国的海岸带综合管理研究起步较晚，最早是任美锷等④提出海岸带管理应当遵循"多单位、多系统、多方面"原则。范志杰等⑤综合当时国外研究成果，将海岸带综合管理定义为"国家政府通过制定和实施海岸带地区开发、利用和管理的发展战略，协调分配自然环境、生态和社会、经济、

① John Gibson, "Integrated Coastal Zone Management Law in the European Union," *Coastal Management* 31, no. 2 (2003): 127 – 136.

② John R. Clark, "Coastal zone management for the new century," *Ocean & Coastal Management* 37, no. 2 (1997): 191 – 216.

③ 刘艺:《我国海岸带综合管理研究述评》,《法制与社会》2018 年第 11 期。

④ 任美锷、吴平生:《加强我国海岸带立法工作》,《海岸带开发》1985 年第 2 期。

⑤ 范志杰、薛丽沙:《略论海岸带综合管理》,《海洋信息》1995 年第 6 期。

文化资源，对海岸带地区进行全时段和全方位的动态管理，实现海洋资源保护前提下持续稳定的海岸带开发利用"。鹿守本①提出海岸带综合管理是"海洋综合管理在海岸带区域的细化，是一种高层次的政府职能行为和管理方式，通过制定法律规划和执法监督等手段，协调管理海岸带的资源环境和开发利用行为，达到海岸带开发利用的可持续发展"，该定义涉及海岸带综合管理的实施主体、手段、目的等多个方面，也是我国目前最受认可的海岸带综合管理内涵。其后国内学者的看法基本与之相似，将海岸带综合管理理解为通过政府行为对海岸带开发进行调控管理，最终实现海岸带的可持续发展利用。

此后，管治理念被引入海岸带综合管理研究中，将海岸带综合管理定义为"实现海岸带地区最优资源环境组合和最大获益的管理方式，将管治理念引入管理的各个环节之中，通过专家咨询和多方协商，达到相关集团利益冲突的协调"，强调海岸带综合管理对资源保护和经济发展的协调作用。海岸带综合管理在海洋文化遗产保护方面也得到了广泛应用。海岸带综合管理作为一个综合性的管理体系，通过统筹协调海岸带地区的资源、环境、生态、经济、社会、文化和娱乐等各项功能，实现海陆统筹规划管理，同时避免行政管理分裂造成的管理空隙和重叠，最终实现海岸带地区的协调可持续发展。②

所有这些为海岸带综合管理赋予了更加丰富的内涵。总体上来说，海岸带综合管理是一个持续的、动态的、综合的管理过程，由各级政府组织实施，在海岸带开发利用中更加注重对资源环境与生态系统的保护，将海岸带资源、环境、生态系统、经济效益等都纳入管理参考指标中，对开发与保护活动进行综合评估，从而实现海岸带区域自然资源、环境与社会经济的健康发展。

（三）海岸带综合管理的特征

1. 动态性

随着海岸带地区人口、社会经济、资源需求及开发利用程度不断的变化，海岸带地区的生态、地貌和水文等状况也不断变化，使海岸带系统也一直处于动态变化之中。这就要求在海岸带综合管理中，应根据海岸带地

---

① 鹿守本：《海岸带管理模式研究》，《海洋开发与管理》2001年第1期。
② 朱宇、李加林、汪海峰、龚虹波：《海岸带综合管理和陆海统筹的概念内涵研究进展》，《海洋开发与管理》2020年第9期。

区的变化适时调整海岸带管理的政策、计划和规划，使海岸带开发利用管理和保护处于动态、连续的过程。

2. 综合性

海岸带综合管理与分部门、分行业的管理相比，更强调综合性，其综合性主要体现在海陆间的综合、海岸带的政府部门间的综合，以及各学科间的综合。海岸带既包括海域部分，又包括陆域部分，地理位置和生态环境特殊。它涉及的部门众多，除海洋管理部门外，还包括国土资源、农业、林业、旅游、环保、交通等部门。各部门职责不同，因此海岸带综合管理成为必需。另外，它所涉及的学科也很多，不仅包括地理、环境和生态等自然科学范畴，还包括管理、社会、法律、教育等社会科学范畴。

3. 可持续发展性

可持续发展的基本特征是保持生态持续、经济持续和社会持续。海岸带开发与管理不仅涉及海岸带自然资源系统和社会经济系统，还涉及局部利益与整体利益、近期利益与长远利益，它们之间具有很强的关联性和制约性。海岸带综合管理强调在这些关联性和制约性中找到平衡点，以实现海岸带的可持续发展。[①]

三、相关概念

海岸线：海洋和陆地是地球表面两个基本地貌单元，划分海洋和陆地相互交汇的界线称为海岸线。

海洋经济：指人类开发利用及保护海洋资源而形成的各类产业及相关经济活动的总和。

海岸带资源：指以海岸地为依托，在海洋和陆地自然力下生成的广泛分布在整个海岸带区域内，能够适应或者满足人类物质、文化及精神需求的被人类开发和利用的自然或社会资源。

---

① 姜忆湄、李加林、马仁锋、吴丹丹、王腾飞、叶梦姚：《基于"多规合一"的海岸带综合管控研究》，《中国土地科学》2018年第2期。

第二节　海岸带综合管理的研究对象

一、海岸带资源开发利用与保护

我国既是一个陆地大国，也是一个海洋大国。从辽宁省的鸭绿江口，到广西壮族自治区的北仑河口，是一条长 18000 多千米，蜿蜒曲折的海岸带。海岸带是大陆和海洋的过渡地带，是人类开发海洋活动的桥头堡，是我国国土的一个重要组成部分。海岸带的宽度，一般从海边向陆地延伸 10 千米左右，向海伸展到 10～15 米等深线。据相关海岸带和海涂资源综合调查资料，我国海岸带总面积约 35 万平方千米。其间横跨温带、亚热带、热带三个气候带，穿越渤海、黄海、东海、南海四个海区，地理环境复杂，资源丰富。充分合理地开发利用这些资源，对于我国的社会经济的发展，将起到十分重要的作用。

我国沿海地区自古以来就有渔盐之利、舟楫之便。中华人民共和国成立以来，党和政府十分重视海洋开发事业，从中央到地方各有关部门，都为海洋开发做了大量工作。1964 年，成立了国家海洋局，担负起我国海洋资源与环境的调查监测任务，取得了丰富的科学资料。1986 年，国务院成立海洋资源开发保护领导小组，进一步加强我国海洋资源的研究、开发与保护工作。1989 年，国务院又明确国家海洋局是管理国家海洋事务的职能部门，实行对海洋的综合管理。2013 年，国务院新一轮政府机构改革提出，在海洋管理领域重新组建国家海洋局，成立中国海警局，建立国家海洋委员会，并进一步理顺了国家海洋局同环境保护部、海关总署、交通运输部等涉海行政机构之间的海洋管理职能划分，表明了我国海洋管理体制由分散向集中的发展趋势。2018 年，中共中央印发的《深化党和国家机构改革方案》不再保留国家海洋局，而将其与水利部、农业部等其他有关部门的职责进行了整合，新组建了自然资源部，对外仍保留国家海洋局的牌子。同时将原国家海洋局应对污染等职能并入了新组建的生态环境部，这就解决了过去污染防治与保护部门分割问题。①

在党中央、国务院的领导与关怀下，我国海洋开发事业蓬勃发展，取

---

① 史春林、马文婷：《1978 年以来中国海洋管理体制改革：回顾与展望》，《中国软科学》2019 年第 6 期。

得了巨大的经济效益和社会效益。

二、海岸带产业政策

海岸带资源的开发利用首先涉及一系列经济政策，如产业政策、投资政策、财政政策、金融政策、价格政策、国民收入分配政策、经营使用政策、社区政策、资源保护政策等。这些政策各有其自身的目标和作用的领域。在这些经济政策中，产业政策处于主导地位，它对其他经济政策有重要的导向作用，其他经济政策必须促进产业政策目标的实现。

产业政策的研究为制定切实可行的政策提供依据，对有效地解决开发利用中的重大性政策问题，使海岸带资源开发利用顺应国民经济和社会发展的客观要求，走调整结构、提高效益、依靠科技、持续发展的路子具有十分重要的现实意义，同时也是深化经济体制改革，实行计划经济与市场调节相结合，建立有效的宏观调控体系的重要步骤。

海岸带产业政策是调控海岸带资源在国民经济各部门之间配置的一切政策的总和。海岸带产业政策又可分为海岸带产业结构政策、海岸带产业组织政策和海岸带产业科技政策等。产业结构政策是指规划海岸带产业结构发展方向，协调产业间相互关系，促进产业结构转移的政策。产业组织政策是为了实现资源在产业间和产业内部的有效配置所采取的干预市场的行为和调节市场的一系列政策措施。产业科技政策是指引进新技术，开发新技术，以技术进步带动海岸开发的政策，重点是培养、引进和合理使用人才，引进、吸收新技术，提高劳动者的素质，大力促进科技与经济的结合。

海岸带作为一个特定的区域，其产业政策具有以下几个明显的特点：

（1）强调地域性。海岸带产业政策的制定必须考虑海岸带的具体条件。

（2）强调发展。海岸带产业政策通过规划和调节各产业部门及产业内部的资源分配与使用过程，以争取海岸带经济尽可能快的增长。

（3）强调引导。海岸带产业政策主要运用各种经济手段和经济立法，诱导各开发单位和企业将其经营活动纳入产业政策所要求的轨道，使产业政策目标化为经济运行的内在机制。

（4）强调开放。海岸带是我国对外开放的前沿地带，其在技术交流、信息对流、物资周转、出口创汇等方面有着重要地位。

第三节　海岸带综合管理的研究基础

一、系统理论

系统论是贝塔朗菲（L. Von. Bertalanffy）在 1932 年创立的。1968 年贝塔朗菲发表《一般系统理论：基础、发展和应用》，被公认为这门学科的代表作。

系统论的核心是系统的整体观念，定义中包括要素、系统、功能、结构四个概念，论述了要素与系统、要素与要素、系统与环境三方面的关系。系统论的观点是，任何系统都是一个有机的整体，而不是各个部分的机械组合或简单相加，更为重要的是系统本身的整体功能是各个要素在单独状态下所不具备的新质。系统论反对机械论的观点，认为整体大于部分之和；强调系统中的各要素并不是孤立存在，而是每个要素都处于系统中一定的位置上，起特定的作用。各要素之间互相关联，从而构成不可分割的整体。

系统论认为，关联性、整体性、动态平衡性、时序性、等级结构性等是所有系统的共同的基本特征。海岸带作为一个独特的系统，因其关系复杂、规模巨大、参数众多，无论是从管理、资源还是环境等方面来考察，欲实现海岸带可持续发展，系统论的思想必须蕴含其中。

（一）海岸带系统的整体性

系统具有整体性，表现为两个方面：一是系统是由两个或以上部分组成，要求保持一定的层次和结构，离开了部分就谈不上整体；二是系统具有的功能有别于各部分的功能，也并非各部分功能的简单叠加，各部分组成系统之后可以产生新的功能。海岸带作为一个大的系统，从纵向来分，可以是由油气系统、滨海旅游系统、交通运输系统、海水利用系统、海洋能源系统等多个小系统组成；从横向来分，海岸带系统是由各个区域的系统构建而成，如中国的海岸带系统由渤海海岸带系统、黄海海岸带系统、东海海岸带系统、南海海岸带系统及经济腹地系统构建而成。海岸带作为有机的系统，具有多种层次，而每个层次又有各自的独特功能。因此，在进行海岸带管理的过程中，我们必须树立全局观念，统一规划，加强各要素的管理，发挥其协同效应。

（二）海岸带系统的相关性

系统的相关性表现为各要素是相互作用和相互联系的。海岸带是承接海陆产业的重要载体，该系统集中体现了海洋与陆地两套系统的联系。从地理学角度分析，海陆间通过大气环流实现了水热循环，通过风的直接作用和河流的搬运实现了海陆的地质循环，通过微生物的腐化分解实现了海陆的能量循环；从产业经济的角度分析，海岸带是海洋产业和陆域产业两大系统的集合体，这两大系统同时构成了海岸带经济发展的重要支柱。它们在时间上具有对等性，在空间上具有互存性。

（三）海岸带系统的动态性

系统处于不断的发展变化之中，对系统要进行过去、现在和未来相结合的审视。海岸带系统也是不断发生变化的。一方面是由于自然因素的变动，如地壳的运动、海水的侵蚀及微生物的活动等；另一方面是由于人为因素的破坏，如大量排放二氧化碳等有害气体导致温室效应，造成的海平面上升，陆源污染物的排放造成的海水富营养化，过度捕捞导致生物资源的严重衰退，海岸工程建设、海上运动使海岸带的环境逐步恶化，等等。因此，这意味着我们要用发展的观点来分析系统的问题。

二、区域经济的一般理论与方法

根据区域经济理论，经济区域是人的经济活动所造就的、围绕经济中心而客观存在的、具有特定地域构成要素并且不可无限分割的经济社会综合体。海岸带就是一个经济区域，而海岸带经济属于区域经济的范畴。

（一）区域经济梯度转移理论

区域经济梯度转移理论是20世纪70年代区域经济学者在产品的生命周期理论和区域生命周期理论的基础上发展而来的。该理论认为区域经济的盛衰主要取决于主导专业化部门所处的工业生命循环中的阶段，技术和经济的发展区域梯度是客观存在的。创新活动一般发源于高梯度地区，并随着时间转移和生命循环阶段变化，通过多层次的城市系统由高梯度地区向低梯度地区转移。海岸带处在经济和技术发达的高梯度地区。据统计，全世界大约有2/3的大中城市集中在沿海地区，有2300多个港口位于该区域，有80%以上的海洋资源利用活动集中在海岸带和浅海地区。[①] 因此，要实现创新活动从海岸带地区沿着梯度向内地或者欠发达的地区顺利转移。

（二）区域产业结构理论

区域产业结构是指特定的区域内各类产业的构成及产业间的相互依存、相互制约的联系和比例关系。按照功能性分类，产业大致可以分为主导产业、关联产业和基础产业。其中，主导产业是区域经济发展中起组织和带动作用的先导性产业。在海岸带经济中，现阶段的主导产业主要是油气产业、渔业和港泊工业，当然不同区域会有所差异。关联产业是与主导产业具有投入－产出关系，在技术等方面有着密切联系，或为主导产业进行配套、协作的产业。[②] 海岸带的关联产业包括与油气业相关的石油开采业、石油化工业，与渔业相关的海产品加工业，等等。若海岸带的产业间的关联度大，则区域经济凝聚力强，产业间可以相互促进互补，产品在市场上具有竞争力。

（三）产业集聚理论

产业集聚理论源于经济学家马歇尔提出的产业空间集聚理论，该理论认为企业为了追求外部规模经济而出现集聚。当大量企业集聚在某一区域时，会促进专业化的分工和服务业的发展，引起知识量的增加和信息技术的传播。随着区域内交通等基础设施的进一步完善，产业集聚会加速，形成国际竞争优势的产业集群。海岸带有着得天独厚的区位优势，面临海洋，背靠内陆，交通运输便利，人口密集，消费需求大，资源储量大，再加上政府的优惠政策，该区域产业聚集明显。产业聚集是竞争与合作共存，从竞争角度看，它激励了创新，给海岸带区域注入了活力；从合作角度看，它提升了整个海岸带区域的经济效益。这些都有效地促进了社会经济的发展。

三、海岸带资源管理理论

海岸带资源丰富，但公共物品的属性使市场经济活动中一些资源配置

---

① 董健、王淼：《我国海岸带综合管理模式及其运行机制研究》，《中国海洋大学学报》2006年第4期。

② 陈计旺：《地域分工与区域经济协调发展》，经济管理出版社2001，第86－90页。

低效率或者无效率；由于海岸带的陆地和水体之间复杂的相互作用和影响，海岸带的综合管理必须同时包括这两者。在海岸带进行的多种活动和开发其拥有的资源（如渔业资源、不可再生资源）的过程，都需要合理的资源配置，并置于某个特定的管理之下。

（一）外部性理论

外部性是指一个生产者或消费者的行为对其他生产者或消费者福利的影响，但没有一种激励机制使产生这种影响的生产者或者消费者在决策的时候考虑这种行为对别人的影响。它表现为外部经济和外部不经济，后者是导致市场失灵和政策失灵的主要原因之一。外部性的存在意味着资源存在非帕累托最优配置，同时也为解决海岸带资源的管理问题奠定了基础。

海岸带资源是准公共物品，具有外部性效应。如围填海工程导致对生态的破坏和环境的污染、过度捕捞导致近海一些渔业资源濒临灭绝等，这些都是海岸带资源在开发利用中所体现的外部性。一般情况下，当社会产品存在外部性时，市场对该资源的配置就缺乏效率。海岸带资源被过度利用、生态环境恶化的外部性行为体现了私人成本与社会成本、私人收益与社会收益不一致。

（二）海岸带综合管理理论

海岸带区域可以分三个主要地带，分别为陆域腹地带、海陆交叉带和海洋前沿带，其中，海陆交叉带又可以分为海岸区、沿岸水域和近海。这些地带相互交错，但各地带的所有权、政府利益和政府部门不同，需进行跨区综合管理。例如，从地域的所有权来看，私有权在陆域腹地带中占统治地位，海陆交叉带倾向于公有和私有并存，海洋前沿带基本上属于公有；从政府利益的性质来看，地方机关的权力在陆域腹地带比较大，海陆交叉带则受地方和国家权力的共同影响，海洋前沿带中国家的权力就占了绝对的优势。[①] 此外，不同地域管理的目标也不尽相同，单目标和多目标交叉碰撞。因此，在进行海岸带综合管理的时候，需注意各部门、政府、空间和管理科学的综合。

---

① 杨金森：《海岸带管理指南：基本概念、分析方法、规划模式》，海洋出版社1999。

四、海岸带可持续发展理论

可持续发展的思想始于 1972 年联合国人类环境会议发表的《人类环境宣言》。1987 年，联合国世界与环境发展委员会发表的《我们共同的未来》报告中，将可持续发展定义为"既满足当代人的需求，又不对后代人满足其需求的能力构成危害的发展"。1992 年的联合国环境与发展大会通过的《21 世纪议程》，又对可持续发展 40 个领域问题进行了具体阐述，并推出了 120 个实施项目，标志着可持续发展从理论走向实践。[①] 中国政府根据此次大会的精神，制定《中国 21 世纪议程》，确定中国未来要实施可持续发展战略。该议程明确规定"海洋资源的可持续发展与保护"作为重要行动方案的领域之一，而海岸带则是开发与保护的重点。

（一）海岸带资源利用可持续理论

可持续发展理论的基本含义就是保证人类社会具有长远的持续发展能力。因此，在海岸带资源的可持续发展就是要构筑环境生态的可持续发展模式，更新经济增长观念，将传统粗放型的外延经济增长转变为现代集约型的内涵经济，防止在发展海岸带经济过程中出现"高消耗—高消费—高污染"的现象。另外，要实现生产、流通和消费的可持续发展，走循环经济路线。海岸带的生产、流通和消费是在一定的生态环境和社会环境中进行的，并且不断消耗各种资源，海岸带的可持续利用就是要求生产、流通和消费模式都具有可持续性，实现海岸带资源的利用、生态环境和人类社会之间的良性循环，从而达到社会的全面进步与发展。

（二）海岸带开发协调发展理论

海岸带的开发协调发展首先表现为经济发展与环境保护之间的协调。海岸带开发与海岸带资源、环境的承载能力要协调一致，以保证其可持续利用，同时要注意到临近区域所有开发的内容及彼此之间可能产生的影响，力求将每一类开发活动所产生的负面影响降至最低。海岸带资源的开发程度越高，这种协调能力越需加强。其次是整体利益与局部利益之间的协调。开发利用海岸带资源要从整体大局着手，兼顾局部，积极统筹经济与社会的利益，使其发挥最大的效用。最后是陆地系统与海洋系统及各利益部门

---

① 林强：《蓝色经济与蓝色经济区的发展研究》，博士学位论文，青岛大学，2010，第 36 页。

之间的协调。海岸带的开发涉及很多行业，协调发展是客观要求，如水产、石油、旅游、交通等各行业要协调发展，各取所需，各得其所；海陆产业应该协调合作，共同保护海洋生态环境。

（三）海岸带资源代际公平分配理论

代际公平分配理论主要探讨资源在代际之间如何实现公平分配的理论和方法。具体在海岸带资源方面，则要求当代人不应对后代人开发利用海岸带资源造成不良影响，保证在同代人之间及当代人与后代人之间实现海岸带资源的合理配置。其实，海岸带资源的代际公平分配理论就是不断调整海洋资源开发与利用方式而使其逐步趋向合理的理论。

第四节　海岸带综合管理的研究方法

一、唯物辩证的研究方法

唯物辩证的研究方法是我们必须坚持的科学的世界观和方法论。研究经济问题一定要从经济发展的历史和现实社会实践的客观事实出发，探索其发生、发展的经济运动规律。历史唯物主义是我们必须坚持的研究方法，这是所有研究方法的基础。但这还不够，还要坚持辩证唯物主义。事物不是静止的，而是运动的；不是片面的，而是全面的；不是孤立的，而是相互联系和相互影响的。因此，事物存在的现象形态并不直接表现它的本质。机械地、静止地、片面地观察事物容易一叶障目，只见树木不见森林。只有用发展的、全面的、历史的眼光看待事物现象间的联系，才有可能揭示其内在的逻辑规律性。因此，唯物辩证法是科学的世界观和方法论。

二、调查研究和统计分析的研究方法

历史唯物主义的思想方法论决定了经济理论研究的方法，首先是调查研究方法和统计分析法。研究问题必须有的放矢，对研究对象历史发展的相关资料及现实运动的实际情况的完整掌握，是我们研究问题的事实依据和出发点。在充分占有事实资料的基础上进行研究，就有可能使我们从经济事实中产生感性认识，再从感性认识上升为理性认识。在研究经济问题时要充分运用统计分析方法。经济运行由其技术经济联系所决定，社会再生产的各个环节都会产生大量的资源配置状态变化的数据资料，对某种经济现象的数据资料进行统计分析，就可能会发现这种现象背后的规律性的东西。我们已经知道，经济现象的数量关系总是以一定的量的物质要素为基础的，数量比例的变化反映其内在本质的变化规律的要求。在我们已知的经济理论中，有许多都是在数量的统计分析中揭示的。

三、归纳和演绎相结合的研究方法

从具体到抽象及从抽象到具体，都需要归纳和演绎的科学抽象法。社会科学不同于自然科学，其研究必须用抽象思维。要把影响研究对象的众多复杂因素中的次要因素分离出来，把说明该现象的基本的、有决定性的重要因素抽取出来，确立概念，规定内涵，用归纳法和演绎法探求它们之间的运动规律和它们之间联系变化的规律。这可以说是马克思主义经济理论基本的研究方法之一。

四、经济推理的研究方法

推理，即由一个或几个已知判断（前提）推出未知判断（结论）的思维形式。演绎和归纳的过程可以说都离不开推理这种思维形式。但是，要使推理的结论确凿，必须遵守两个条件：前提真实和推理的形式正确。两者构成推理的充分必要条件，缺一不可。正确使用经济推理方法，必须避免以下常见的错误推理形式：

（1）后此谬误。如果仅仅因为一件事情发生在另一件事情之前，就想当然地认为前者是后者的原因，那就错了。两者之间存在内在联系应是推理的前提。

（2）不能保持其他条件不变的谬误。要切记一个基本原则，即当分析一个变量对于经济体系的影响时，结论是要在保持其他条件不变时做出的，否则结论就可能错误。

（3）合成性谬误。从对局部来说是正确的结论，推出这个结论对整体来说也正确，就有可能犯了合成性谬误。

五、实证分析与规范分析相结合的研究方法

与研究其他经济理论一样，研究海岸带经济问题时，也要区分事实本

身和是否公平这两个问题，即这个事物"是什么"和这个事物"应该怎么样"，这是两个完全不同的问题。"是什么"的问题，是关于事物内涵及客观规律的客观描述，旨在揭示它的客观存在；"应该怎么样"的问题，是人的主观心理对事物自身及其发展的期望，包含着人的价值判断，即伦理信条和公平标准。回答"是什么"的经济分析，是实证分析；回答"应该怎么样"的经济分析，是规范分析。实证分析揭示的是事物的客观规律，而规范分析表达的是希望该事物有怎样的规律及客观规律该怎么运动。海岸带经济的研究应以实证分析方法为主，因为海岸带经济虽然历史久远，但其理论研究却非常年轻，未知领域很多，需要更多的实证研究来揭示其特殊规律。同时也要结合规范分析，在清楚"是什么"的基础上，告诉人们"应该怎么样"实践的理由。

六、社会评价研究方法

对海岸带经济的研究不仅要对其现象进行认知，还要对经济问题及其结果进行评价。能否运用恰当的评价方法直接关系到评价的结果是否合理，并进而直接影响到海岸带经济问题的决策和实践。

一般来讲，在社会科学研究中，一方面，人们要不断发现新的经验事实，构建新的理论，这就是社会认知；另一方面，人们还要不断地对事实和理论进行比较、选择和评价，这就是社会评价。两者是相互交织的，主要表现在：

（1）社会认知是社会评价的基础。每一种、每一次社会评价都是出于某种动机，根据某种观点、理论作出的，而且只有根据该动机、观点，那种理论才是有意义的、合理的评价。

（2）社会评价是社会认知的动力源，社会评价对社会认知也产生某种保证。社会评价对社会认知具有规范和选择的作用，这种作用不能用实践检验来代替，因为实践只能检验认知的结果，社会评价却可以规范头脑里的理论建构过程。

（3）社会认知与社会评价是内在交织的。具体地讲，社会认知过程是一个观测、发现问题，确定目标，拟定、建构各种理论，评价、验证各种方案，做出最终决策的过程。

（4）社会认知也有一个理解社会评价本身的问题。在社会决策活动中，社会评价的成果对社会决策的合理性产生直接影响。在决策中，社会评价标准直接参与其中。①

练习思考题

1. 海岸带的概念是什么?
2. 海岸带有哪些基本特征?
3. 请简要描述海岸带的划分范围。
4. 海岸带综合管理的特征是什么?
5. 海岸带综合管理的研究对象是什么?
6. 海岸带产业政策有哪些特点?
7. 海岸带综合管理的理论基础是什么?
8. 海岸带综合管理有哪些研究方法?

---

① 欧阳康、张明仓:《社会科学研究方法》,高等教育出版社,2001,第319 – 320 页。

第二章　影响海岸带综合管理的基本因素

本章学习目的：海岸带是向海洋进军的前沿阵地，又是其后勤供应的主要基地。它以其丰富的自然资源而被誉为"天富之地"。海岸带区位优势明显，有着巨大的经济、生态和社会效益，备受沿海各国的高度重视。了解并掌握影响海岸带综合管理的主要因素有助于我们更好地进行沿海经济带宏观战略布局，从而更好地促进我国沿海乃至全国地区经济高质量发展。因此，本章要求学生准确把握影响海岸带综合管理的因素，进而明确海岸带综合管理的因素驱动机制。

本章内容摘要：本章共分为七节，分别从地理区位、自然资源与气候环境、科技水平与科技推广、人口增长与城市化、工业化与信息化、区域化与全球化、海洋管理体制等七个方面综合介绍影响海岸带综合管理的主要因素。

第一节　地理区位

一、地理位置

（一）中国海岸带在世界中的区位

中国海岸带区域位于太平洋西岸欧亚大陆东部的中段，处在亚太地区的适中位置，与朝鲜、日本、东南亚各国的海上联系方便，也是沟通欧亚大陆东西最便捷的欧亚大陆桥的桥头堡所在地，如大连、秦皇岛、天津和连云港等地，均有铁路干线可经由俄罗斯直达西欧各地。因此，在亚太地区经济迅速繁荣的过程中，我国的海岸带区域处于一个十分有利的位置。

（二）中国海岸带的"S"形分布

我国的大陆岸线北起的鸭绿江河口，经辽宁、河北、天津、山东、江苏、上海、浙江、福建、广东、广西至北仑河口，包括台湾岛、海南岛，形成了一条"S"形的弧形环状线。以杭州湾为界，北部以泥沙质海岸为主，南部则以基岩海岸为主，各段海岸又是基岩海岸、淤泥海岸和沙质海岸相间分布。其中，辽东半岛、山东半岛为基岩海岸；辽河三角洲、黄河三角洲、长江三角洲和珠江三角洲为淤泥或沙泥海岸；辽西、冀东沿海以砂岸为主，间隔着基岩海岸；浙江南部、福建沿海则为山地直逼海岸；广东和广西是泥沙质海岸居中，两翼是砂质海岸。[1]

（三）中国主要省份海岸带地理区位

1. 辽宁省海岸带

辽宁省海岸带面向环太平洋经济圈，背靠东北平原的辽阔腹地，是东北三省和内蒙古的水陆运输的咽喉和国际交通要道。其中，自山海关至锦州以东的渤海西岸为狭长的平原，是连接东北和华北两大经济区的纽带，称为"辽西走廊"；而辽东半岛位于渤海和黄河之间，毗邻俄罗斯、朝鲜、日本，是通往东南亚、美洲等的国际贸易中心。在海岸带中开展沿海航运、江海联运、海陆互动，发展国际贸易及"大陆桥"运输等条件非常优越。

---

[1] 胡序威：《中国海岸带社会经济》，海洋出版社，1992，第 2－3 页。

这一地理位置使它成为东北亚地区经济圈和环渤海经济圈的纽带。

2. 河北省海岸带

河北省海岸带地处渤海西隅，北与辽宁省相邻，南与山东省接壤。该段西有华北平原的农业基地，北靠京津唐老工业基地，是我国西北、华北和世界交往的门户。其大陆岸线全长421千米，沿岸岛屿107个，同时由于该区的内陆腹地资源丰富，近岸的生物资源繁多，作为首都北京的海上大门，自古以来在全国就占据着重要的地位。

3. 山东省海岸带

山东省海岸带位于中国黄海和渤海之间，海岸线蜿蜒曲折，北起漳卫新河河口，南至绣针河，长3121千米（占全国海岸线的1/6），长度仅次于广东，居全国第二位。该区域的东南部延伸至黄海，隔海与朝鲜半岛、日本列岛对峙，地理位置十分重要；其庙岛群岛位于山东半岛和辽东半岛之间，成为扼守京津的门户。此外，它是沟通我国南北沿海的海上通道。山东省海岸带既是我国海洋经济区建设的前沿地带，又地处世界经济中心东移而发展的太平洋区域，其重要性不言而喻。

4. 福建省海岸带

福建省海岸带处于我国东南沿海地区，位于亚热带偏南的位置，北与浙江相邻，南与广东相接。它处于西太平洋沿岸，与太平洋区域的海上联系非常便捷，扼守东南亚和东北亚航运的要冲。此外，由于福建省是我国对外开放历史比较早和重要的华侨区域，又与台湾岛相对，随着海峡两岸的贸易往来日益频繁，福建省海岸带成为祖国统一大业的重要据点。

5. 广东省海岸带

广东省海岸带位于北回归线以南，属于南亚热带和北热带气候带，东西绵长，南北宽广，自然环境复杂多变。其大陆海岸线东起大埠湾湾头，西至英罗港洗米河。广东省是全国海岸线最长、海域面积最广的省份。该区域毗邻南海，各类资源丰富，入海河流带来的泥沙冲击形成了珠江三角洲和众多的中小三角洲，经济发达，与国际的贸易往来频繁。再加上临近香港特别行政区和澳门特别行政区，广东省海岸带的地理区位优势更加明显。

6. 广西壮族自治区海岸带

广西海岸带地处中国西南边陲，濒临南海、北部湾，东与雷州半岛相连，东南与海南岛隔海相望。大陆岸线绵长曲折，长1083千米，岛屿岸线354.5千米，港湾、港口众多。其作为中国对外开放的前沿阵地，以大西南为经济腹地，面向东南亚，连通印度洋和太平洋，在交通运输方面占据优势地位。随着世界经济中心由西往东转移的趋势和中国改革开放的深入，广西海岸带连接大西南广阔腹地和国外经济的纽带作用将会得到充分的发挥。

二、经济战略

中国是一个海洋大国，拥有漫长的海岸线和丰富的海岸带资源。海岸带经济在中国经济总量中占有十分重要的地位。中国的大陆海岸线长 18400 千米，岛屿岸线长 14247 千米，海岸线总长度超过 32600 千米，横跨 22 个纬度带。如果按向陆延伸 10 千米和向海伸展至 10 千米等深线计算，海岸带面积约占全国总面积的 13%。海岸带分布在辽宁、河北、天津、北京、山东、江苏、上海、浙江、福建、广东、广西和海南等 12 个省、直辖市、自治区全国 40% 的人口和 60% 的国民生产总产值（GDP）集中在这一地区。

我国海岸带地处我国地势的第三阶梯，面向海洋，背靠大陆，地表平坦，气候温和，雨量充沛，人口密集，交通方便，历史开发较早，技术条件较好，适宜工农业生产的发展，是我国经济最发达的经济带。本带经济发展主要是加强传统工业和现有企业的技术改造，大力开拓新兴产业，发展知识技术密集型产业和高档消费品工业，使产品向高、精、尖、新方向发展，加快经济特区、沿海开放城市和经济开发区的建设。限制耗能高、用料多、运量大、"三废"污染严重的产业和产品的发展，逐步把一般产品转移到能源、原材料资源充裕的地区生产。要使这一地带逐步成为中国对外贸易的基地，培养和向全国输送高级技术和管理人才的基地，向全国传送新技术、提供咨询和信息的基地，促进和帮助中部和西部地带的发展。该地区同时也是我国对外开放和参与世界经济市场竞争的前沿阵地，是我国对外开放程度最高、经济最发达、综合实力最强的地区，对中部和西部地区产生了强烈的辐射和带动效应。

第二节　自然资源与气候环境

一、自然资源

（一）矿产资源

中国大陆架海区含油气盆地面积近 70 万平方千米，共有大中型新生代沉积盆地 16 个。据国内外有关部门资源估计，我国大陆架海域蕴藏石油资源量为 150 亿～200 亿吨，而全国石油总资源量为 674 亿～787 亿吨；据国家天然气科技攻关最新成果，全国天然气总资源量为 43 万亿立方米，其中海域为 14.09 万亿立方米。这充分展现近海油气资源的良好勘探开发前景和油气资源潜力的丰富。我国漫长海岸线和海域蕴藏着极为丰富的砂矿资源，目前已探明具有工业价值的砂矿包括锆石、锡石、独居石、金红石、钛铁矿、磷钇矿、磁铁矿、铌钽铁矿、褐钇铌矿、金刚石和石英砂等。

（二）海洋生物资源

中国海洋地跨温带、亚热带和热带。大陆入海河流每年将约 4.2 亿吨的无机营养盐类和有机物质带入海洋，因此海域营养丰富，海洋生物物种繁多，已鉴定 20278 种。根据长期海洋捕捞生产和海洋生物调查，已经确认中国海域有浮游藻类 1500 多种，固着性藻类 320 多种，海洋动物共有 12500 多种，其中，无脊椎动物 9000 多种，脊椎动物 3200 多种。无脊椎动物中有浮游动物 1000 多种，软体动物 2500 多种（头足类 100 种左右），甲壳类约 2900 种，环节动物近 900 种。脊椎动物以鱼类为主，近 3000 种，包括软骨鱼 200 多种，硬骨鱼 2700 多种。

（三）海洋化学（海水）资源

世界海洋海水的体积为 13.7 万亿立方米，其中含有 80 多种元素，还含有 200 万亿吨重水（核聚变的原料）。海水资源可以分为两大类，即海水中的水资源和化学元素资源。此外，还有一种特殊情况，即地下卤水资源。我国渤海沿岸地下卤水资源丰富，估计资源总量约为 100 亿立方米。海水可以直接利用，也可以淡化成为淡水资源；海水化学资源可分为海盐、溴素、氯化镁、氯化钾、铀、重水和其他可提取的化学元素；地下卤水资源可分为海盐、溴素、氯化镁、氯化钾和其他可提取的化学元素。

（四）海洋可再生能源资源

海洋可再生能源包括潮汐能、波浪能、海流能、温差能和盐差能等。中国潮汐能资源量约为 1.1 亿千瓦，年发电量可达 2750 亿千瓦·时，大部分布在浙江、福建，约占全国的 81%。波浪能理论功率约为 0.23 亿千瓦，主要分布在广东、福建、浙江、海南和台湾的附近海域。我国潮流能可开发的装机容量约为 0.18 亿千瓦，年发电量约为 270 亿千瓦·时，主要分布在浙江、福建等省。另外，流经东海的黑潮动力能源估计为 0.2 亿千瓦。温差和盐差能蕴藏量分别为 1.5 亿千瓦和 1.1 亿千瓦，两者的总量超过海流能和潮汐能。

（五）滨海旅游资源

中国海岸带跨越热带、亚热带、温带，具备阳光、沙滩、海水、空气、绿色这 5 个旅游资源基本要素，旅游资源种类繁多，数量丰富。据初步调查，中国有海滨旅游景点 1500 多处，滨海沙滩 100 多处，其中，有国务院公布的 16 个国家历史文化名城，25 处国家重点风景名胜区，130 处全国重点文物保护单位，以及 5 处国家海洋、海岸带自然保护区。按资源类型分，共有 273 处主要景点，其中，有 45 处海岸景点、15 处最主要的岛屿景点、8 处奇特景点、19 处比较重要的生态景点、5 处海底景点、62 处比较著名的山岳景点，以及 119 处比较有名的人文景点。

（六）海岸带土地资源

中国海岸带地区的土地资源类型较多，有盐土、沼泽土、风沙土、褐土等 17 个类型，53 个亚类。海岸带不仅现有土地资源丰富，而且是地球上唯一的自然造陆地区。据古地理研究，我国长江下游平原、珠江三角洲平原、下辽河平原等，有 14 万～15 万平方千米的土地都是古海湾沉积而成。由于入海江河多，挟带泥沙量比较大，河口三角洲淤积速度快。例如，黄河每年向海洋的输沙量高达 10 多亿吨，河口滩涂平均每年淤长约 23 平方千米。

（七）空间资源

海岸带的空间资源具有陆地和海洋两重属性。它既包括临近海域的水体、水面及其上覆空间、海底的资源，也包括附近陆域的领土空间；具体包括岸线、滩涂、海岛、航道、锚地、港湾等。它具有立体性和整体性两大特性，有力保证了海陆一体化建设的顺利进行。海岸带空间按照其利用目的，可以分为生产空间资源（如海洋盐场、核电站、海上石油冶炼厂等）、交通运输空间资源（如港口码头、跨海大桥、海上机场等）、生活娱乐空间资源（如海上城市、国际旅游岛等）、储藏空间资源（如海上油库、海底仓库等）。我国海岸线漫长，沿海岛屿众多，同时沿海地区从北到南有 30 多条具有通航条件的河流，长江、黄海、珠江还是世界上的通航大江。这为我国海岸带建设港口奠定了优越的自然条件基础。根据海岸带调查统计，我国海岸带可供建港址总数有 300 多处，其中可建成万吨级和 5 万吨级及以上级别的港址分别约占总港址数的 3/10 和 1/10。

一、气候坏境

我国近海蕴藏了丰富的油气和生物资源。海洋动力环境和生态环境受到气候变化的影响，其变异会显著影响海洋经济的开发利用。气候变暖导致海平面上升、海水温度升高，进而引起全球尺度的海洋动力环境变异，如年际变化的厄尔尼诺现象和年代际变化的北太平洋涛动。海洋变暖会导致海洋生态环境变异，如赤潮、动物种群变化等。

气候变化对中国沿海和海岸带的影响主要表现为海平面不断上升，各种海洋灾害发生频率和严重程度持续增加，滨海湿地、珊瑚礁等生态系统的健康状况多呈恶化趋势。我国易受极端天气和海洋过程影响的海洋灾害主要有风暴潮、巨浪、咸潮等，受全球大气和海洋增温影响的灾害主要有赤潮等，海岸侵蚀、海水入侵和土壤盐渍化等灾害则和海平面上升有密切关系。20 世纪 90 年代以来，极端天气过程和海洋灾害频发，由各类海洋灾害造成的沿海地区经济损失为每年平均 150 多亿元。"十五"期间，海洋灾害造成的直接经济损失达 630 亿元，约 1160 人死亡，特别是 2005 年的海洋经济损失就有近 330 亿元，占同期海洋经济总产值的近 2%，占全国各类自然灾害总损失的 16%。海洋灾害造成的经济损失在整体上呈现明显的上升趋势。极端气候事件加剧了海洋灾害，并已成为制约我国沿海经济发展的重要因素。

第三节 科技水平与科技推广

一、科技水平

（一）海洋农牧化技术

海洋农牧化技术是海洋高新技术群，它是海洋生物技术、环境工程技术、信息技术、新材料技术及资源管理技术的集合体。发展海洋农牧化科学技术应作为战略性课题，列入国家科技发展的战略规划，其中包括优良品种选育、培养科学技术、病害防治科学技术、海水养殖和放牧技术、养殖海域生态优化科学技术、鱼群控制技术、海洋生物深加工技术、海洋医药技术等。随着海洋农牧化科学技术的提高，海洋农牧化生产将有望超过海洋捕捞渔业，成为海洋渔业的主体。

目前，沿海国家纷纷确定发展海洋农牧场的战略，改变以捕捞为主的传统产业经济发展模式，转向以养殖为主的渔业经济发展模式，利用现代高新技术提高海洋生产力，增加海洋生物资源量。海洋农牧化的研究与应用已经成为 21 世纪研究的主要内容之一。当前，日本、美国等发达国家的海洋农牧化成绩突出，鲑鱼和鳟鱼放牧已形成一个稳定的产业。我国沿海地区也陆续发展海洋农牧业。我国 1600 多万公顷 20 米等深线以内的浅海中有 20% 用于海水养殖和增值，形成规模巨大的海上农牧场，可以提供数量巨大的海产品。

近年来，我国海岸带水域环境不断恶化，极大地降低了海洋生产力，近海捕捞渔业难以维持，海洋农牧业受到打击，严重影响了我国海岸带经济的可持续发展。渤海，河口、海岸和近岸海域环境的日趋恶化，加上海洋资源不合理开发，直接破坏了海洋自然生态平衡。其部分海区受到了严重污染，整个海域呈现富营养化状态，渤海作为天然海水渔场的功能已经基本丧失。黄海，由于过度捕捞，水产资源也有衰退趋势。东海，生活污水污染、工业污染、农业污染、海洋养殖过度及污染，造成赤潮频发、资源枯竭、生态恶化，给渔业资源带来了较严重的危害。南海，水质未达到清洁标准的概率逐年上升，环境保护形势严峻，特别是珠江口地区，工业发展迅速、人类活动频繁等，给海洋渔业资源带来了严重危害。此外，海洋养殖病害爆发流行日趋严重。虾、贝类、鱼及藻病害形势严峻，产量不断减少，以及养殖种近亲繁殖，种质退化，产量、质量降低，对我国沿海地区海洋农牧业影响甚大。

因此，必须依靠科学技术突破我国沿海地区海洋农牧业发展中的生态瓶颈，改善海洋生态环境，减少病害，增加产品数量，提高产品的质量，促进我国海洋农牧化的发展，扩大经济效益，进而推动我国海岸带经济的可持续发展。

（二）海水综合利用技术

在世界总水量中，淡水资源只占 2.5%，其中 87% 又被封冻在两极及高山的冰川之中。水资源短缺是全球人类面临的一个重大问题。海洋中的水资源储量巨大，大力开发海水利用技术是世界发展的大趋势。海水综合利用科学技术包括海水直接利用、海水淡化、海水化学物质提取三个方面的科学技术问题。具体可以分为工业冷却水利用科学技术、沿海城市冲洗厕所和路面等生活用水技术、海水灌溉耐盐植物技术、海水淡化技术、海水化学物质提取和深加工技术。其中，海水直接利用和淡化是广义的水利用问题，其科学技术也是水科学技术的重要领域。海水直接利用又包括工业冷却用水和大生活用水，若能尽可能利用海水来替代，就可以节约大量淡水。海水淡化是从海水中提取淡水的过程，是一项实现水资源利用的开源增量技术，能够大大增加淡水总量。随着海水淡化技术不断提高，淡化后的水将质好、价廉，并且可以保障沿海居民饮用水和工业锅炉补水等稳定供水。海水综合利用科学技术与海岸带经济活动息息相关，技术的提高不断推动海洋产业的发展，从而产生经济效益，拉动经济的发展。

1. 海水直接利用技术

海水直接利用技术是指以海水为原水，直接代替淡水，用于工业、农业和大生活用水。在国外，海水直接利用技术已有 90 年的应用历史，在我国也有 70 年应用史了。我国海水循环冷却技术水平经过 20 年的不断提高，已跻身国际先进水平。目前，大连、天津、青岛、上海、宁波、厦门和深圳等沿海地区均有利用海水作为工业冷却用水的实践，缓解了不少工业用水压力。我国已将海水用于大量盐生植物和耐盐植物的培植生长。目前，沿海地区有超 66 万公顷盐碱荒地和滩涂，种植耐盐植物，用海水灌溉，取得了可观的经济效益和生态效益，这标志着向海水要效益进入新阶段。通过不断进行科技攻关，海水应用于大生活的技术进一步完善。我国沿海的部分地区已经将海水应用于实际生活当中，如大连较早实施海水冲厕。据统计，把海水作为大生活用水可节约 35% 的城市生活用水，显然可以为沿海地区居民用水提供基本保障。

2. 海水淡化技术

海水淡化技术研究在国外已有 70 多年历史，技术已经相当成熟，不仅用于工业，而且已经供给 1 亿多人口的用水。我国海水淡化技术研究始于1958 年，技术发展也很快。虽然我国海水淡化技术研究起步比较早，但是目前仍处于产业化初级阶段，整体水平与世界先进水平相比差距较大。目前，我国的海水淡化每年就能节省约 400 万立方米陆地水，对保证沿海地区工业生产的需要和居民生活用水发挥了重大作用。

3. 海水化学物质提取技术

海水化学物质提取技术在国外应用已有 60 余年历史，技术也是成熟的。我国海盐化工和卤水化工发展很快。目前，我国对部分海水化学物质的提取形成了规模，如钾、镁、溴、氯、钠、硫酸盐等。渤海与黄海沿岸地势平坦，面积宽广，适宜晒盐，又因附近海域的海水含盐量高，故是我国著名的海盐产区。特别是渤海的地质和气候条件非常适宜盐业生产，有莱州湾、长芦两大海盐产区。我国江苏省海岸带有全国最为广阔的沿海滩涂，四季分明的气候条件，适宜海盐生产。淮盐产区是中国四大海盐产区之一。我国海水提取溴的生产主要集中在环渤海湾潍坊地区，溴的生产能力占全国的70%以上。提取溴工艺普遍采用空气吹出法。因技术不成熟、成本太高等，工业化大规模地开发海洋中碘的条件还没有具备。总体而言，我国海水提取化学物质的技术与国际仍然存在一定的差距，急需进行研发创新，为海岸带经济腾飞提供技术保障。

（三）海洋油气勘探与开采技术

海洋油气资源勘探开发是技术密集型产业，属于海洋科学技术中的一个重要门类。随着现代高新科技的发展，海洋油气的勘探与开采已成为世界海洋产业中最重要的部门。

美国于1887年在加利福尼亚海边数米深的水中进行第一口油井的钻探，揭开了世界海洋石油勘探的序幕。目前，全球有近100个国家在近海区进行油气的勘探开采。据统计，近海发现的油气田有580多个，主要分布在北海、波斯湾、东南亚近海和西非等多个海域，正在勘探开采的石油平台有6500余座。[1] 例如，巴西石油公司在海上的固定大型钻井平台13个，大型浮动钻井平台21个；法国的各个石油公司勘探区分布在13个国家，总面积230万平方千米。

我国大陆架区域130多万平方千米，油气盆地面积近70万平方千米，海洋油气资源开发已经成为新兴海洋产业中发展最快的产业。发展海洋油气资源勘探开发技术在今后几十年内应该是一个战略性课题，包括海洋油气资源成矿规律和探矿原理、方法，海底油气资源勘探、开发的新技术新方法，以及海上油气储运技术等。

从20世纪50年代末期起，我国就开始进行渤海的油气资源的勘探工作。历经8年，我国一共完成测探1700千米、地震测线3914千米，磁力侧线力测线17945千米，海底重力测点273个，底质取样134个。从1979年开始我国引进勘探技术，加快海上油气勘探和开发进度，在这短短的40多年时间中不断发展壮大起来。尽管我国油气勘探开发技术已有了跨越式的发展，但与美国、英国、日本、法国、俄罗斯、荷兰、挪威等海洋科技发达的国家相比，我国海洋油气勘探开发技术仍处于落后地位。进入21世纪，

---

① 许肖梅：《海洋技术概论》，科学出版社，2000，第16-18页。

海洋油气资源勘探开发已经成为人们关注的新热点，而海洋油气勘探开发技术将成为海洋油气资源勘探开发和海洋经济发展的助推器。例如，随着海洋油气勘探开发技术的不断提高，在渤海海洋经济构成中，海洋油气产业已占渤海海洋经济的8.5%，占渤海新兴海洋产业构成的19.4%。渤海海洋油气资源的开发利用，不但能缓解我国油气安全问题，也为渤海经济区的快速发展提供物质基础。

（四）海洋观测（监测）技术

海洋观测（监测）是一项全球合作任务，需要多学科和多种技术手段的配合，也有多元化的应用领域，主要包括气候监测评估和预报，海洋学及其应用，海洋浮标，海洋生物资源评估，沿海环境、海洋灾害评估和预报，海洋电子和网络技术，海洋遥感技术，海洋绘图技术，水声技术，等等。其中，比较突出的有海洋遥感遥测应用技术、海洋自动观测仪器和平台技术、海洋声学探测技术等，如智能化海洋观测台、超视距环境监测技术、声层析技术、声成像技术、高分辨率声学多波束测探和快速三维成像技术、多功能海底地层剖面声探测技术、高精度水下目标定位技术、多媒体声通信技术等。

海洋观测（监测）技术是海洋技术的主要组成部分。目前，各沿海国家都在积极发展现代海洋监测（观测）高新技术，对海洋环境进行立体监测，保护海洋环境，预警海洋灾害，不断加强海洋预报、海洋信息服务领域的海洋高新技术的能力建设。

二、科技推广

海洋科技是现代科技的前沿，海洋产业是技术密集型产业。我国不仅拥有丰富的海洋资源，且我国的海洋科技有一定的实力。运用社会系统工程思想，健全海洋科技推广体系，使海洋科技成果及时转化为现实社会生产力，是使我国海洋经济跨入世界前列的中心环节。

海洋科技成果的应用推广对海洋经济的发展具有重要意义。因为海洋中的大气、压力、温度、能见度等环境因子都是人类的天然器官所不适应的，除非借助于特殊的技术手段，创造一个类似陆上的仿真活动环境，延伸人体器官的功能，否则只能"望洋兴叹"。海洋开发在广度和深度上的进展，对专门化海洋技术的依赖格外突出。在陆地资源、人口、生态问题日益严重的大背景下，人类要占领海洋这个新的"生存空间"，把海洋技术推广提到重要日程，是合乎逻辑的选择。

通常把四级农技站那样的技术示范系统称为"科技推广体系"，更加完善的"科技推广体系"则是一个以计划和市场为纽带，以宣传教育、行政指令、法律规范、经济杠杆等为手段，把各种主体、要素、环节、层次组合起来的社会大系统。

从静态结构看，它包括 5 类要素或子系统：①技术类要素，即应用"种子"的成熟技术或技术组合，对成果进行鉴定、评估的技术，大面积生产工艺；②物质条件类要素，即技术转化必需的物资、资金、中试基地、示范中心等；③当事者类要素，即技术的发明者、鉴定者、改进者、示范者、宣传者、推广者、使用者；④管理组合类要素，即政府管理部门，专业性中介机构，信息收集、传递、加工系统，科技规划计划，技术交易市场，等等；⑤相关外部条件，即影响各要素效能和体系运作的政治、经济、文化环境，以及政策、法规等。

从动态过程看，它包括 6 个环节或步骤，即技术发明→产品试制→生产试验→鉴定评估→技术调整→大面积采用。

从层次关系看，它包括 3 级层次或网络：①全国海洋技术推广网，负责广谱技术和重大技术的推广及下层网络间协调；②各海洋产业部门和海洋区域的技术推广网，负责渔业、运输业、盐业等行业技术和地方性技术的推广及下层网络间协调；③各具体海洋技术项目推广网，负责如对虾防病、海水淡化、防生物附着等单项技术的推广。各层次间既有相对独立性，又通过一定的组织形式和情报信息连接为一个整体。

第四节　人口增长与城市化

一、世界范围内的人口数量与分布

由于世界各国自然环境和经济发展水平的差异，人口的地理分布是不平衡的。世界人口空间分布分为人口稠密地区、人口稀少地区和基本未被开发的无人口地区。据统计，地球上人口最稠密地区面积约占陆地面积的7%，却居住着世界70%人口，而且世界90%以上的人口集中分布在10%的土地上。

人口在各大洲之间的分布也相当悬殊。欧亚两洲约占地球陆地总面积32.2%，但两洲人口却占世界人口总数的75.2%。尤其是亚洲，世界人口的 60% 居住于此。非洲、北美洲和拉丁美洲约占世界陆地面积的一半而人口尚不到世界总人口的 1/4。大洋洲陆更是地广人稀。南极洲迄今尚无固定的居民。欧洲和亚洲人口密度最大，平均每平方千米都在 90 人以上，非洲、拉丁美洲和北美洲平均每平方千米在 20 人以下。大洋洲人口密度最小，平均每平方千米才 2.5 人。世界人口按纬度、高度分布也存在明显差异：北半球的中纬度地带是世界人口集中分布区，世界上有近 80% 的人口分布在北纬 20°—60°；南半球人口只占世界人口的 11% 多；世界人口的垂直分布也不平衡，55% 以上的人口居住在海拔 200 米以下、不足陆地面积 28% 的低平地区。

由于生产力向沿海地区集中的倾向不断发展，人口也随之向沿海地带集中。各大洲中距海岸 200 千米以内临海地区的人口比重已显著超过了其面积所占的比重，并且沿海地区人口增长的趋势还会继续发展。

二、我国沿海地区人口增长与分布

1. 中国海岸带的人口数量与分布

中国是世界上人口最多的国家，海岸带集中了全国 70% 以上的大城市，东部沿海省市是人口密集的地区，地处沿海各省市区前沿的海岸带人口更为稠密。2013 年底，在中国大陆上居住着 136072 万人，约占世界总人口的 19%。中国平均人口密度为每平方千米 143 人，约是世界人口密度的 3.3 倍。中国人口分布很不均衡。东部沿海地区人口密集，每平方千米超过 400 人。中部地区每平方千米 200 多人，而西部高原地区人口稀少，每平方千米不足 10 人。海岸带省份人口密度最低的是广西壮族自治区，为每平方千米 190 人，是全国人口密度的 1.33 倍；而人口密度最高的上海市则是全国水平的 26 倍。海岸带区域内的人口分布很不均匀，各岸段的人口密度差异非常之大。从表 2-1 可以看出，上海市海岸带人口密度最高，达到每平方千米 3814 人，是广西壮族自治区的 20 倍。

表 2-1　2013 年中国海岸带部分省区市岸人口密度

海岸带 岸段名称	土地面积/ 平方千米	总人口/ 万人	人口密度/ （人·平方千米$^{-1}$）
辽宁省	146900	4375	291
河北省	184700	7185	355

续上表

海岸带 岸段名称	土地面积/ 平方千米	总人口/ 万人	人口密度/ （人·平方千米¹）
天津市	11917	1294	1306
山东省	157800	9579	579
江苏省	102600	7866	742
上海市	6340	2302	3814
浙江省	101800	5443	460
福建省	124000	3689	285
广东省	177900	10430	481
广西壮族自治区	236700	4603	190
海南省	33900	867	224
台湾省	36000	2316.2	651.7

数据来源：根据《2013 年城市建设统计年鉴》整理所得。

2. 中国海岸带的人口增长率、性别比、年龄结构

人口的自然增长率是衡量国家或地区的人口增长的趋势的重要指标。根据国家统计局数据，2019 年全国的人口自然增长率为 3.34‰。就海岸带地区而言，人口的自然增长率呈现北部和南部高、中部低的规律。其中，人口自然增长率最高的是广东、广西，人口自然增长率最低的是台湾。根据抽样调查数据，全国人口性别比（以女性为 100，男性对女性的比例）由 2000 年第五次全国人口普查时的 106.74 下降为 2019 年的 104.46。从海岸带地区来看，以天津的人口性别比最高，达到 123.17，台湾的人口比例最低，为 98.63；其他海岸带地区的人口性别比基本与全国水平相似。人口的年龄结构是衡量国家、地区发展潜力的重要指标。当前，我国的人口老龄化的现象比较严重，就海岸带地区而言，不同的岸段年龄结构差异比较大，其中，65 岁以上的人口所占比重最大的是江苏和辽宁，上海、台湾和浙江次之，所占比例最少的是广东。

二、城市化

沿海地区，尤其是海岸带地区，因其自然条件优越，社会经济发展极为迅速，人口和财富高度集中，是现代城市化发展最快的地区。海岸带的

人口压力主要由城市化所引起。据统计，全世界有 32 个特大城市位于岸带，其中 22 个处在河口及三角洲。中国海岸带集中了全国 70% 以上的大城市，超过 100 万人口的大城市有 15 座，占全国城市人口的 60.5%。在内地人口向沿海迁移的同时，还存在着农村人口向城市集中的趋向，这必然带来住房紧张、能源和水源紧缺、交通拥挤、污染严重、犯罪率较高等种种城市。因此，在考虑 21 世纪海岸带开发和综合管理时，首先应控制沿海地区的人口增长和城市发展规模，并对区域的土地资源、水资源和环境容量做科学分析，使社会经济发展有可靠的承载力基础。

第五节 工业化与信息化

今天，人类社会正处在由工业化社会向信息化社会过渡的变革。工业化与信息化是相互融合、互相促进的关系，二者具有内在的联系：工业化是信息化的源泉，信息化是工业化的派生物；后工业化是信息化的特殊表征，信息化是工业化之后的一个新的发展阶段；工业化是信息化的前提和基础，信息化是工业化的延伸和发展；信息化是工业化发展的工具，工业化是信息化的重要载体。

工业化这一概念起源于 200 多年前的英国工业革命，通常被定义为工业，尤其是其中的制造业或第二产业产值或收入在国民生产总值或国民收入中比重不断上升的过程，以及工业就业人数在总就业人数中比重不断上升的过程，是传统农业社会向现代工业社会转变的过程。信息化是指培养、发展以计算机为主的智能化工具作为代表的新生产力，并使之造福于社会的历史过程。利用信息网络和信息化生产工具，人们可以获取、传递、处理各类信息。信息化进程正潜移默化地改变着人们的生产、生活、工作、学习、交往和思维方式，将使人类社会发生极其深刻的变化。

信息化是当代社会生产力发展的强大动力。进入 21 世纪以来，信息技术不断创新，信息产业持续发展，信息化对经济社会发展的影响愈加深刻。发达国家信息化发展更是迅猛，出现向信息社会转型的趋向。全球信息化正在引发当今世界的深刻变革。加快信息化发展已成为世界各国的共同选择。

工业化是信息化的物质基础和主要载体。任何信息的产生和发布都需要一定的媒体。例如，广播电视节目的播出和收听收看，需要用无线设备传输，用电视机、收音机等接收；1946 年 2 月 14 日，人类历史上第一台电子计算机"埃尼阿克"（ENIAC）诞生，此后，随着互联网的发展，越来越多的信息通过计算机、手机等电子产品进行传播。在当今中国社会，工业化依然是社会生产的基础。诸如石油化工、钢铁、有色金属、建材、造纸等加工工业依然是社会经济发展支柱产业，数字化、智能化的数控设备、工程机械设备、交通机构设备、电力设施等机电一体化产品的使用极大地提升了产品质量和工作效率，实现了生产过程的自动化。而智能化设备的使用，通过计算机网络采集、存贮、处理、传输和优化企业管理信息，在推广计算机辅助设计（CAD）、计算机辅助制造（CAM）乃至集成制造系统（CIMS）的同时，又实现了企业生产经营管理的科学化、网络化与智能化，提高企业管理水平和经济效益，为企业信息化发展提供了有力保障。

信息化是在工业化的基础上发展起来的，是工业化发展到一定阶段的产物。我们强调信息化对工业化的带动作用，从本质上讲是要求我们不能再走发达国家"先工业化，后信息化"的老路。我国的工业现代化尚未完成，正在大力调整产业结构，以尽快实现工业化目标。但是，发达国家不仅早已完成工业的现代化，而且正在掀起一场信息技术的革命，我国面临着越来越多的来自外部的经济、政治、军事、科技上的压力。在这种趋势下，我国必须加速信息化进程。而且，信息化通过先进的网络、数据信息技术，优化资源配置，加速产业结构调整，在很大程度上提高全社会的劳动生产率，缩短我国整个工业化进程。

信息化需要使用大量信息处理设备构建信息系统。信息设备制造是工业的重要组成部分，信息化需求使信息设备制造业得以持续快速增长，这是信息化带动工业化的直接表现。中国特色电子商务体系正在形成，综合类电子商务服务商成为新兴的信息服务行业，工业电子商务成为主导行业态势的商务平台，大企业电子商务成为企业信息化重要组成部分。除此以外，信息化可以提高组织运行效能，有助于企业快速获取市场信息，降低成本，提升市场响应力，这是信息化带动工业化的间接方面。信息化是当今世界科技、经济与社会发展的大趋势，信息化水平已成为衡量一个国家和地区国际竞争力、现代化程度、综合国力和经济成长能力的重要标志。

工业化与信息化正在影响着人类社会的方方面面，必然对海岸带经济与管理造成深刻的影响。工业化进程一方面会促进沿海地区经济的发展，另一方面又会影响到海岸带的生态环境，对环境造成一定程度的破坏。信息化是人类社会更高层次的发展阶段，是海岸带经济与管理实现数字化、科学化的重要工具。

第六节　区域化与全球化

　　全球化的本质是市场经济的全球化。市场经济是一种资源配置方式，它并不是由某种社会制度所决定的，它不具有任何社会制度的性质。经济全球化是全球化的核心，也是全球化进程的最基本动因。所谓经济全球化，是指各国经济均被卷入世界市场，各种生产要素在世界范围内优化配置，经济活动的诸环节在世界范围内运作，各国经济相互依赖、密不可分，呈现出某种整体化、一体化的趋势。

　　市场化有其相对独立的运行轨迹，在世界经济范围内，则表现为市场化在一国内、区域内、世界范围内的逐级演进，最终将促成一体化的全球经济。全球化是世界经济形成一个整体的自然发展过程。从经济全球化的世界历史发展过程来看，自发过程表现得更加明显。全球化的历史可追溯到1492年哥伦布发现新大陆，当人们开始认识到世界的存在时，全球化也就在不经意间拉开了序幕。18世纪的工业革命不仅全面启动了现代化进程，也加快了资本主义生产方式挺进世界的步伐。到19世纪末，世界市场在全球范围内最终得以形成。当代的全球化一般指第二次世界大战后，特别是二十世纪六七十年代兴起的全球化，它是伴随着资本主义的崛起而出现的。进入20世纪90年代，全球化出现了新一轮的发展高潮，互联网技术破除了人类交往中的一切障碍，使人类的交往空前扩大。由此可见，全球化的历史表现为市场经济的自发过程。

　　相反，区域化的世界历史的发展过程则表现为明显的国家起着主导作用的过程。对此，我们可以从区域化产生的动机来分析。首先，从区域化产生的根源来看，区域性组织产生于特定条件下的不同国家间的对抗。"二战"后北约和华约两大阵营正式建立，虽然这两个阵营之间主要进行军事、政治方面的直接对抗，在技术、资源、经济发展方面实施封锁，但却直接强化了各组织内部的经济合作。从20世纪60年代开始的西欧经济一体化进程，其根源仍然在于政治对抗。由此可见，在全球对抗的情况下，区域经济一体化的产生和发展必然要求国家起主导作用。其次，从区域性经济组织建立的动因来看，区域组织的建立是出于强化内部各方面的合作。20世纪下半叶，社会主义和资本主义两大阵营对峙，全球政治、经济和军事呈两极化态势，地缘政治理论得到了发展。"冷战"结束后，地缘政治理论对经济、社会等方面的分析日益受到人们的重视。目前，地缘政治理论仍然是各国政府制定国防、外交等政策的一项重要依据。由此可见，区域化的产生与地缘政治有密切联系。总体来说，产生区域化的直接动因并不是合作而是对抗，区域化强调的合作仅仅是指内部合作。区域经济一体化是通过国家对国家的谈判把那些愿意参加一体化结盟的国家联结在一起的，而经济全球化则是通过市场机制把世界各国联结在一起的。

随着区域化与全球化的快速发展，生产要素在各个区域之间，全球范围内合理流动，全球形成了新的"地球村"。全球化的发展，促进了国际贸易的发展，而国际贸易的发展很大程度上得益于一望无垠的海洋。海洋占地球表面积的71%，拥有四通八达的交通运输网络，国际海洋货物运输虽然存在速度较低、风险较大的不足，但由于它具能力大、运量大、运费低，以及对货物适应性强等长处，加上全球特有的地理条件，成为国际贸易中主要的运输方式。我国进出口货物运输总量的80%～90%是通过海洋运输进行的。集装箱运输的兴起和发展，不仅使货物运输向集合化、合理化方向发展，而且节省了货物包装用料和运杂费，减少了货损货差，保证了运输质量，缩短了运输时间，从而降低运输成本。可见，区域化、全球化的发展，间接地影响了海岸带经济的发展，促使海岸带经济向更高层次的发展。

第七节　海洋管理体制

管理体制是指管理系统的结构和组成方式，即采用怎样的组织形式及如何将这些组织形式结合为一个合理的有机系统，并以怎样的手段、方法来实现管理的任务和目的。具体地说，管理体制是规定中央、地方、部门、企业在各自方面的管理范围、权限职责、利益及其相互关系的准则，它的核心是管理机构的设置。各管理机构职权的分配及各机构间的相互协调直接影响到管理的效率和效能，在中央、地方、部门、企业整个管理中起着决定性作用。

在海洋管理体制领域中，我国海洋行政管理体制不断发展完善，为海洋经济及海岸带经济的发展提供稳定的政策环境支持。

1964年2月，党中央正式同意在国务院下设国家海洋局，处理全国海洋事务。1964年7月，经过全国人民代表大会的批准，作为专门性海洋性行政管理部门的国家海洋局正式成立，这是我国"开创海洋工作新局面"的一件大事，代表我国海洋事业进入新的发展阶段，同时也标志着中国海洋行政管理体制初步形成。

改革开放后，国家海洋局于 1983 年被调整为直接隶属国务院，主要职责仍集中于海洋科研调查领域。随后在 1988 年的国务院机构改革中，国家海洋局的职责发生了重大转变，被正式赋予"综合管理中国管辖海域"的职能。1993 年的国务院机构改革，国家科委取代了国务院成为国家海洋局的主管单位，国家海洋局的职责在"综合管理中国管辖海域"的基础上聚焦于"加强海洋综合管理"，并"减少相关的具体事务"，在国家海洋局下设海洋综合管理司。此后在 1998 年的机构改革中，国家海洋局改为隶属于新成立的国土资源部，这种机构设置一直延续到 2017 年。

进入 21 世纪后，国家对海洋事业及海洋综合管理的重视程度不断提升，中国共产党第十六次全国代表大会报告和"十一五"规划纲要等都明确"实施海洋综合管理"。2008 年，我国进行机构改革，调整了国家海洋局的职责。在国家对海洋事业越来越重视的背景下，海洋局应"加强海洋战略研究和对海洋事务的综合协调"，以适应国家发展要求。2010 年以后，海洋综合管理工作得到了党中央、国务院的肯定和推动：第一，在"十二五"规划建议中提出加强"海洋综合管理能力"的要求；第二，中国共产党第十八次全国代表大会报告中明确提出了建设"海洋强国"的战略目标；第三，2013 年的政府工作报告中首次提出"加强海洋综合管理"的要求。

在 21 世纪第二个十年之初，党中央、国务院在多个文件中对海洋综合管理提出了重要指示。在组织机构调整中，2012 年成立的中央海洋权益工作领导小组办公室，在顶层设计上打破各部门之间的藩篱，在海洋综合管理工作中统一协调海洋局、公安部、农业部等涉海的中央部委，加强彼此间的合作和信息沟通。2013 年，国务院机构改革基于建设"海洋强国"及继续深化行政管理体制改革等考虑，重新组建了国家海洋局，规定其继续执行"加强海洋综合管理""推动完善事务统筹规划和综合协调机制"的职责，同时将原海监、边防海警、渔政、海上缉私队整合为国家海警局，并作为海上执法力量。此外，改革方案还提出成立国家海洋委员会，负责研究制定国家海洋发展战略，统筹协调海洋重大事项。这些改革标志着中国海洋综合管理体制初步得到确立。

具体而言，在海洋管理体制中，海岸带管理体制是一种以科学、合理、有效开发利用海岸带资源为目标的行政管理体制，目前没有统一的模式。[①]一般来讲，海洋经济不发达国家一般采用行业部门分散管理模式，这种管

---

① 宁凌等：《海洋综合管理与政策》，科学出版社，2009，第 27-30 页。

理模式基本上根据自然资源属性及其开发产业，由行业部门进行计划管理，是陆地各种资源开发部门管理职能向海洋的延伸。各部门从自身利益出发考虑资源开发与规划，使海岸带资源的综合优势和潜力不能有效地发挥。而一些海洋经济发达国家则采用综合管理模式，即国家成立专门机关对海岸带资源、能源的开发利用活动统筹规划、统一管理。该模式可使国家从全局出发，制定管理政策，采取宏观调控措施，引导沿海地区在海岸带资源开发过程中牢固树立全局观念，考虑长远利益和整体综合效益，从而更有效地解决好各种海洋资源开发活动之间的关系。可以说，行业部门分散管理模式是与海岸带开发处于初级发展阶段相对应的低级管理模式，而综合管理模式则是海岸带开发发展到成熟阶段而形成的高级管理模式，由行业部门分散管理模式向综合管理模式过渡是海岸带开发管理的历史发展趋势。

练习思考题

1. 请简要描述影响海岸带综合管理的影响因素有哪些。

2. 海岸带对我国经济发展有什么战略意义？

3. 我国海岸带有哪些丰富的资源？

4. 哪些技术对海岸带经济发展产生重要影响？如何进行技术推广？谈谈自己的理解。

5. 我国沿海地区人口增长，分布和数量有哪些特点？

6. 简要描述工业化和信息化的联系，并谈谈其对海岸带经济发展的影响。

7. 试从实际出发，谈谈全球化和区域化对我国沿海地区经济发展影响的利与弊。

8. 试述我国海洋管理体制的发展历程。

9. 我国海岸带开发管理模式的未来趋势是什么？

第三章　海岸带综合管理的范畴

　　本章学习目的：人类的社会经济需求主要是通过对资源的开发利用来实现的，而资源的开发利用则必须以一定的空间载体为基础。海岸带是一个复杂的、开放的人口－资源－环境－经济系统，本章将学习海岸带综合管理的范畴，了解并掌握海岸、江河三角洲、半岛及海岛、大陆架及专属经济区等海岸带综合管理的空间载体的基本开发利用现状及对策等。

　　本章内容提要：本章共分为五节，分别从海岸开发管理，江河三角洲开发管理，半岛、海岛开发管理，大陆架开发管理及200海里专属经济区开发管理等方面介绍海岸带综合管理的范畴。

第一节 海岸开发管理

一、海岸资源开发利用现状

海洋约占地球表面积的 71%，蕴含着丰富的资源，是人类赖以生存的基本环境和重要空间，为人类社会的发展与世界经济的繁荣做出了重要的贡献。海岸带是海陆交互作用的过渡带，是地球表面人类活动最为活跃的自然区域，也是资源与环境条件最为优越的区域。我国是海洋大国，海岸带资源丰富、人口密集、经济发达。

1958—1960 年，我国首次开展大规模全国性海洋综合调查，基本掌握了近海海洋水文、化学、地质、生物等要素的基本特征和变化规律，该调查结束了我国长期以来海洋资源家底不实、数据不清的历史。1980—1987年，我国部署了全国海岸带和海涂资源综合调查，初步掌握了我国海岸带的自然条件、资源数量及社会经济状况，为开发利用和管理海岸带资源提供了重要科学依据，为我国现代海洋管理事业的起步和发展奠定了基础；2005—2012 年，我国完成了"中国近海资源环境综合调查与评价"专项调查（简称"908"专项），实现了对中国近海约 150 万平方千米海域和海岛海岸带环境资源的全要素、全覆盖调查，大大提升了海洋资源管理信息化水平。

调查结果表明，在我国海岸资源开发利用过程中，存在着无序、粗放式开发，以及人类开发活动过度等问题，并有逐年加剧的趋势。主要表现在：红树林和珊瑚礁遭受严重破坏，面积明显减少，生态系统日益衰弱；滨海湿地生态退化，局部滩涂生态系统失衡；海岸线环境变异，海岸侵蚀加重；海岸带环境污染严重，近岸生物资源过度开发，导致某些生物种群衰退甚至消失，生物多样性明显降低，严重制约了沿海地区经济、社会的可持续发展。我国有着面积巨大的海岸，蕴藏着丰富可供开发和利用的自然资源。但是我国却面临着棘手的海岸资源开发问题。这些问题的存在严重制约着我国对海岸资源开发与利用的战略。归纳而言，我国的海岸资源开发利用与生态环境保护存在严重矛盾，表现在以下三个方面。

（一）过度捕捞渔业资源

我国在开发海洋渔业资源的时候出现了一系列的问题，而过度捕捞就是其中最大的一个问题。由于过度捕捞，我国的渔业资源不断枯竭。近年海洋鱼捕获量的减少是捕捞过度的最主要的特征，具体表现为不断下降的高龄鱼和越来越大的低龄鱼比例，还出现了捕获鱼类体重和平均体长不断减少的现象。通过分析我国现阶段的渔业资源状况可以发现，目前我国低龄鱼所占比例开始变得越来越大，在近海大部分海域都出现了经济鱼类数量不断下降的问题。目前我国贝类和低龄鱼类是我国捕捞产量增加的主要类种，而优质经济鱼类的产量则出现了不断下降的趋势，特别是我国的大黄鱼和小黄鱼等优质鱼类资源受到了极大的破坏，已经无法形成较大的鱼汛。①

（二）海岸生态环境恶化

我国沿海省份经济的快速发展，人口、产业等的持续集聚，使海岸带的资源承载负担和环境治理压力持续增加。当前，我国海岸带生态环境正面临海岸侵蚀、海岸污染加剧及滩涂湿地破坏等诸多问题。

海岸侵蚀是指海水动力的冲击造成海岸线的后退和海滩的下蚀。我国70%左右的沙质海岸线及几乎所有开阔的淤泥质海岸线均存在海岸侵蚀现象。被侵蚀岸线长度占全国大陆海岸线总长度的1/3。海岸侵蚀严重影响海岸带地区经济社会的发展，其后果为土地资源流失、海岸构筑物破坏、海滨浴场退化、海滩生态环境恶化等。

2010年海洋环境质量公报显示，我国全海域未达到清洁的海域水质面积约17.8万平方千米，比2009年增加21.1%；海洋环境污染压力居高不下，在实时监测的472个入海排污口中，按照排放次数占全年监测总次数的比例计算，有54%的排污口超标排放污染物，陆源排污口的海域污染严重。海上交通事故、海底钻井平台管道漏油事故等的频发，加重了海洋污染，以2010年11月中海油漏油事件为例，该事件致使至少3400平方千米海域水质下降，影响了渔民生产生活，海洋生态环境代价沉重。

滩涂湿地是海洋与陆地的过渡带，蕴藏着各种矿产、生物及其他海洋资源，能够有效地调节生态环境。滩涂湿地也是我国沿海地区最主要的后备土地资源。然而近40多年来，随着沿海各省份不断展开大面积围垦，我国累计丧失海滨滩涂湿地约219万平方千米，约占海滨滩涂湿地总面积的50%；红树林面积由原来的4.2万平方千米减少到1.46万平方千米，红树

---

① 廖海燕、毛蒋兴、林妍：《中国与东盟国家海岸带开发与综合管理比较研究》，《广西师范学院学报（自然科学版）》2017年第3期。

林的大面积消失，不仅使许多生物失去栖息场所和繁殖地，也失去了红树林保护海岸的功能；珊瑚礁受海洋污染和人为破坏与威胁，依赖珊瑚礁生存的鱼类、贝类资源锐减。

（三）海岸相连海域使用者存在不可调和的冲突

此种冲突表现为三个方面：一是使用者冲突，通常发生在中央和地方政府之间、省市政府之间、企业与当地老百姓之间、地方政府与沿海居民之间。比如一片红树林，就可能发生保护红树林与砍伐红树林并建造海景商品房或高尔夫球场之间的矛盾。二是管辖权冲突。比如，为了开发一个海湾，就可能发生省级生态保护区与地方港口扩建之间的冲突，渔民与海景别墅业主之间因为海岸空间不足以让渔民停靠渔船而引致纠纷。三是在陆源污染方面政府间责任不明确，陆源污染对海洋养殖产生巨大破坏。[①]

二、海岸资源开发应对措施

（一）适时对海岸带生态环境管理进行战略定位

发达国家在海岸带生态环境管理方面的成功经验值得我们借鉴，其共同点可归纳为：重视海岸带生态环境管理，将其视为环境管理的重要部分，重视对海岸带生态环境质量的评估。我国海岸带生态环境管理的实践必须结合我国实际情况，对海岸带生态环境管理重新进行战略定位，重视海岸带生态环境管理，将其作为生态环境管理的重要和核心部分，并将其纳入沿海地区海洋经济建设之中。加强对重点海域养殖业污染负荷和重点区域工业、农业、城市生活等污染状况的科学评估，逐步建立完善海岸带生态环境的污染监测、监控体系，将环境检测结果作为制定相关政策的前提和基础，保证海岸带生态环境管理的有效性。

（二）转变沿海地区经济发展模式

粗放的经济增长方式是以大量牺牲资源和环境为代价的，围填海造地等海岸带资源开发加剧了海岸带生态环境的恶化程度。因此，治本之策在于转变沿海地区经济发展模式，在经济增长的过程中解决海岸带生态环境

---

① 刘大海、管松、邢文秀：《基于陆海统筹的海岸带综合管理：从规划到立法》，《中国土地》2019 年第 2 期。

问题。对于近海养殖业来说，可以继续通过改变养殖方式来优化养殖环境，通过增加水处理装置、采用混养等方式减少污染，不断拓展海洋无污染养殖新领域。对于沿海工业来说，关键是优化工业结构和空间布局及提高科技水平，通过制度创新走新型的沿海工业经济增长道路。循环经济和清洁生产是近年来高能耗工业企业转变生产方式的主要途径。未来沿海工业结构升级的目标是逐步建立科技含量高、经济效益好、资源消耗低、环境污染少的新型工业结构，并实现沿海工业的适度集中，实现集聚经济和基础设施共享，提高资源的利用效率，减少污染产生量和污染治理成本。

（三）构建完善的海岸带生态环境公共政策体系

由于海岸带环境污染复杂、来源广泛、分散、种类繁多，因此利益相关者众多。这是海岸带生态环境管理政策设计时必须考虑的问题。分析各利益相关者的诉求，搭建可供协商和交流的公众参与平台，需要构建完整的海岸带生态环境公共政策体系，并通过综合手段约束污染排放行为，激励公众广泛参与。结合我国的实际情况，海岸带生态环境管理的公共政策体系重点包括海岸带各类资源的产权制度，海岸带资源开发利用的价格政策、税费政策、财政政策，海岸带生态环境管理体制，海岸带环境准入门槛制度，等等。海岸带生态环境管理过程中可以运用的政策工具很多，包括海岸带资源市场交易机制、减排补贴机制、生态补偿机制、海岸带资源环境保护教育、生态环境保护行为激励机制和行为标准等。[1]

（四）完善海岸带生态环境法律体系

制定较为完备的、可执行的海岸带生态环境法律法规体系，特别是在沿海工业污染和生活污染，沿海农业农药和化肥的生产、施用，近海养殖业饲料和病害防治药的生产、施用，海岸带用地规划、环境整治、生态环境信息公开及公众参与监督等制度的任务与地位等方面进行详细规定，根据社会经济条件及自然条件的变化逐步完善和修正。同时还要明确相应的管理机构及其权力，界定海洋部门、国土部门和环保部门之间的管理边界，明确防治海岸带生态环境污染要实行层层把关，陆海各部门之间要协同配合，重在源头控制。[2]

---

① 胡奕东：《海岸带综合开发利用规划及其管理的研究》，《福建建材》2019年第3期。
② 陶宏、刘同庆：《江苏海岸带开发利用与综合管理研究》，《南国博览》2019年第9期。

第二节　江河三角洲开发管理

一、江河三角洲资源开发与利用的现状

三角洲是河口地区的冲积平原，是河流入海时所夹带的泥沙沉积而成的。世界上每年约有 160 亿立方米的泥沙被河流搬入海中。这些混在河水里的泥沙从上游流到下游时，河床逐渐扩大，降差减小，在河流注入大海时，水流分散，流速骤然减少，再加上潮水不时涌入有阻滞河水的作用，特别是海水中溶有许多电离性强的氯化钠，它产生出的大量离子，能使那些悬浮在水中的泥沙也沉淀下来。于是，泥沙就在这里越积越多，最后露出水面。这时，河流只得绕过沙堆从两边流过去。由于沙堆的迎水面直接受到河流的冲击，不断受到流水的侵蚀，往往形成尖端状，而背水面却比较宽大，使沙堆成为一个三角形，人们就将它们命名为"三角洲"。

我国著名的三角洲包括黄河三角洲、长江三角洲和珠江三角洲。总体而言，长江三角洲和珠江三角洲的开发先于黄河三角洲。改革开放后，长江三角洲和珠江三角洲迎来了良好的发展机遇，经过 40 多年的建设和开发，这两个三角洲在我国的经济布局上已经成为两大发展引擎，对国民经济发展做出根本性的突出贡献。

（一）长江三角洲

长江三角洲位于中国长江的下游地区，濒临黄海与东海，地处江海交汇之地，沿江沿海港口众多，是长江入海之前形成的冲积平原。长江三角洲面积为 35.8 万平方千米，包括上海市、江苏省、浙江省、安徽省全域。以上海市，江苏省南京、无锡、常州、苏州、南通、扬州、镇江、盐城、泰州，浙江省杭州、宁波、温州、湖州、嘉兴、绍兴、金华、舟山、台州，安徽省合肥、芜湖、马鞍山、铜陵、安庆、滁州、池州、宣城等 27 个城市为中心区（面积 22.5 万平方千米）；以上海青浦、江苏吴江、浙江嘉善为长江三角洲生态绿色一体化发展示范区（面积约 2300 平方千米）。截至 2019 年底，长江三角洲人口为 2.27 亿人，地区生产总值为 23.72 万亿元，常住人口城镇化率超过 60%，以不到 4% 的国土面积，创造出中国近 1/4 的经济总量和 1/3 的进出口总额。2019 年，长江三角洲铁路网密度达到 325 千米/万平方千米，是全国平均水平的 2.2 倍。

长江三角洲是中国经济发展最活跃、开放程度最高、创新能力最强的区域之一，在国家现代化建设大局和全方位开放格局中具有举足轻重的战略地位。推动长江三角洲一体化发展，增强创新能力和竞争能力，提高经济集聚度、区域连接性和政策协同效率，对引领全国高质量发展、建设现代化经济体系意义重大。

长江三角洲有着十分丰富的自然资源，为该地区经济发展提供了充分的物质基础。长江三角洲的矿产资源主要分布于安徽、江苏、浙江三省，其中，江苏、安徽的矿产资源相对丰富，有煤炭、石油、天然气等能源矿产和大量的非金属矿产，另有一定数量的金属矿产；浙江的矿产资源以非金属矿产为主，多用于建筑材料的生产等用途。上海矿产资源相当贫乏，基本无一次常规能源，所需的能源都要靠其他省市的支援；但是，上海具有一定数量和较高质量的二次能源生产，产品主要是电力、石油油品、焦煤和煤气（包括液化石油气）。其他可以利用开发的能源还有沼气、风能、潮汐及太阳能。长江三角洲生态系统类型复杂，地表覆盖多样。主要土地利用类型共有 6 个大类 14 个小类，分别是耕地（包括水田和旱地）、林地（包括有林地、灌木林地、疏林地、其他林地）、草地（包括高覆盖度草地、中覆盖度草地和低覆盖度草地）、水域（包括河流、湖泊、水库、坑塘、海涂和滩地）、建设用地（包括城镇用地、农村居民点用地和公交建设用地）和未利用地（包括裸土地和裸岩石用地）等。

长江三角洲在经济发展方面取得了举世瞩目的成就，但是该地区的生态环境也面临着严峻的考验。一是大气污染一体化和同步化趋势较为突出；二是区域水环境质量堪忧；三是化肥、农药再加上工业有害物质的超标排放，导致土壤污染，造成各类农产品中有毒物质时有检出，长江三角洲重金属污染已由点状、局部发展成面上、区域性的污染。

（二）珠江三角洲

珠江三角洲位于中国广东省中南部，明清时期称为广州府，是广府文化的核心地带和兴盛之地，范围包括广州、佛山、肇庆、深圳、东莞、惠州、珠海、中山、江门等 9 个城市。珠江三角洲九市总面积为 55368.7 平方千米，在广东省国土面积中的占比不到 1/3，集聚了国内经济第一大省 53.35% 的人口和 79.67% 的经济总量。珠江三角洲是我国改革开放的先行地区，是我国重要的经济中心区域，在全国经济社会发展和改革开放大局中具有突出的带动作用和举足轻重的战略地位。

珠江三角洲是广东省平原面积最大的地区，有具全球影响力的先进制造业基地和现代服务业基地，中国参与经济全球化的主体区域，全国科技创新与技术研发基地，全国经济发展的重要引擎，南方对外开放的门户，辐射带动华南、华中和西南发展的龙头，是中国人口集聚最多、创新能力最强、综合实力最强的三大城市群之一，有"南海明珠"之称。

世界银行报告显示，珠江三角洲已在 2010 年超越日本东京，成为世界人口和面积最大的城市群。如今，珠江三角洲在国家战略的推动下，正携手香港、澳门两个特别行政区建设粤港澳大湾区，成为与美国纽约湾区、旧金山湾区和日本东京湾区比肩的世界四大湾区之一。

珠江三角洲海岸带长达 1479 千米，约占广东省海岸线的 36%；拥有海岛 433 个，其中面积在 500 平方米以上的海岛 381 个。全区具有优良的港口、渔业、油气、海洋能和水资源，以及沿岸海水、沙滩等旅游资源。珠江三角洲动植物资源比较丰富。据初步调查，东南部以象头山国家级自然保护区为代表，有维管植物（未包括苔藓植物）1647 种、陆生脊椎野生动物 305 种；西部以北峰山国家森林公园为代表，有维管植物种类约 1184 种；北部以鼎湖山国家级自然保护区为代表，有维管植物 1993 种、兽类 38 种、爬行类 20 种、鸟类 178 种、蝶类 85 种、昆虫 681 种。

珠江三角洲工业化和城市化的高速发展也导致了严重的环境污染。2005 年发布的《珠江三角洲环境保护规划纲要》指出，在经济高速发展的同时，环境保护与生态建设取得了较大进展，但是整体环境形势依然严峻。受污染的流的河流长度仍呈增长趋势，大部分城市江段、河涌水质污染严重，局部河段水质劣于 V 类，沿岸居民生活生产受到影响，部分城市饮用水水源地水质受到影响，跨区水污染日益突出。大气环境污染也相当严重，经济区主要城市氮氧化物和 SO_2 的比值呈增加的趋势，酸雨频率居高不下，形成了以广州、佛山为中心的酸雨高发地带。土壤污染问题一直没有引起足够重视，改革开放以来，由于工业化快速发展而环境保护滞后，工厂生产和矿山开采排放的废水、废气和废渣通过水体流动渗透，对土壤形成污染。

（三）黄河三角洲

黄河三角洲是指黄河入海口携带泥沙在渤海凹陷处沉积形成的冲积平原。由于黄河入河口历史上多次变迁，一般所称的黄河三角洲多指近代黄河三角洲，即以垦利宁海为顶点，北起套尔河口，南至支脉沟口的扇形地带，面积约 5400 平方千米，其中 5200 平方千米在山东省东营市境内。黄河三角洲的油气、卤水、土地资源丰富，中国早期的胜利油田即在区内。21 世纪初，山东省在三角洲基础上，把东南侧潍坊、德州、淄博、烟台市的部分地区规划为黄河三角洲高效生态经济区，该区成为山东省新的经济增长点。

黄河三角洲共涉及 19 个县（市、区），总面积 2.65 万平方千米，占山东全省面积的 1/6；总人口约 985 万人，约占全省总人口的 1/10。区内自然资源丰富。一是以油气资源为主的矿产资源丰富。目前，已发现不同类型的油气田 67 个，石油总资源量达 75 亿吨，累计探明石油地质储量 34.2 亿吨，天然气地质储量 303 亿立方米。二是土地资源丰富，而且土地面积不断扩大。土地总面积达 175.04 万公顷，其中耕地 70.03 万公顷，尚有 30.3 万公顷荒碱地有待开发利用；海岸线长 590 千米，10 米以内的浅海面积达 78 万公顷，滩涂面积 22.5 万公顷，湿地 15.3 万公顷。三是丰富的旅游资源。此外，黄河三角洲还蕴藏着丰富的生物资源和海洋资源。鉴于珠江三角洲和长江三角洲所走过的先污染后治理的发展道路，黄河三角洲发展伊始，就选择了生态、高效的可持续发展之路，以确保人与自然的和谐、工业与自然的和谐。

二、江河三角洲开发的路径选择

（一）严守生态保护红线，构建生态安全格局

严格保护重要生态空间。贯彻落实国家主体功能区制度，划定生态保护红线，加强生态红线区域保护，确保面积不减少、性质不改变、生态功能不降低。加强自然保护区、水产种质资源保护区的生态建设和修复，维护生物多样性。严格保护沿江、湖泊、山区水库等饮用水水源保护区和清水通道，研究建立太湖流域生态保护补偿机制，保障饮用水安全。全面加强森林公园、重要湿地、天然林保护，提升水源涵养和水土保持功能。加强风景名胜区、地质遗迹保护区管控力度，维护自然和文化遗产原真性和完整性。严格控制蓄滞洪区及其他生态敏感区域的人工景观建设。严格保护重要滨海湿地、重要河口、重要砂质岸线及沙源保护海域、特殊保护海岛及重要渔业海域。严格控制特大城市和大城市的建设用地规模，发挥永久基本农田作为城市实体开发边界的作用。

（二）调整产业结构，推动产业绿色转型

通过优化区域社会经济发展模式，调整区域产业结构，从源头上控制整个区域的污染物排放量。在优化产业结构时，要继续推进产业结构向高

层次发展并且注重各次产业内部结构的调整。发展生态农业、生态工业、生态服务业，通过物联网和互联网技术，积极搭建生态链网，构建复合型循环产业链，构建区域产业共生网络，建成产业共生、政府与企业互动的信息服务与交流平台，推进产品生产、加工、营销、服务相配套，减少区域废物排放，促进能源高效利用。

（三）强化源头治理，严防区域环境风险

加大污染源工程治理的力度，通过多技术手段对区域工业点源、城镇污染、村落污水、畜禽粪便、农田径流等进行治理。严格防范区域环境风险。强化重点行业安全治理，加强危险化学品监管，建立管控清单，重点针对排放重金属、危险废物、持久性有机污染物和生产使用危险化学品的企业和地区开展突发环境事件风险评估。提高环境安全监管、风险预警和应急处理能力。落实企业主体责任、部门监管责任、党委和政府领导责任，加快健全隐患排查治理体系、风险预防控制体系和社会共治体系，依法严惩安全生产领域失职渎职行为，确保人民群众生命财产安全。

（四）深化生态文明制度建设

建立目标责任制。在政府的统一领导下，各部门和各行业主管部门需制订具体的推进生态文明建设的实施计划，精心组织实施各项工作。实行生态文明建设"一把手"负责制和目标责任制，将生态文明建设的目标考核、领导考评及社会评价纳入三角洲地区综合考评体系，设立考核指标体系，考虑不同市县发展的差异性。建立绩效考核的评估反馈机制，重点对规划目标、资金投入及重点工程的实施情况跟踪反馈，形成评估报告。

（五）加强生态文明建设的科技、人才、资金保障

强化环境保护基础研究。完善环境科技研究体系和创新环境，加强三角洲生态系统服务、生态环境承载力评估、生态安全阈值、大气、水环境容量动态预测等基础理论研究，促进环境科技工作由跟踪应急型向先导创新型转变，为生态环境保护、环境管理、环境监测、污染防治、监督执法等提供坚实的理论依据。加强生态文明建设先进技术的引进、推广。积极开发、引进清洁生产、生态环境保护、资源综合利用与废弃物资源化、生态产业等方面的各类新技术、新工艺、新产品。

第三节　半岛、海岛开发管理

一、半岛的开发管理

（一）半岛资源开发利用现状

我国较大的半岛有 3 个。位于山东省东部、胶莱谷地以东，伸入渤海与黄海之间的山东半岛，面积 39000 平方千米；位于辽宁省东南部、辽河与鸭绿江口连线以南，伸入渤海与黄海之间的辽东半岛，面积 29400 平方千米；位于广东省西南部，伸入北部湾和雷州湾之间的雷州半岛，面积 7500 平方千米。它们在世界上均属于比较小的半岛。我国半岛水域渔业条件较好，因此，半岛的开发多是从渔猎生产开始的。渔业是我国半岛的传统产业，又是半岛经济的重点产业，在半岛经济中占有重要的地位。我国半岛港口资源丰富，是沿海港口的重要组成部分。

1. 山东半岛

山东半岛是我国的三大半岛中的第一大半岛，属暖温带季风气候，多年平均气温 12～13 摄氏度，降水量 650～910 毫米。矿产资源丰富，目前省内已发现矿藏达 128 种，其中黄金、硫、石膏、石油、金刚石等储量居全国前列，胜利油田是全国第二大油田。山东半岛陆地海岸线长 2930 千米，近海岛屿约 240 个，海洋生物资源丰富，水产品产量居全国前列，其中，海珍品对虾、海参、扇贝、鲍鱼等产量居全国首位。山东半岛历史悠久、文化底蕴深厚，拥有济南泉群、齐国故城、崂山、蓬莱阁、成山头、日照海滨等众多的人文、自然旅游资源。有的已成为国家乃至世界级的旅游热点。半岛区域交通发达，高速公路连接 8 个城市，各市驻地均有列车直达。在漫长的海岸线上有众多优良海港，港口年吞吐量达到 2.2 亿吨，有济南、青岛两大空港。信息化通信基础好，高速宽带网已经在全区域建成。

2. 辽东半岛

辽东半岛矿产资源、生物资源和旅游资源都十分丰富。目前已探明的有铁、煤、锰、铝、镁、金刚石、硼、玉石、滑石等 63 种，其中铁矿储量占全国 22%，硼、镁、滑石、玉石、金刚石的储量都居全国首位，有鞍山和本溪钢铁、大石桥镁矿、辽南建材等。其沿海出产的海带、贻贝、裙带菜和海胆产量居全国第一或前列。此外，经济区内地热资源、旅游资源、森林资源和动植物资源等也相当丰富，是辽宁省重要的商品粮和水产品基地。该地区是我国东北地区的出海口和开放前沿，处于东北亚的中心位置，交通便利，基础产业发达，工业实力雄厚，是全国重要的装备制造业和原材料工业基地。

3. 雷州半岛

雷州半岛是中国热带、亚热带经济作物的重要基地之一，盛产甘蔗、橡胶、剑麻、香茅、花生等。海产品丰富，主要有鲍鱼、对虾、龙虾、鱿鱼、蚝、珍珠等。工业有制糖、食品、制盐、家用电器、化工、机械、建材等主要门类。雷州半岛得天独厚的自然环境造就了旖旎迷人的热带风光，主要风景区有湖光岩、东海岛、粤西热带作物试验站等。

总之，我国半岛多数是基岩岛，绝大多数港口终年不冻，岸线漫长曲折，有众多避风条件良好的港湾，适宜建港的深水岸线长，天然锚地和淡水水道众多。另外，多数半岛是大陆沿岸大型港口航线的必经之地，构成了东西南北交叉的海上交通网络。我国的半岛有着丰富的旅游资源。随着人们对海洋认识的增强和生活水平的提高及西方旅游界提出的"回归自然"的影响，从 20 世纪 80 年代至今，我国半岛旅游业出现了前所未有的热潮，以大海、阳光和沙滩为主的海滨及海岛旅游业得到了蓬勃发展。我国半岛除有丰富的水产资源、港口资源和旅游资源外，还拥有丰富的岛陆经济生物资源、森林资源、矿藏资源、海盐和盐化工资源、土地资源和再生能源等，为半岛地区城市群的发展提供了良好的条件和资源基础。

（二）半岛资源开发与利用的对策选择

1. 严格执法保护半岛的各种资源

为了保护海岛及其周边海域生态系统，合理开发利用海岛自然资源，维护国家海洋权益，促进经济社会可持续发展，全国人大常委会于 2009 年 12 月通过了《中华人民共和国海岛保护法》。不过，该法所保护的海岛仅指四面环海水并在高潮时高于水面的自然形成的陆地区域，包括有居民海岛和无居民海岛。因此，半岛并不属于它的适用范围。我们认为，半岛开发与半岛生态环境保护有着极为密切的关系。因此，在促进半岛开发的同时，要加强有关的立法工作。任何开发利用活动都必须以生态保护和资源可持续利用为原则，要注意生态效益与经济效益的统一，保证再生资源有休养生息的机会，使半岛生态系统得到健康的发展。

2. 半岛开发应重视资源的跟踪管理

半岛开发活动必然对岛上资源造成消极影响。为了消除人类开发与利用半岛资源带来的弊端，我们建议从以下方面加强对半岛资源的跟踪管理：一是开发半岛资源必须因岛制宜。从实际出发，依照海岛功能区划，合理安排开发项目，允分发挥各个半岛独特的功能与作用及其综合效益，开发方案要建立在科学论证基础上，避免盲目性。二是严格控制入海污染物，强化对主要污染源的管理，对重点污染海域，实行污染物总量控制制度。加强对倾废区、排污区的管理，制定突发性事件的应急管理办法。三是建设半岛生态建设工程。生态建设工程是从现代生态学的观点出发，选择既开发又保护、既利用又养育的最佳半岛开发建设方案。根据各半岛具有的独特生态条件，建立各具特色的综合性生态保护区，如生态岛、环岛海域生态渔业、半岛森林公园保护区等，以及建立专项性的生态保护区，如珍稀濒危动植物、珊瑚礁、红树林保护区等。

二、海岛的开发管理

（一）海岛资源开发利用现状

根据国际海洋法规定，我国拥有海洋面积 300 万平方千米，岛屿资源丰富，总面积约 8 万平方千米，约占全国陆地面积的 8%，岛屿岸线长约 1.4 万千米，是我国海洋开发的主要依托。随着科学技术的发展和对我国海岛的深入调查，海岛数量越来与精确，20 世纪 70 年代以前认为我国有大小岛屿 5000 多个；20 世纪 80 年代以张海峰为首的中国海洋经济研究组通过调查认为我国有大小岛屿 6536 个；20 世纪 90 年代中期，国家海洋信息中心在全国海岛资源综合调查的基础上统计得出，面积在 500 平方米以上的岛屿有 7371 个（包括台湾省的 224 个海岛），地处热带、亚热带、温带三个气候带。面积最大的海岛是台湾岛，面积 35760 平方千米，海岸线长 1217 千米；海南岛是第二大岛，面积 33907 平方千米，海岸线长 1528 千米；崇明岛是第三大岛，面积 1083 平方千米，海岸线长 210 千米。

在我国众多的岛屿中，大多数为无人岛，有常住居民的岛屿 460 多个，人口近 4000 万。国家海洋开发战略实施以来，海岛资源的重要性日益显现，海岛开发利用活动越来越多。与此同时，由于缺乏专门的海岛海洋功能区划，海岛海域使用缺乏统筹规划和权属管理，在海岛开发、建设、保护和管理过程中，存在海岛生态破坏严重、海岛数量急剧减少、无居民海岛被违法占用等三大问题。

1. 海岛生态破坏严重

与陆地相比，海岛面积狭小，地理环境独特，生态脆弱。从已经开发利用的海岛，特别是无居民海岛来看，普遍缺少规划，开发的随意性很大。一些有海岛居民不顾资源环境条件，盲目进行项目开发，追求人口规模；一些地方随意在海岛上开采石料、破坏植被，损害了自然资源，严重的甚至导致崩塌等灾害发生；一些地方随意改变海岛海岸线，破坏了海岛及其周围海域的生态；一些地方不合理地建造海岸工程和挖砂，使海岛岸滩遭受严重侵蚀；一些单位任意在海岛上倾倒垃圾和有毒有害废物，把海岛变成了垃圾场；一些地方滥捕、滥采海岛上的珍稀生物资源。目前尚无相应法律条款和专门法律规范这些行为，致使海岛生态系统急剧恶化。

2. 海岛数量急剧减少

近年来，炸岛炸礁、填海连岛等严重破坏海岛的事件时有发生，致使海岛数量不断减少。据原国家海洋局海岛管理司 2011 年 6 月的调查统计，与 20 世纪 90 年代相比，辽宁省海岛消失了 48 个，减少数量占原海岛总数的 18%；河北省海岛消失了 60 个，减少了 46%；福建省海岛消失了 83 个，减少了 6%；海南省海岛消失了 51 个，减少了 22%。甚至部分领海基点海岛因侵蚀等也面临灭失的危险。

3. 无居民海岛被违法占用

一些单位和个人将无居民海岛视为无主地，随意占用、使用、买卖和出让，影响国家正常的科学调查、研究、监测和执法管理活动，滋生违法乱纪行为，成为当地社会治安的隐患。无居民海岛开发利用秩序混乱，不仅造成海岛生态破坏严重，也造成国有资源性资产的流失。

（二）海岛资源开发利用的路径选择

1. 做好面向海岛长远发展的战略规划

海岛保护与利用规划是兼顾海岛的自然、经济和社会属性，统筹协调海岛保护与开发活动，根据海岛的区位、资源与环境，以及保护和开发利用现状，对海岛实施分类指导与管理，实现海岛的可持续发展。海岛战略规划是面向未来长远发展的总体的宏观构想与策划，战略规划影响着海岛发展的方向和路线，对海岛发展的空间布局、产业结构调整起着引领作用。海岛战略规划不同于部门的专门规划与地方政府的国民经济与社会发展规划（计划），具有前瞻性和引领作用。

2. 加强海岛开发的法制建设

根据海岛的生态环境问题的不同，需要采取不同的保护措施，可以将海岛划分为不同的保护级别。依据《中华人民共和国海岛保护法》，应该对海岛的经济系统、社会系统及自然系统协调管理，通过行政部门和科研部门，加强对海岛资源进行审慎的管理和科学的保护，以达到持续发展的目的。例如，韩国《公有水面及海岸带管理法纲要》将海岸带划分为保护区域、开发调整区域、港湾管理区域、准保护区域等四种区域；美国加利福尼亚州1976年《海岸带法》立足于环境污染产生的原因，有利于控制污染源，在污染产生的开始予以预防、监督和治理，它将防治、监督污染的各项工作分给不同的负责部门，使职责的分担具体明确。

3. 实施海岛环境影响评价制度

环境影响评价制度贯彻了预防为主的原则，能有效防止污染和破坏环境的情况发生。在我国海岛开发的历史和现状中，边开发、边污染的现象普遍存在。有的海岛发展海水养殖，却导致环境污染日益加重；有的海岛因非法过度开采几近消失。因此，建立海岛环境影响评价制度是刻不容缓的。《中华人民共和国海岛保护法》明确规定有居民海岛的开发、建设应当对海岛土地资源、水资源及能源状况进行调查评估，依法进行环境影响评价，并指出海岛的开发、建设不得超出海岛的环境容量；新建、改建、扩建建设项目，必须符合海岛主要污染物排放、建设用地和用水总量控制指标的要求，确需填海、围海改变海岛海岸线，或者填海连岛的，项目申请人应当提交项目论证报告、经批准的环境影响评价报告等申请文件，依照《中华人民共和国海域使用管理法》的规定报经批准。因此，海岛环境影响评价制度是海岛生态系统的保护制度。[①]

4. 做好海岸保护与利用规划

在海域管理指导思想上，要深化对保护与开发的认识。对保护的理解，要由狭义的限制开发式的保护概念转变为提升海洋功能价值、减少海洋资源浪费、减小对海洋环境影响等广义的保护概念。海岸保护与利用规划作为海洋功能区划的重要内容，应做实、做细，同时进行动态管理。要通过对全国海域资源环境自然条件、社会经济发展需求、围填海现状与生态环境效益的综合评估，确定海岸基本功能、开发利用方向和保护要求，建立以海岸基本功能管制为核心的围填海管理机制，规范围填海秩序，调控围填海的规模、强度，以达到在尽量满足海洋经济发展需要的同时，最大限度减少浪费和提高海洋资源的利用价值，保护海洋生态环境，推动我国沿海地区的社会、经济和环境持续发展的目的。海岸保护与利用规划的具体

① 刘艺：《湛江市海岸带综合管理问题及对策研究》，硕士学位论文，广东海洋大学，2018。

实施过程中，应体现对围填海的管理政策要求，把围填海工程平面设计的基本原则和要求体现在基本功能岸段的管理措施中，成为各级部门审批围填海的共同依据。

5. 理顺海岛旅游管理体制，完善基础设施建设

海岛区开发和管理，如果由各地方行政管理机构自行对本辖区内的海岛旅游资源进行开发和管理，势必会带来资源的盲目开发、无序管理，旅游项目重复建设、市场雷同、恶性竞争等诸多问题。只有建立统一的国家海岛旅游管理机构，从行业管理、部门协调、产业运行环境、资源开发保护等各方面对海岛旅游开发进行统筹规划，才能将海岛资源优势变为效益优势，推动海岛旅游的可持续发展。同时还要完善各海岛旅游区的配套基础设施，提高旅游从业人员素质，提高服务水准，实行人性化管理。这一点可以很好地借鉴墨西哥坎昆岛的成功经验。此外，还要加强海岛可进入性建设。搞好海岛交通建设，做好天气预报工作，建立完善的海岛旅游安全保障体系，合理安排车船班次，定期对各交通工具进行检查，提高船只的抗风和自动导航能力，让游客可以放心地进行海岛旅游活动。[1]

第四节　大陆架开发管理

一、大陆架资源开发利用现状

大陆架是地壳运动或海浪冲刷的结果。地壳的升降运动使陆地下沉，淹没在水下，形成大陆架；海水冲击海岸，产生海蚀平台，淹没在水下，也能形成大陆架。大陆架是大陆向海洋的自然延伸，通常被认为是陆地的一部分，又称为陆棚或大陆浅滩。它是指环绕大陆的浅海地带，一般水深不超过 200 米。在国际法上，大陆架指邻接一国海岸但在领海以外的一定区域的海床和底土，是一国陆地领土在海水下的自然延伸。沿岸国有权为勘探和开发自然资源而对其大陆架行使主权权利。

大陆架有丰富的矿藏和海洋资源，已发现的有石油、煤、天然气、铜、铁等 20 多种矿产，其中已探明的石油储量是整个地球石油储量的 1/3。[2] 大陆架的浅海区是海洋植物和海洋动物生长发育的良好场所，全世界的海洋

① 冯国艳：《湛江湾海岸带综合管理优化研究》，硕士学位论文，广东海洋大学，2019。
② 朱坚真：《海洋经济学》，高等教育出版社，2010。

渔场大部分分布在大陆架海区。大陆架中还存在海底森林和多种藻类植物，有的可以加工成多种食品，有的是良好的医药和工业原料。原则上，这些资源均属于沿海国家所有。

（一）沿海国对大陆架的主权权利及其限制

因为大陆架资源丰富，对大陆架的划分和主权的拥有就成为国际上十分重视和争议激烈的问题。1945 年 9 月，美国总统杜鲁门在《关于美国对大陆架底土和海床自然资源的政策宣言》中宣称："处于公海下但邻接美国海岸的大陆架底土和海床的自然资源属于美国，受美国的管辖和控制。"随后，不少国家发表了类似的关于大陆架的声明。1958 年，在日内瓦联合国第一次海洋法会议通过的《大陆架公约》为大陆架下了定义，后来又陆续组织了海洋法会议。最终，以各国代表共识达成结论，决议出一本整合性的海洋法公约，就是《联合国海洋法公约》。

《联合国海洋法公约》中规定，沿海国的大陆架包括陆地领土的全部自然延伸，其范围扩展到大陆边缘的海底区域。如果从测算领海宽度的基线（领海基线）起，自然的大陆架宽度不足 200 海里的通常可扩展到 200 海里，或扩展至 2500 米水深处（二者取小）；如果自然的大陆架宽度超过 200 海里而不足 350 海里，则自然的大陆架与法律上的大陆架重合。我国是 1982 年《联合国海洋法公约》的缔约国。按照公约第 77 条的规定，沿海国可以出于勘探和开发大陆架上自然资源之目的而对它行使主权权利。公约赋予沿海国的此种权利具有排他性，未获得沿海国的明确同意，其他任何国家均不得从事此类勘探和开发活动。需要注意的是，此种权利仅仅是指主权权利，并非领土所有权。这是因为公约文本中没有提及"主权"二字，这类主权权利不因占领或明确的宣示而取得。后来这一范围扩大包括至那些固着于大陆架上的物种的生物资源。

公约明文规定沿海国对大陆架享有的主权权利并不影响上覆水域作为公海的法律地位，也不影响此类水域的空气空间的法律地位。在公约后面的条文中也强调，沿海国为了勘探和开发大陆架资源可以采取合理的措施，但是不得阻碍在大陆架上铺设电缆和管道。另外，此类勘探和开发不得对航行、捕鱼及海洋生物资源养护有干扰。

按照公约第 80 条的规定，沿海国可以建造和维持为开发大陆架所必需的设施，并且有权在围绕该设施 500 米的范围内建设安全区，各国船舶必须尊重此类安全区。在安全区内，该国可以采取必要的措施以保护其安全。尽管此类设施归属沿海国管辖，但不得被视为岛屿。这就意味着此类设施不得主张拥有自身的领海，它们的存在丝毫不影响沿海国领海的划界。这些规定极为重要。如果在大陆架上建造了石油钻台，从法律的角度来看，可将它们视为岛屿，就会引发争端。

按照公约第82条的规定，若沿海国的大陆架向外延伸超过了200海里，该国要在200海里外的大陆架上开发非生物资源，就必须缴纳费用。此类费用采取年费形式，自第一个五年的开发期限届满后开始缴纳，按照滑动上升的比例逐年增多，直至第12年为止。此后年费的费率为7%。此类费用应向国际海底管理局缴纳，由该局按照公平分享原则并适当照顾发展中国家，特别是最不发达国家与内陆国的需要和利益，在公约的缔约国之间进行分配。

（二）我国对大陆架资源的开发与利用

1998年6月26日通过的《中华人民共和国专属经济区和大陆架法》规定，我国的大陆架，为我国领海以外依本国陆地领土的全部自然延伸，扩展到大陆边外缘的海底区域的海床和底土；若从测算领海宽度的基线量起至大陆边外缘的距离不足200海里，则扩展至200海里。所称大陆架的自然资源，包括海床和底土的矿物和其他非生物资源，以及属于定居种的生物，即在可捕捞阶段在海床上或者海床下不能移动或者其躯体须与海床或者底土保持接触才能移动的生物。

目前，我国对大陆架资源的开发与利用的问题主要集中于滨海砂矿和海洋油气资源开采两方面。

1. 滨海砂矿开采

我国的滨海砂矿种类较多，已发现60多种矿种，估计地质储量达1.6万亿吨。根据现有技术经济条件，目前大多数具有工业价值的滨海砂矿都有开采，但开采规模有限，规模较大的主要有钛铁矿、锆石、金红石、钛铁矿、铬铁矿、磷钇矿、砂金矿、石英砂、型砂、建筑用砂等10余种。我国经济高速度发展导致对矿产资源的需求越来越大。在经过几十年的强化开采之后，滨海砂矿在岸上的部分已经越来越少，加上日益严格的资源管理制度，使人们把眼光投向水下，滨海砂矿开发的趋势必然是水上、水下并举。因此，矿业开发部门需要有更多的抓斗式和吸扬式挖泥船及其他功率大、效率高、砂矿回收率高的海上采矿设备。

2. 海洋油气资源开采

我国目前对大陆架资源的开发与利用初具规模，特别是对油气资源的开采。石油是我国海底矿产中最重要的资源，集中分布在大陆架浅海区域。

这里由于受到太平洋板块和欧亚板块挤压的影响，在中、新生代发育了一系列北东向和近东西向的断裂，并形成许多形态不同、大小不一的沉积盆地。伴随构造运动而发生的岩浆活动，产生了大量热能，加速了有机质转化为石油，并在圈闭中聚集和保存，使之成为现在的陆架油田区。以东海大陆架油气资源开发为例，大海大陆架平均宽度约 400 千米，2/3 海域的水深在 100 米以内，海底地形坡度很小。据调查，钓鱼岛地区和台湾海峡的沉积厚度分别达到 9 千米和 7 千米，海底石油非常丰富。我国目前在东海大陆架油气资源开发活动受到来自日本方面的干扰。因此，中日两国必须通过协商谈判解决东海大陆架重叠部分的划界问题，然后才可能顺利地进行石油资源的开发。

二、我国大陆架资源开发与利用的对策选择

（一）科学规划和开展大陆架资源调查

大陆架是我国资源分布的集中区，但目前，我国的海洋资源调查评价工作刚刚开始，装备力量都非常单薄，需要有一个更大的发展。尤其需要具备不同吨位与不同功能的海洋科学考察船、资源调查船、海洋环境监测船及各种海巡船只。总体而言，我国海洋资源调查与评价的主要任务在于：根据国民经济和社会发展的需要，基本查清大陆架广阔区域的海洋资源开发利用现状，发现一批新的可开发资源；调查大陆架海洋资源类型、数量、特征、分布规律及开发现状；开展海洋灾害类型、引发机制及变化规律研究，建立灾害及海平面变化动态监测网；调查我国海岸带最大环境承载量；完成大陆架底土环境质量评价与功能区划；查明军事海洋环境与国防建设要素，为维护国家海洋权益、统筹海洋开发和整治服务。同时，开展大洋深海资源及极地的调查研究。另外，油气资源是我国经济发展的生命，但我国勘探和开采深海石油的技术尚不成熟，我们可以在科学论证的基础上对我国未来大陆架资源勘探与开发活动进行谋篇布局，并深入开展大陆架资源调查活动。我国的海洋地质事业还很年轻，对大陆架地质情况和海底矿产资源分布只有很初步的了解。随着海洋调查的进一步开展，还会找到更多的矿产，沉睡在大陆架上的丰富资源必将为我国的建设事业做出更大的贡献。

（二）有理有利地维护有争议的大陆架资源主权

按照《中华人民共和国专属经济区和大陆架法》的规定，我国对属于我国的大陆架上的自然资源（包括生物资源和非生物资源）均享有主权权利。但问题是，我国与日本（东海）、越南（南海）等一些国家存在大陆架划界争端。这些争端严重干扰了我国对大陆架自然资源勘探和开发的自主权利。因此，我国必须有理有利地解决此类法律争端，这样才能顺利地开采大陆架上的自然资源。我们应当采取以下策略：根据国际法和国际惯例，主张我国对大陆架自然资源的主权权利；对于权益重叠的大陆架，考虑开放和平谈判、平等协商的方便之门，争取有利于我国的谈判结果；不轻易妥协，不接受对方无理要求。

第五节　200 海里专属经济区开发管理

一、200 海里专属经济区资源开发与利用的现状

专属经济区是第三次联合国海洋法会议上确立的一项新制度。专属经济区是指从测算领海基线量起 200 海里、在领海之外并邻接领海的一个区域。在这个区域内，沿海国对其自然资源享有主权权利和其他管辖权，而其他国家享有航行、飞越自由等，但这种自由应适当顾及沿海国的权利和义务，并应遵守沿海国按照《联合国海洋法公约》的规定和其他国际法规则所制定的法律和规章。

我国对专属经济区的主张目前见之于我国 1998 年通过的《中华人民共和国专属经济区和大陆架法》。专属经济区，为我国领海以外并邻接领海的区域，从测算领海宽度的基线量起延至 200 海里。在专属经济区为勘查、开发、养护和管理海床上覆水域、海床及其底土的自然资源，以及进行其他经济性开发和勘查，如利用海水、海流和风力生产能源等活动，行使主权权利。我国对专属经济区的人工岛屿、设施和结构的建造、使用及海洋科学研究、海洋环境的保护和保全行使管辖权。

沿海国对自己专属经济区内的生物及非生物资源享有所有权，有勘探开发、养护和管理的主权权利。沿海国可以根据自己需要，制定有关的养护和管理措施，以及勘探开发的规定。其他国家未经同意不得擅自开发区内的生物资源，若经沿海国许可进入，则应遵守沿海国制定的法律、法规

和规章。对于特殊鱼种，如哺乳动物、高度洄游、溯河或降海产卵鱼种等，沿海国有权制定更严格的禁止、限制和管理的各项措施和规定。

对于非生物资源，沿海国同样可以为了勘探和开发的目的行使主权权利。这种权利是专属性的。沿海国不勘探或开发的，任何其他国家未经其许可也不准开发。所谓"专属经济区的非生物资源"，实际上包括该区内的大陆架上和水域中的全部非生物资源。另外，沿海国对其生物或非生物资源之外的其他资源，如用风力、海流和水力开发能源的活动（即开发可再生能源），也享有主权权利，并且有为开发自然资源而开凿隧道的权利。

上述权利都是专属性的，沿海国完全有权在自己的主权范围内来确定管辖范围，行使权力。当然，这也要顾及国际法和其他有关国家的利益。

二、专属经济区资源开发与利用的路径选择

（一）加强争议岛礁和区域的管理

加强对争议海岛主权的维护和争议海域的实际控制，有利于确定我国管辖海域范围，提升综合管理能力，统筹自然资源的养护和管理，维护我国海洋权益。为此建议在以下两个方面进行努力。

1. 坚持我国对争议海岛的主权

岛礁的归属，关系着主权国以岛礁为基础主张海域管辖的实现及自然资源主权权利的归属，因此，争议岛礁的主权归属往往会影响当事国海域划界结果。我国应提高对争议岛屿的重视程度，通过发表"白皮书"或"声明"的形式，表明我国立场，并通过实际行动，强化对争议岛礁的主权，并进一步争取实际控制。

2. 加强专属经济区的实际控制

从《联合国海洋法公约》、国家海域划界实践及司法判例来看，别国的实际控制时间越长，划界情势将会对中国越不利，这也是这些国家对中国提出的"搁置争议，共同开发"的原则置之不理的一个原因。因此，我国应坚持执行巡航制度，加强渔业资源的养护和管理，加强对专属经济区的实际控制。

（二）完善专属经济区法律法规

加入《联合国海洋法公约》以后，我国在立法上做了大量的工作，颁布了相关法律，但存在法律法规体系不健全、层次较为单一、立法相对滞

后等问题。因此，建议从以下三个方面着手，完善我国专属经济区法律体系。

1. 完善海洋立法体系

首先要提高海洋法律的法律地位。宪法作为我国根本大法，由于"海洋"未能"入宪"，我国现行海洋法律体系结构缺少最高层次——国家根本法（《宪法》的法律条文规定）。海洋法律这种最高层次立法的缺失，导致海洋法律体制不完善。因此，要积极推动将"海洋条款"纳入《宪法》。

2. 制定我国海洋基本法

出台《中国海洋基本法》管理海洋基本事务，能够提供执法依据，提升海洋管理战略性，提高针对性。《中国海洋基本法》应整合现有法律法规，明确专属经济区的海域范围、主管部门、执法机构、自然资源养护和管理、海洋科学研究、海洋环境保护等指导性规定。

3. 制定配套的法规规章

尽快出台配套的法律法规，有效补充海洋基本法的不足，提高法律法规的灵活性、针对性、具体性和可操作性，如出台《海洋科学研究管理办法》《专属经济区军事利用管理规定》及《海洋能源利用管理办法》等。①

（三）着力推进海洋科技事业发展和海洋资源利用养护

我国是能耗大国，可再生能源的开发利用能够缓解我国能源供给压力，减少环境污染，增加经济效益。因此，我们应该依靠科学技术、资金投入和政策支持，在重视专属经济区资源养护的前提下，积极推动海洋科学技术研究和可再生能源的开发利用。

在能源利用方面，出台《国家海洋可再生能源法》，支持包括海洋能在内的多种可再生能源开发，配套出台《专属经济区可再生能源开发管理实施细则》，做好整体规划工作，并设立专项资金，用于海洋能源的重点开发利用和推广，鼓励科研成果的产业化，提高海洋能源的综合利用。加大对海洋类高校和科研院所的扶持力度，充分利用高校和科研院所的资源，大力培养一批亟须的海洋资源开发适用人才。

（四）建造和维护专属经济区人工岛屿、设施和结构

在专属经济区从事资源调查、勘探与开发活动往往需要依靠一定的支持物与平台。为此，1982 年《联合国海洋法公约》特别规定了沿海国可以

---

① 韩茹：《我国海岸带综合管理立法研究》，硕士学位论文，上海海洋大学，2020。

在专属经济区内建造和使用人工岛屿、设施和结构，并且对它们的建造与使用拥有管辖权力。《中华人民共和国专属经济区和大陆架法》也明文规定了类似的权利。我们之所以强调在专属经济区内建造和维护专属经济区人工岛屿、设施和结构，是因为它们将为我国勘探和开发专属经济区资源发挥以下功能与作用：①我国可以对这些设施行使有关海关、财政、卫生、安全和移民的法律和规章方面的管辖权；②设置安全区并行使符合海洋法公约规定的管辖权；③虽然人工岛屿、设施和结构不具有岛屿地位，它们没有自己的领海，其存在也不影响领海、专属经济区或大陆架界限的划定，但是它们事实上可以产生类似的效果。

练习思考题

1. 海岸带综合管理的主要空间载体有哪些？

2. 我国海岸资源开发存在的主要问题是什么？如何应对？谈谈自己的理解。

3. 简述我国三大三角洲和半岛地区经济发展现状。

4. 论述如何促进我国三角洲和半岛地区经济高质量发展，试给出几点建议。

5. 当前我国海岛资源开发利用存在哪些问题？

6. 简述如何促进海岛资源的有效且可持续的开发利用。

7. 简述大陆架的概念及当前我国对大陆架资源的开发利用现状。

8. 试述专属经济区对于我国的战略意义，并阐述如何捍卫我国在专属经济区的合法权益。

第四章　海岸带产业经济管理

　　本章学习目的：海岸带拥有丰富的自然资源、优越的地理位置，以及宜人的生存环境。随着海岸带不断被开发利用，逐渐形成了各种各样的海岸带产业。海岸带产业是人类开发利用海洋资源、发展海洋经济而形成的生产事业。本章将带领学生了解海岸带主要产业的分类，掌握不同海岸带产业类型的管理，从而进一步深化对我国海岸带主要产业管理的认知。

　　本章内容摘要：本章共分为五部分，分别从海岸带产业经济发展战略管理、第一产业管理、第二产业管理、第三产业管理和战略性新兴产业管理等五个方面阐述我国海岸带主要产业管理。

第一节 海岸带产业经济发展战略管理

一、产业分类

海岸带产业属于海洋产业的一种，是人类开发利用海洋资源、发展海洋经济而形成的生产事业。海岸带产业是海洋经济的载体和表现形式，共有五种分类方法。

（一）按马克思的产品基本经济用途分类

海岸带产业可分为基础产业、加工制造业和服务业。基础产业有海岸带水产业、海岸带油气业及采矿业、能源工业、交通运输业等；加工制造业有海洋食品加工业、海水淡化和盐化业及化工业；海岸带服务业指海洋旅游、信息咨询及服务业等。这种划分体系可以反映各个产业发展是否协调。

（二）按费歇尔和克拉克产业分化次序分类

海岸带产业可分为第一、第二、第三产业。第一产业是海岸带水产业，主要指鱼、虾、蟹、贝、蛇、蛙、藻等动植物的捕捞和养殖业。第二产业指海水盐化业及淡化业和海水化工业（提取化学物质）、海岸带油气及采矿业、海岸带电业（利用潮汐能、波浪能和热能发电）、海岸带建筑业（港口、海底住宅及隧道等建筑）、海洋食品加工业及药品加工业等。第三产业指海岸带运输业（港口及运输）、海底仓储业、海岸带旅游业（海滨海岛观光等）、海岸带工艺品装饰业、海岸带信息业（海洋环境信息预测预报咨询）、海岸带服务业（海洋环境要素监测、保护、减灾防灾，技术服务）等。这种划分体系可以反映产业演变规律，可以反映各区域产业结构是否符合市场需求。

（三）按国民经济行业分类标准划分

这是《海洋经济统计分类与代码》中采用的分类方法。以《国民经济行业分类》为基准，依据海洋经济活动的同质性原则进行分类，划分出与中国国民经济行业分类标准能够相互衔接和比较的海洋产业类别。采用线分类法和层次编码方法，将海洋经济活动划分为门类、大类、中类和小类四级。

（四）按主要产业部门划分

这种划分方法是海洋统计中常用的分类方法，是在标准产业分类法的基础上，确定主要海岸带产业并将其从海洋经济中划分出来。目前确定的主要海洋产业包括海岸带渔业、海岸带油气业、海滨砂矿业、海岸带船舶工业、海盐业、海岸带化工业、海岸带生物医药业、海水淡化与综合利用业、海岸带电力业、海岸带工程建筑业、海岸带交通运输业和滨海旅游业等产业。

（五）按产业开发技术进步程度分类

海岸带产业可分为传统海岸带产业、新兴海岸带产业及未来海洋产业。传统海岸带产业主要指捕捞和养殖、海洋航运、海水制盐等，这是比较低层次的开发水平。随着人类新技术不断涌现，信息技术、新材料、新能源、生物技术、空间技术等高新技术不断用于海岸带资源开发活动，出现了具有综合性的海洋技术和新兴的海岸带产业，如海岸带牧场、海岸带药物产业、海上城市、海底城市、海底工厂等。虽然这些新兴海岸带产业可能解决陆地资源较高稀缺性对经济发展的困扰，但这些产业需要投入大量的科技力量和资本进行长期的开发研究。由此可见，相对于陆地资源，海岸带资源极具开发利用空间。

二、海岸带产业结构优化与升级

（一）海岸带产业结构的特征

1. 海岸带产业门类齐全，传统的主体产业让位于新兴产业

中国海岸带资源类型多样，为各类海岸带产业的形成和发展提供了有利的资源条件。在短短的几十年中，不仅传统的海洋捕捞、运输和盐业等产业得到了发展壮大，还先后涌现出海水增养殖、海洋油气和滨海旅游等新兴海洋产业，同时海洋能利用、海水综合利用等未来产业发展势头良好。在各类海岸带产业中，海岸带水产业是海岸带产业经济的支柱产业，占中国海洋经济总产值 50% 以上。但这种结构到 21 世纪初发生了根本性转变，传统的近海捕捞、海洋运输和近海盐业三大主体产业让位于海洋交通运输、滨海旅游业和近海渔业。

2. 海岸带三次产业次序变动，产业结构发生了质的变动

中国海岸带三次产业在较长时间呈现的是第一产业、第二产业、第三产业的初级产业结构次序。1999 年，呈现出来的海岸带产业结构顺序是第二产业、第一产业、第三产业，其总产值构成比为 34.78：35.34：29.88；到 2022 年，全国海岸带三次产业结构顺序是第三产业、第二产业、第一产业，第一、第二、第三产业增加值比为 4.6：36.5：58.9。海岸带产业结构实现了低级向高级的跨越。

3. 新兴海岸带产业发展较快，逐步取代传统产业主体地位

中国海岸带产业中，2000 年传统海岸带洋产业与新兴海岸带产业的增加值构成比为 78.37：21.63。到 2022 年，传统与新兴海岸带产业增加值构成变为 62.09：37.91，滨海旅游业增加值超过海岸带渔业的。海岸带产业中增长最快的依次是海岸带电力业、海洋船舶工业、海洋生物医药业、海水利用业、海洋矿业。海岸带新兴产业的加快发展，促进了中国海岸带产业结构升级。

4. 中国海岸带产业总体发展较快，但区域发展不平衡

中国海岸带产业的总体发展发展速度迅猛。以当年价格计，中国近年来海岸带产业的产值平均以每年 20% 以上的速度增长，海岸带经济的增长速度大大超过了国民经济的增长速度。但是，中国海岸带产业的区域发展是不平衡的。在区域产业结构中，广东省和山东省的海岸带经济发展较快，结构也比较合理；但从产业门类来看，上海、天津和广东的海岸带第三产业比较发达。

（二）产业结构优化

1. 发展海岸带产业

首先要认清海岸带产业结构研究的目的是科学地确定和预测海岸带产业的变化，通过海岸带产业政策改善和优化海岸带产业结构。其次要树立"大海岸带"观念，因为发展海岸带产业不仅是海洋产业发展的一个重要的战略思想和战略方针，还是一项重要的海洋产业政策。再次是拓展资源范围。不再局限于以前的海岸带资源的开发利用，要放眼更大的范围，可以利用陆地优势，进行海陆一体化发展。最后就是要扩展产业门类和通过产业政策引导。要依靠科技进步，开发潜在资源，不断壮大新兴产业，拓展未来产业，扩大海洋产业群；优化和升级中国海岸带产业结构，进一步扩展海洋产业间的技术经济联系，提高海岸带资源转化效率。

2. 推进海岸带产业结构高级化

海岸带产业结构高级化是海岸带经济发展的必经阶段。海岸带产业经济结构是国民经济结构的一个组成部分，所以其具有一般产业结构演变的特征。国民经济产业结构发展的一般规律为推进海洋产业发展提供了理论和实践的依据。为适应海岸带产业结构这一高级化过程，需要按照产业结构发展变化的顺序，通过产业政策引导，推进中国海岸带产业结构的调整。首先，重点发展海岸带第三产业。这包括海岸带交通运输业、滨海旅游业和海岸带其他服务业，尤其是滨海旅游业，中国不仅具有资源优势，且有比较广阔的市场前景，应该放在优先发展的地位。其次，重视发展海岸带第二产业。有关研究表明，海岸带第二产业中的许多生产部门具有极强的关联性，如海岸带油气业、船舶制造业、食品加工等，其发展可以带动其他相关产业的发展。因此，具备条件的沿海地区，在重视发展海岸带第二产业的同时，努力提高海岸带第二产业在整个海洋产业结构中的比重，促进海岸带产业结构高级化和海岸带经济发展。最后，要抓好新兴和未来海岸带产业的发展。新兴和未来海岸带产业一般是以高新技术为基础，其中又以工业和服务业为多，适应了需求的变化，它代表海洋技术进步及资源未来开发方向。当前主要是抓好海洋生物制药、海水和海岸带能利用及海岸带矿业等。

3. 加强产业组织建设

产业组织是中国海岸带资源开发的主体。为适应新形势下中国海岸带经济发展需要，按照产业化的要求，通过产业政策，扶持和培育一大批具有国际竞争力、成熟的产业组织。尤其要重视培养跨产业发展的海岸带龙头企业，使其成为中国海岸带产业发展的投资主体、技术开发和市场开发主体，加快中国海岸带产业化的进程。

第二节　第一产业管理

一、第一产业概述

海岸带第一产业包括海岸带种植业、畜牧业和水产业，它在我国有着悠久的发展历史。我国有辽阔的海域，其中，海洋渔场面积约为 279 万平方千米，沿岸 10 米水深以内的浅海滩涂面积 666.67 万公顷以上。优越的自然环境为我国海岸带第一产业的发展提供物质保证。沿海各地开发海洋的规化极大地促进了我国海岸带产业的发展。

二、海岸带第一产业

（一）海洋渔业发展现状

我国海洋渔业基本是中华人民共和国成立后发展起来的海洋第一产业。中华人民共和国成立之初，在海洋渔业中处于主导地位的一直是海洋捕捞（近海捕捞），海水养殖所占比重一直低于10%。直至1977年，海水养殖产量占海水产品产量的比重首次超过10%。1979年召开的全国水产工作会议确定了"大力保护资源，积极发展养殖，调整近海作业，开辟外海渔场等"的方针后，1985年中共中央5号文件和1986年颁布的中华人民共和国第一部《渔业法》确立了"以养殖为主，养殖、捕捞、加工并举，因地制宜，各有侧重"的发展方针，海水养殖得到了国家的重视和支持，远洋渔业走出国门，我国海洋渔业进入快速发展阶段。

从"十五"到"十三五"期间，我国海洋渔业继续坚持"以养为主"的方针，海洋渔业稳步发展，在此期间，海洋渔业结构发生根本性的转变。据统计，2001年海水养殖和海洋捕捞的比重为45∶55，2006年海水养殖产量首次超过海洋捕捞。到2020年，海水养殖和海洋捕捞比重为68∶32，到进入21世纪，休闲渔业得到政策支持，蓬勃发展。通过近几年的发展，我国海洋渔业逐渐实现了从以传统捕捞业为主的模式转向以养殖和加工为主、兼以发展海洋休闲渔业等新兴产业的发展模式。

海洋渔业是中国海洋经济中发展较早的传统产业之一，也是最传统的基础产业。海洋渔业提供了大量的就业岗位，在保障国家粮食安全，促进渔民增收和农村经济稳步发展中也发挥了重要作用。

（二）海洋渔业发展面临的主要问题

近些年来，随着科学发展观的不断贯彻落实，我国海洋渔业保持比较良好的发展态势。然而，在海洋渔业不断发展壮大的同时，也面临一些亟须解决的问题。

1. 近岸海域生态环境污染严重，渔业资源受损

近海污染严重，生态系统健康状况受损。据统计，2022年全国沿海劣于第四类海水水质标准的海域面积为5.96万平方千米；呈现富营养化的海域约8.30万平方千米，其中，重度、中度和轻度富营养化海域面积分别为

1.27 万平方千米、2.89 万平方千米和 4.24 万平方千米；全国重点监测区的河口、海湾、滩涂湿地、珊瑚礁、红树林和海草床等典型海洋生态系统健康状况处于亚健康和不健康状态的海洋生态系统占 69.3%。海洋环境的污染，引发海洋生态系统结构失衡、服务功能降低，海洋生物多样性降低，珍稀濒危物种减少，海洋生态灾害频发，等等，致使渔业资源严重衰退，传统经济鱼类资源枯竭，渔获物低值化、低龄化和小型化。

2. 渔业发展空间不断萎缩

作为向海洋拓展生存和发展空间重要手段的填海造地主要集中于海湾和河口，其面积不断扩大。据统计，自《海域法》实施以来全国累计确权填海造地面积达 1921.64 平方千米；2020 年全国 22 个重点海湾面积较 1990 年平均缩减 21.5%。另据统计，1979—2020 年，我国滨海湿地年均减少面积在 228.6 平方千米以上，潮间带湿地累积丧失约 68%。海洋及海岸带栖息地损失，改变了海洋生物赖以生存的自然环境与自然条件，滨海湿地生境和生态功能大量永久性丧失，减小了海洋渔业的发展空间。

3. 海洋灾害频发，渔业经济损失严重

我国是海洋灾害频发的国家，经常受到赤潮、风暴潮、海浪、海冰和溢油等灾害的侵袭。以赤潮灾害为例，2008—2022 年，平均每年发生赤潮灾害 58.4 次，赤潮灾害面积约 8997.5 平方千米，年平均造成的海洋经济损失达 145.86 亿元，其中对沿海渔业资源和海洋养殖业造成的损失最大；随着我国对石油的依赖度增加，石油进口量不断上升及海上油气开采规模的逐渐扩大，我国海域溢油事故频发，据统计，"十一五"至"十三五"期间全国发生 106 起海洋石油勘探开发溢油污染事故，溢油事故的爆发，致使数十万公顷的养殖区受损，给海洋渔业带来巨大损失。

4. 国际和周边的渔业形势复杂

随着全球范围内渔业资源衰退趋势加剧和国际化程度不断提高，我国渔业发展面临的国际和周边环境更趋复杂。国际渔业资源争夺和渔业利益冲突层出不穷，通过市场措施打击非法捕捞等新制度的实施和远洋渔业配额管理制度日趋严格，对我国渔业生产、经营和管理提出了更高要求。同时，包括南海和东海的领海争端频发，周边渔业涉外纠纷在一段时期内将长期存在，维护周边海域良好渔业生产秩序的任务艰巨。

5. 捕捞强度过大，渔业资源严重衰退

我国捕捞强度惊人，大大超过了生物资源的良性再生能力。20 世纪 80 年代前，海洋捕捞以带鱼、大黄鱼、小黄鱼、乌贼等优质品种为主，但是随着经济的发展，需求量的加大，目前除带鱼和小黄鱼仍维持一定的渔获量外，

其他种类产量大幅下降，而低质品种则上升到总渔获量的 60%～70%。主要经济物种资源的衰退，使生态系统中物种间平衡被打破，种群交替现象明显，渔获物营养水平下降，低龄化、小型化和低值化现象日益加剧。历史上曾盛极一时的东海区带鱼冬讯、小黄鱼春讯、马面鲀冬讯与春讯现已不复存在，南海区著名的八大鱼讯也已有十余年未见出现。

三、保障海洋渔业发展的建议和措施

（一）加强海洋渔业资源的监测，开展渔业资源保护与恢复

建立健全环境监测网络，对重要渔业水域特别是养殖水域、重要鱼类产卵场及洄游通道进行常规性监测，及时掌握并定期公布海洋渔业环境状况；充分考虑围填海对海洋渔业系统的影响，海湾、河口、海岛和浅滩等海域严格控制围填海规模，建立围填海红线制度；开展良种生产、增养殖放流，建设人工鱼礁，确保资源的可持续利用与渔业资源的恢复，稳定渔业生产。

（二）加强海洋环境保护，提高海洋灾害预警预报能力

建立海陆统筹、河海兼顾的海洋环境保护协调合作机制，加强对渤海、长江口、珠江口等重点海域海洋环境容量和污染物排海总量的监测评估，重点加强对直排海污染源的监管，以及近岸重点海域环境综合整治，实施污染物排海总量控制等，扭转海洋环境污染现状；增强渔业生态环境保护和应急反应能力，扩大预报范围，制定海洋渔场、增养殖区等渔业水域重大污染事故应急预案和机制，提高海洋重大污染事故的预警预报、应急、防控和处置能力。

（三）优化产业结构，大力发展第二、第三产业

在海洋渔业第一产业方面，稳定发展传统养殖业，并向健康养殖和绿色养殖方向发展，向质量和品牌要效益，真正实现渔业增效、渔民增收。第二产业要提高科技含量和产品档次，积极发展精深加工，加大低值水产品和加工副产物的高值化开发利用，提高产品附加值。鼓励加工业向海洋药物、功能食品和海洋化工等领域延伸。第三产业是最具发展潜力的行业，也是海洋渔业中的朝阳行业。应大力开发休闲渔业，充分利用海洋资源，丰富休闲渔业内容及其发展模式，扩大休闲渔业的产业规模，提高其产业

化水平及其在海洋渔业中比重。

（四）加大政府支持力度，提高渔业科技水平

制定和完善渔业的产业政策、财税政策、信贷政策等，加大财政支持力度和科研投入，加快科技创新。改进增养殖技术，提高滩涂、深浅海养殖效益，促进深海养殖技术开发，尤其要提高深海网箱养殖技术，保证深海养殖的安全，促进海洋渔业的可持续发展；加强对远洋渔业发展的统筹规划，完善对远洋渔业产业发展的政策支持，提升对远洋渔业现代化的技术支持；提高水产品深精加工水平，减少渔货的损耗，提高产品质量，增加水产品的附加值。

第三节 第二产业管理

一、第二产业概述

海岸带的第二产业主要是能源产业。能源是制约人类可持续发展的瓶颈之一，发展蓝色经济，开发利用海洋油气资源，将是人类发展的一次能源战略大转移。目前全球已有 100 多个国家在进行海上石油资源勘探，进行深海石油资源勘探的国家就有 50 多个。海洋石油气业的特点是高投入、高风险、高技术，对石油企业的技术和管理提出了挑战。《汽油杂志》报道，能源贸易分析公司道格拉斯 - 威斯特伍德在《2008—2012 年海洋市场报告》中提出，在可预见的将来，全球海洋油气市场将保持强势。海洋汽油的市场份额不断扩大，在世界上引起了各国的广泛关注。

二、海岸带主要第二产业

（一）海洋油气业发展历史

海洋油气的勘探开发技术是陆地油气勘探开发技术的继承与延续，它经历了一个由浅水到深海、由简易到复杂的发展过程。海洋油气开发的历史可以追溯到 19 世纪末。1896 年在美国加利福尼亚州的圣巴巴腊海峡，石油公司为开发由陆地延伸至海里的油田，从防波堤上向水深仅有几米的海里搭建了一座木质栈桥，安上钻机打井，首次从海中采出石油，这也是世

界上第一口海上油井。1920年，委内瑞拉利用木制平台钻井，在马拉开波湖发现了一个大油田。1922年，苏联在里海巴库油田附近用栈桥进行海上钻探，取得成功。但是，上述油区都是陆上油气田向海底或湖底的延伸部分，严格地说，还算不上真正的海底油田，而且那时的钻井架大部分是用栈桥同岸连在一起的。

学界普遍认为，真正的海洋油气开发是从1947年Keft-Mc Gee石油公司在水深4.6米的美国路易斯安那州离岸的墨西哥湾水域中树立起11.6米×21.6米的钢质平台上安装井架并进行水上油气开采开始的。从那以后，世界海洋油气生产的产量和占世界油气总产量的份额都呈增长趋势。

中国近海油气勘探始于20世纪50年代。从20世纪50年代开始，我国就组织人员对濒海海域进行综合地质地球物理普查。1960年4月，广东省石油局在一条租来的方驳船上架起一个30米高的三条腿铁架，用冲击钻在莺歌海开钻了中国海上第一井：水深15米、井深26米的"英冲一井"。1960年7月，从该井中采出了150千克低硫、低蜡的原油，这是中国人第一次在海上开采出原油。"英冲一井"成了我国海上油气的第一口发现井。

1966年12月15日，我国自制的第一座桩基式钻井平台在渤海海1井开钻，井深2441米。1967年6月14日试油，日产原油35.2吨，天然气1941立方米。这是我国海上油气第一口探井。

20世纪70年代，由原石油工业部和地质部系统在渤海、黄海、东海、南海北部等海域展开了油气勘探，基本完成了中国近海各海域的区域地质概查。这期间的油气勘探活动基本在浅水区域进行勘探，采用简易平台采油，初创了中国海洋石油工业，为下一阶段的发展奠定了基础。

20世纪70年代末，海洋油气率先实行对外开放，开始引进外资和勘探技术，加快了海上石油勘探和开发进度。1982年初，国务院颁布《中华人民共和国对外合作开采海洋石油资源条例》，我国海洋油气工业进入一个较快的发展时期。20世纪80年代以来，中国海洋油气企业经历了从最初依赖于对外合作（20世纪80年代末以前）逐渐过渡到自营与合作相结合（20世纪80年代末到20世纪90年代末），再到自营引领合作开发（20世纪90年代末以后）的发展阶段。

1985年我国海洋石油产量仅8.5万吨。2010年，油气年产量首次突破具有标杆意义的5000万吨油当量，达到5180万吨，等于为国家建成了一个海上大庆油田。而2010年我国的原油总产量2.03亿吨，即当年海洋原油产量约占全国原油总产量比重约25%。我国新增石油产量的53%来自海洋，2010年更达到85%，海上油气的勘探和开发已经成为近年来我国原油产量增长的主要来源。

根据 2008 年第三次石油资源评价结果，中国海洋石油资源量 246 亿吨，占全国石油资源总量的 23%；海洋大然气资源量 16 万亿立方米，占全国总量的 30%。我国海洋油气整体处于勘探的早中期阶段，资源基础雄厚，产业化潜力较大，是未来我国能源产业发展的战略重点。从探明地质储量的分布来看，我国呈现"北油、南气、中贫乏"的局面。渤海海洋原油探明地质储量占全海域的比重接近 70%；南海海洋天然气探明地质储量占全海域的比重超过 60%；目前，东海和黄海海洋原油、海洋天然气所占比重都较小。

尽管目前中国是世界上第四大石油产出国，但同时也是世界上第二大石油消费国和第二大石油进口国。2011 年，中国原油消费量 4.49 亿吨，而原油进口量 2.54 亿吨，对外依存度达 56.5%。中国能源保障压力在今后一段时间内将会很大，加大海洋油气资源开发的力度将是保障中国能源安全的一个重要出路。

（二）油气开发的主要问题

1. 黄渤海的污染

随着经济的增长，海洋油气开发利用的程度越来越高，海洋的污染也越来越严重。黄海 2007 年未达清洁海域水质标准的面积约 2.8 万平方千米，严重污染海域面积 0.3 万平方千米。严重污染海域主要集中在鸭绿江口、大连湾和苏北沿岸。主要污染物为无机氮、活性磷酸盐和石油。渤海海域的污染较严重，2007 年未达清洁海域水质标准的面积 2.4 万平方千米，严重污染面积有 0.6 万平方千米。严重污染海域主要集中在辽东湾近岸、渤海湾、黄河口和莱州湾。其与黄海一样，主要的污染物也是无机氮、活性磷酸盐和石油。

2. 东海与南海的争端

东海同样受到因海洋油气开发而产生的污染。2007 年东海未达清洁海域水质标准的面积为 7.1 万平方千米，严重污染面积为 1.7 万平方千米；严重污染海域主要在长江口、杭州湾、舟山群岛、象山港、闽江口和厦门近岸海域。东海的油气开发除了环境污染的问题，还有开发的争端。其争端主要存在于中日之间，中日东海油气田之争源于中日专属经济区界线的划分之争。按照《联合国海洋法公约》的规定，沿岸国可以从海岸基线开始计算，把 200 海里以内的海域作为自己的专属经济区。专属经济区内的所有资源归沿岸国拥有。中日两国之间的东海海域很多海面的宽度为 388 海里，日本主张以两国海岸基准线的中间线来确定专属经济区的界线，即所谓的"日中中间线"。但日方提出的中间线主张没有依据。中方一直没有承认。而东海海底的地形和地貌结构决定了中日之间的专属经济区界线划分应该遵循"大陆架自然延伸"的原则。中方考虑到存在争议，为了维护两国关系，一直没有在存在争议的海域进行资源开采活动。对于东海划界问题上的争议，中方一贯主张双方应该通过谈判加以解决，多次强调"主权归我，合作开发"是解决东海问题的正确选择。中国在东海油气资源问题上一直坚持"搁置争议，共同开发"的立场，主张通过对话增进了解，寻找解决争议的途径。中方一直坚持按照《联合国海洋法公约》的规定，根据公平原则开展谈判。而南海的未达清洁海域水质标准的面积为 2.2 万平方千米，其中严重污染面积为 0.4 万平方千米，严重污染海域主要集中在珠江口海域。与东海一样，南海的争端也是不断且比东海的争端更为复杂。进入 20 世纪 70 年代，南海地区地缘政治形势的演变、航行安全、南沙油气资源前景看好及第一次石油危机等使南沙的控制权变得极其重要。越南、马来西亚、菲律宾、印度尼西亚、文莱等东南亚国家，都声称对南海的一些岛屿拥有主权。这使南海在开发上要比其他海域困难得多。

三、发展第二产业的政策建议

（一）产业发展与环境相协调

加强海岸带油气资源和环境的保护，促进开发利用与保护协调发展。但是现阶段的管理体制往往使海洋管理政出多门、缺乏协调、力量分散，难以对海洋资源进行综合管理。随着海岸带资源特别是油气资源开发力度的加大和沿海社会经济的高速发展，对海岸带资源和环境的压力将会越来越大。因此，在合理有效开发利用南海油气资源的同时，还必须进一步理顺海洋资源管理体制。此外，组建海洋执法队伍是开采、管理和保护我国海岸带油气资源的一大举措。在保护海岸带资源方面，要采用海洋石油资源的价值核算和评价的方式，实行海岸带石油资源有偿使用制度，利用价格体系调节海岸带资源的供求关系，尽可能保证海岸带资源的持续利用；在保护海岸带环境方面，控制陆地源头污染物的排放，强化盐田、海水养殖池废水、石油开采、拆船和海洋运输等海上排废的管理，维护海岸带生态平衡和资源的可持续利用。

（二）提高油气资源开发利用的水平和效益

创新管理体制和运行机制，加强油气资源开发利用的水平和效益。受"产品高价，原料低价，资源无价"和"自然资源被认为是没有凝聚人类劳动的物品"的传统资源价值观的影响，长期执行海洋资源无价、无偿使用的政策，使海洋资源国有产权地位模糊，产权虚置或弱化，各种产权关系缺乏协调，造成了权益纠纷迭起，资源与生态环境破坏严重，未能建立起一套与海洋经济特点相适应的制度、机制和方法。因此，在南海油气资源的开发利用中，首要任务是管理体制创新，应该按照海岸带资源的自然属性、数量分布及变化，以及在开发利用中反映出来的经济价值，运用资产管理的理论与方法对海洋油气资源开发利用活动进行资源化管理，建立起有利于海洋资源保护和合理开发、有利于海洋经济增长方式转变、有利于引进资产投入、有利于有序开发、有利于海洋经济可持续发展的海洋油气资源产业经营的运作体系。

（三）以高新科技拉动海岸带产业的技术进步

从 2000 年开始，党中央、国务院一直强调发展壮大海洋经济，建设海洋强国。为了更好发展海岸带经济，应以海洋科学知识的创新和海洋高新技术的发展为依托。因为海岸带有复杂的环境且具有多变性和高风险性，所以海岸带的开发和海岸带经济的发展必须紧紧依靠高新技术的发展。以高新技术改造传统海岸带产业，提高海洋技术对海岸带经济的贡献率，形成海岸带创新体系。

（四）海陆统筹下进行海岸带的开发

以海岸带为载体，海陆统筹为途径，进行海岸带开发的经济活动。中国海岸带经济正进入高速发展时期，成为中国经济的新增长点。为了海岸带经济能有更大的发展前景，应该把海岸带的开发与陆地经济发展有机地结合起来，形成海岸带与陆地一体化的发展模式。

第四节　第三产业管理

一、第三产业概述

海岸带产业体系并不是独立的，而是与国民经济各产业融合，海岸带产业关系也不完全是在海洋经济系统内部、海岸带产业间发生的技术经济联系和关联，是在整个国民经济大范围内，与国民经济各产业部门相互交融的一种产业间的投入－产出关系，所以海岸带产业结构演变规律遵从国民经济产业变化演进规律。而现今的发达国家中第三产业所占的比例越来越重，海岸带经济的第三产业也随之变得越来越重要，特别是作为新兴海洋产业的海洋油气和滨海旅游业发展迅速，后来居上，很快超过了传统的海岸带产业，成为现代海岸带经济的主体。"一、二、三"产业结构顺序正在向"三、二、一"产业结构顺序演变。第一产业在海岸带经济总值中的地位已大大下降，海岸带旅游业、海岸带运输业和海岸带服务业等第三产业也进一步发展起来，成为新的经济增长点。海岸带第三产业产值比重上升到第一位，其中，海洋交通运输和港口业及滨海旅游业的发展最为突出。

二、主要海岸带第三产业

（一）海洋交通运输和港口业

1. 海洋交通运输和港口业发展现状

海洋交通运输是国家整个交通运输大动脉的一个重要组成部分，具有连续性强、费用低等优点。海洋交通运输被称为国家经济走向世界的桥梁纽带。目前国际贸易总运量中的 2/3 以上，中国进出口货运总量的 90% 以上都是利用海上运输实现的。从宏观上看，海洋交通运输对一个国家的经济走向世界有着至关重要的作用。海洋交通运输业离不开海港和运输船队，海港又是发展海洋运输的重要依托。海港不仅是一个国家海洋交通运输的枢纽，而且对于振兴经济特别是对发展外向型经济有着更重要的作用。目前，欧美不少国家的工业有向沿海移动的趋势，形成了"临海工业发展区"，尤其是许多以进口原料生产出口产品的工业，纷纷在海港附近建设，这是因为外向型经济的发展使工业更依赖于海运，使港口兼有了运输和工业的双重功能。

70 多年来，随着经济快速发展，我国已成为世界上最重要的海洋交通运输大国之一。进入 21 世纪，中国海洋交通运输业保持快速增长势头，港口吞吐量和集装箱吞吐量分别以年均 16.5% 和 30% 以上的速度发展。我国政府高度重视海洋交通运输产业的发展和研究，提出了科学开发海洋资源、积极发展海洋运输产业的战略。海洋交通运输业已成为海洋经济的支柱产业之一。2018 年，我国海洋交通运输业平稳发展，海洋运输服务能力不断提高。2018 年，我国海洋交通运输业实现增加值 6522 亿元。

2. 按照交通先行的原则，大力发展海洋运输

重点是港口及后方集疏运系统的建设、海洋运输船队的建设、海上通用航空运输系统的建设，并着力发展海陆多式联运系统。逐步建立起以海上运输为主体，通用航空运输为辅助，与其他运输方式相衔接、布局结构合理、功能较为完善的海上及海陆联动的现代海洋交通运输系统。

（1）继续完善港口及后方集疏运体系。为适应经济全球化、对外贸易继续发展及国际海洋船舶大型化的发展趋势，应进一步完善港口及后方集疏运体系。继续完善港口设施、调整港口结构、优化港口布局，重点加强煤炭、石油、进口矿石、粮食等大宗货物接卸码头的建设，加强集装箱码头的建设。应进一步拓展港口功能，使我国沿海港口成为具有国际中转、物流分拨、仓储加工、商品展示、临港服务等全方位增殖功能的现代港口。应积极构筑完善畅通的港口集疏运网络系统，逐步建立起与其他运输方式紧密衔接、布局结构合理、海陆交通联动、功能较为完善的港口集疏运体系。

（2）大力发展海洋运输船队。建设一支能力足够的海洋运输船队是外贸进出口货物运输安全的重要保障，也是国防后勤运输的保障。应通过立法，从资金上加以扶植和补助，组建一支结构合理、具有国际竞争力的现代化海洋运输船队，扩大远洋运输市场份额，着力建设海洋运输强国。同时，为适应我国未来加强基础性、常态化海洋科学调查与海洋测绘工作及加强海洋资源调查、海洋环境监测、防灾减灾、深海探矿等的要求，应加强海洋监察船队、科学考察船队等的建设。

（3）积极发展通用航空运输。针对目前我国通用航空发展滞后、通用机场数量少的局面，在海洋经济发达地区加快通用机场布局和建设，扩大通用航空机队规模，扩展通用航空作业领域。应发挥通用航空在海洋维权、海上旅客快速转运、海上应急救援、突发事件处置中灵活机动的优势，在东部沿海地区逐渐放开低空空域，建设低空空域运行管理和服务保障体系，率先构建公益性航空服务网络，并大力发展海上通勤、海上航空游览等新兴业务。

（4）加强国防交通及应急交通保障。为了维护国家海洋通道安全，需要加强国防交通建设，加强海洋应急交通保障系统的建设。应加大对我国管辖海域及敏感水域的有效控制，确保领海和岛屿主权不受侵犯，确保专属经济区和大陆架主权权利和管辖权不受侵犯，逐步形成维护航道安全制度化，确保海洋贸易通道和重要航线安全畅通。应积极参与重要国际海上运输通道的合作，建立应急交通运输保障系统，维护国家能源等战略物资的运输安全。

（二）滨海旅游业

1. 滨海旅游业发展现状

我国的滨海地区大多历史悠久，名胜古迹较多，且大多气候宜人，风景秀丽。南方海边大多气候温暖，海水温度较高，适宜游泳；北部海边则呈现明显的季节性，夏季阳光充足，属旅游旺季，冬季气温较低，属旅游淡季。我国南部大多海滨有着优美的自然环境，海景区与自然保护区较多；而北部大多海滨的名胜古迹多，历史与革命遗迹资源丰富。我国文化历史悠久，有着历经数千年独特的民俗文化。如具有"人间仙境"之称的蓬莱的"华夏蓝色文化"，广东东部地区的"潮人文化"，广东西部地区的雷州半岛文化，崂山的道教文化，等等，都对中外游客有着极大的吸引力。当前滨海旅游业占我国的海洋经济总产值的25%，已超越渔业捕捞、船舶油气等成为海洋经济第一产业。2016年，我国滨海旅游业生产总值为12047亿元，增速为9.9%。滨海旅游业发展至今，我国沿海各省开发了形式各样的旅游产品。除了传统的自然海洋观光型旅游产品，还有新近开发的海洋亲水活动、海洋文化体验等形式。

2. 滨海旅游业发展存在的问题

我国的滨海旅游业近几年发展势头迅猛，这从前面所列的数字可见一斑。然而，在高速发展的同时，众多的问题也暴露出来。主要表现在以下五个方面：

（1）缺乏长期的发展规划，现有产品单一。纵观我国东部、南部广大滨海旅游地区，其娱乐项目几乎一致。海水浴场是其主要娱乐项目，与之相配套的文化娱乐项目、体育娱乐项目还有待开发。进入21世纪，我国的滨海旅游业才发展起来，虽然发展势头迅猛，但在形式上还是相对单一，以上没有充分地利用海洋的资源，反而对海洋资源造成了一定程度的伤害。

（2）旅游交通等基础设施滞后，相关的海滨旅游产品有待开发。在沿海地区快速发展旅游业的同时，其相应的配套基础设施的建设却跟不上，为了抢夺时间，很多旅游场所在基础设施还没有完工（如停车场没有建好、住宿酒店还不能正常使用）的情况下就开始投入使用。而与周围机场、周边大型城市配套的交通建设更是跟不上。到了旅游的高峰时期，常常会出现游客"进不去、出不来、住不上"的问题。如连云港坐拥江苏 14 个岛屿，诸多品质优良、不可多得的海滨旅游资源仍未得到有效开发。黄窝浴场由于港口建设已经失去原有旅游功能，而黄窝浴场对面的森林公园旅游资源非常难得，但开发不够。围绕海滨旅游的综合旅游开发更是严重滞后。

（3）环保问题突出。大量的游客短时间内聚集到旅游区，在给交通带来拥堵的同时，也带来了严重的环保问题。如游客随意丢弃垃圾，随手刻画，观赏过程中任意投食、捕捞等都使旅游景点受到破坏。而旅游开发企业为了创收，更是肆意开发，乱砍滥伐，盲目建筑，严重影响了当地的生态平衡，加剧了环境的破坏。我国滨海旅游目前还多为门票式景点，门票式景点的盈利一定是与入园人数密切相关的，起初对于盲目追求利润的私人开发商来说，入园人数越多代表着盈利也就越多，开发商因此不限制每天的入园人数，也不对景区门票价格做出适合的调整。

（4）周边国家的挑战。世界的许多滨海旅游景区都比我国的滨海旅游开发得早，如马尔代夫、塞班岛、巴厘岛等都比我国的广东、福建、江苏、山东的旅游景区建设更加完善，国际知名度也相对高些。这些国外景区每年都会吸引众多我国旅客前去旅游观光，对我国的滨海旅游业有着一定的影响。

3. 滨海旅游发展的应对策略

（1）制定相应政策，从宏观上调控，杜绝过度开发，保护滨海资源。开发不当、过度利用使滨海资源的质量每况愈下。滨海旅游的发展想要持久且辉煌就要有所行动。近些年来，国家非常重视保护环境、保护资源，如建立自然保护区，加大科技投入，利用法律手段进行监督，利用经济手段进行激励，等等。国家治理是一种投资大、见效快的方式，但要长远保护海洋、促进滨海旅游业持续健康发展，还是要将重点放在提升滨海旅游区开发者和使用者的整体素质尤其是绿色环保节能意识。

（2）构建多样化的产品体系。我国的大部分滨海旅游景区季节性都较强，尤其是辽宁、山东等地，冬季的滨海旅游几乎完全进入关闭状态。针对此，开发具有不同季节特点的滨海旅游项目尤为重要。如在夏季大力开发海上休闲旅游、滨海度假旅游等项目，在冬季开发海洋科普旅游、渔村民俗文化旅游等产品。在健全娱乐项目的同时，结合地理持性、气候特点、文化特色等，突出健康、环保的特点，深入挖掘能展现我国悠久历史文化特点的项目，将知识性、娱乐性集于一体，找准主题，明确定位，以不可替代性吸引游客不断到来。

（3）合理促销策略，提高知名度。品牌效应是宣传销售的重要手段，当前国际上众多知名的旅游景区都会不惜花重金对自己进行宣传促销。纵观国际成熟的度假胜地，从其开始建设到形成自己不可替代的地位，一般要经历十几年到二十几年，与此相比，我国的滨海旅游度假区开发都还太短。为此，我们除了突出建设自己的主题特色，还要配合相应的宣传促销方法。例如，利用网络促销，网络宣传费用低，宣传面广，针对性也较强；利用传统媒体宣传，通过在电视、报纸、杂志上投放广告等方式让更多的人了解滨海旅游，离开喧嚣的都市，投入蓝天碧海的怀抱；直接促销，通过和各大旅行社合作，进行产品推广销售。

（4）完善配套设施。旅游景区再美，缺了住宿、交通等配套设施也会大打折扣。在建设景区自身项目设施的同时，一定要将景区设计建好，形成食、住、行、游、购、娱"一条龙"服务。当前，众多景区在进行配套建设的同时将"配套"定位错误，不是为了景区服务，而是建设另外的创收项目，致使游客没有享受到应该的服务，还被诱导高价购物。这是一定要杜绝的。

（5）打造可持续发展机制。随着社会的发展，旅游已经成为人们休闲度假的重要方式。滨海旅游业作为新兴行业，需要更多的人才加入才能使其发展进步。同时，滨海旅游依托的是不可再生的自然资源，需要保护人类的遗产及现代的高度文明。在对这些资源进行开发利用的同时，要切实做到：①保护自然景观的原真性。太多的人文修饰遮盖了自然景观的原有魅力，也失去了其天然本真，与人们脱离都市、拥抱碧海蓝天的心意相左，不利于景区的长期发展。②合理开发资源。资源的利用一定要科学、合理、高效，为了追求眼前利益而盲目开发，很可能会造成资源的浪费，限制景区的长远发展。③树立环境保护意识。通过景区人员的言行向游客渗透环境保护的意识，同时借助媒体的宣传，促使人们更加自觉地保护景区环境。④提高风险防范意识。在建设景区的同时，要科学地估算和尽可能地减轻各种自然灾害对景区的危害，提高风险防范意识，加强工程选址、结构和材料的可靠度研究。⑤开展滨海旅游度假区环境监测工作。关注并及时掌握滨海旅游度假区环境状况及变化趋势，对其生态环境质量进行综合评价，并根据具体情况做出相应的保护措施。

我国滨海旅游业的长远发展与滨海资源的保护、传承、发扬密不可分，形成科学、合理、长效的滨海旅游开发建设理念，并将其传递给每一位致力于海滨建设的人，在享受大海带给我们美景的同时，履行相应的保护义务，使景区环境更美，服务更周到，让到来的游客更舒适。

第五节　战略性新兴产业管理

一、战略性新兴产业的兴起

（一）战略性新兴产业兴起的背景

产业是经济发展的基石，要实现国家经济的可持续发展和规避全球金融危机的二次探底，产业的发展必须要具有前瞻性。"十二五"是中国经济转型的重要开端，是产业政策出台相当密集的时期。"战略性新兴产业"，是 2010 年的一个关键词，国家发改委牵头起草了《国务院关于加快培育战略性新兴产业的决定》和《战略性新兴产业发展"十二五"规划》，战略性新兴产业已被列入 2010 年的国家政府工作报告，作为国务院今后几年经济发展的重要部署。这是继国家"4 万亿"投资和"十大产业振兴规划"之后，我国应对全球经济衰退和振兴国内经济的新一轮经济刺激方案。发展战略性新兴产业是对粗放型高碳经济的深刻反思，力求由外向推动转向实现经济的内生增长，带动国家经济增长方式转变和产业结构升级，对我国未来经济发展具有重要的导向性。从经济大国转向经济强国，必先"产业立国"，其中最重要的就是培育和发展战略性新兴产业。

（二）战略性新兴产业的定位

战略性新兴产业的发展从宏观和微观两个层面给出了未来我国产业发展的定位，战略性新兴产业的着眼点在于战略性和新兴性。战略性是针对全局和整体经济结构而言，从宏观入手的战略抉择，把握好经济发展的战略机遇期，力图在下一轮国际竞争中寻找到经济增长的新动力。因此，加大对国民经济发展和国家安全具有重大影响力的战略性新兴产业的培育是实现经济强国的必由之路。新兴性则着眼于微观，重在技术的创新和管理或商业模式的创新，强化基础研究和战略高技术研究，把具有自主知识产权的原始创新作为提升国家产业竞争力的源泉。纵观世界经济发展史，每一次产业革命的共性之处都是基于相关领域的重大科技突破，由高新科技引导新兴产业，全球战略性新兴产业的兴起必然同样基于规律。全球性的金融危机正推动着新的科技革命和世界经济结构的大调整，新兴产业将成为推动世界经济发展的主导力量。

（三）战略性新兴产业的解读

战略性新兴产业属于技术密集、资本密集、知识密集、人才密集的高新科技产业，具有技术领先、能耗低、投入少、产值高等特征。有学者给出了该产业的三个基本条件：一是产品要有稳定发展前景的市场需求，二是要有良好的经济技术效益，三是能带动一批产业的兴起。[①] 为此，国家目前把新能源、新材料、信息网络、生物医药、节能环保、高端制造业等产业界定为我国的战略性新兴产业，把战略性新兴产业的领域集中在对海洋、空间和地球深部资源利用等问题上，这些领域研究将成未来我国新兴战略性产业发展的科技攻关重点。由此可以看出，随着近些年海洋经济的快速发展和地缘政治的兴起，国家加大了对海岸带领域的重视，为战略性海岸带新兴产业的发展提供了难得的机遇。

二、战略性新兴产业的评估

战略性海岸带新兴产业的发展是一个具有动态性但又相对稳定的过程，因此，战略性海岸带新兴产业存在着时效性和时序性，在战略性海岸带新兴产业的发展过程中必须建立一个有效的指标评价体系来对其进行考查和评估，长期跟踪所选新兴产业的发展，以便及时调整。笔者此处选取技术创新贡献度、资本投入度、产业关联度、经济效益度、社会效益度和生态影响度等6个基本指标和18个子系统指标，采用多因素评价法对战略性海洋新兴产业的发展水平进行综合评价（表4-1）。

---

① 叶建国：《再有4万亿，会投向哪儿 七大战略性新兴产业目标渐明》，《中国经济周刊》，2009年第48期。

表 4-1　战略性海洋新兴产业发展水平测度指标体系

目标层	基准层（A_i）	权重（β_i）	指标编号（D_i）	指标名称
战略性海洋新兴产业发展水平	技术创新贡献度（A_1）	β_1	1	海洋新兴产业的技术研发投入
			2	海洋新兴产业的科技人员比重
			3	海洋新兴产业的生产率增加值
	资本投入度（A_2）	β_2	1	海洋新兴产业的资金投入增加值
			2	海洋新兴产业的人力资本投入
			3	海洋新兴产业的自然资源投入
	产业关联度（A_3）	β_3	1	海洋新兴产业的影响力系数
			2	海洋新兴产业的感应系数
	经济效益度（A_4）	β_4	1	海洋新兴产业产值贡献率
			2	海洋新兴产业的投入产出比
			3	海洋新兴产业投资的利税比
			4	海洋新兴产业投资回收期
	社会效益度（A_5）	β_5	1	海洋新兴产业产值人均占有率
			2	沿海地区人均恩格尔系数
			3	海洋新产业的乘数效应
	生态影响度（A_6）	β_6	1	海洋新兴产业的资源消耗系数
			2	海洋新兴产业的资源综合利用效益
			3	海洋新兴产业的生态治理成本

　　此指标体系内所涉及的权重、指标应结合定性和定量两种方法，采用德尔菲法和层次分析法来综合评价确定。对战略性海洋新兴产业的评价的最终目标，是根据我国的国情发展和资源情况，找出能真正适应和带动整体海洋经济发展的战略性海洋新兴产业。因此，对战略性海洋新兴产业经济阶段性发展水平的测度是整个海洋产业可持续发展水平测度中最重要的方面。其中，对战略性海洋新兴评价最为关注的，就是其对资源的综合利用程度、技术创新程度和生态影响程度。资源是产业发展的基础，生态又与资源的可持续密切相关，只有保证可持续的生态和资源才可能有可持续的产业。技术创新是海岸带新兴产业发展的动力和源泉，只有依托战略性海岸带新兴产业并在海洋领域引入技术创新和制度创新，才能发挥战略

性产业极强的扩散效应（这包括前向效应、后向效应和旁侧效应等）。因此，促进战略性海岸带新兴产业发展将成为目前我国沿海地区产业结构调整和经济格局重组的主要突破点之一。

三、我国战略性海岸带新兴产业发展的政策举措

（一）建立战略性海岸带新兴产业共性技术创新体系

深化科技体制机制改革，统筹国家海洋优势资源，对现有设在高等院校和科研院所中的涉海国家重点实验室、国家工程实验室、国家工程研究中心、国家工程技术研究中心进行重组，形成分布式、网络化的新型科研机构，主要功能是填补以高校和科研院所为主体的科学研究与以企业为主体的产品和产业化技术创新之间的鸿沟。探索全产业链协同持续创新模式，从全产业链角度梳理产品和技术的痛点和缺失，组织全产业链协同创新，建立上中下游互融共生、分工合作、利益共享的一体化组织新模式。加快涉海人才培养，鼓励高等教育机构加强海工装备、海洋新能源、海洋生物等专业学科建设，支持有条件的高等院校有重点、有选择地开设新学科、新专业，加大教育投入和师资力量培养。

（二）实施一批战略性海岸带新兴产业发展工程

发挥新技术、新业态、新服务对海洋新兴产业发展的引领带动，顺应全球科技革命和产业变革的新趋势，调整政府投资方式和重点，加大对前瞻性领域投入，抓紧实施透明海洋、智慧海岛、蓝色药仓、百岛海水淡化、海洋新材料创新发展和海洋产业集群培育等一批海洋新兴产业重大工程与行动计划。

（三）强化战略性海岸带新兴产业主体培育

组织实施海洋新兴产业百强计划，支持企业围绕整合创新资源加快兼并重组，开展全球化的研发布局，重点在海洋装备制造、海水综合利用、海洋生物医药等领域，打造一批具有较强国际竞争力、能够带动中小企业创新发展的海洋产业龙头企业。树立支持企业专业化发展的价值导向，加快培育一大批主营业务突出、竞争力强的"专精特新"中小微企业，打造一批专注于细分市场，技术或服务出色、市场占有率高的"单项冠军"。鼓励战略性海岸带新兴产业企业上市挂牌，探索允许营业收入和资产规模符

合一定条件的未盈利战略性海岸带新兴产业创新型企业在新兴产业板块和科创板上市。

（四）加大金融支持力度

建立以战略性海岸带新兴产业为主要投向的专业金融机构，开展全海洋产业链的金融服务，加强金融与战略性海岸带新兴产业的深度融合。重点支持深水、绿色、安全的海洋高技术领域，以及智慧海洋工程建设。积极构建多层次金融支持体系，满足战略性海岸带新兴产业高质量发展的融资需求。

完善财税优惠政策，加大政策倾斜，加大对海水综合利用、海洋新能源开发、海洋工程装备设计、深海资源勘探开发、海洋药物与生物制品研发、海洋产业节能减排、海洋环境保护等领域的财政投入和税收优惠力度。创新财政支持方式，支持和保障战略性海岸带新兴产业高质量发展。

（五）促进战略性海岸带新兴产业开放发展

以"一带一路"倡议为契机，把握战略性海岸带新兴产业全球化发展的新趋势、新特点，树立全球性海洋经济战略观，逐步深化国际合作，积极探索合作新模式，在更高层次上参与国际合作，提升战略性海岸带新兴产业自主发展能力与核心竞争力。在沿海地区和"一带一路"沿线国家建设一批战略性海岸带新兴产业国际化开发示范区，在战略性海岸带新兴产业合作、科技创新等方面先行先试，深化管理、技术、人才、制度国际合作与交流。积极倡导开放式创新路径，推动海洋产业创新中心、科研机构和龙头企业吸纳全球优质要素资源，积极开展国际合作。

练习思考题

1. 请简述海岸带产业的分类依据有哪些。
2. 我国海岸带产业结构的特征是什么？
3. 结合本章内容，谈谈如何促进海岸带产业结构的优化与升级。
4. 我国海洋渔业的发展当前存在哪些问题？该如何解决？
5. 简述我国海洋油气开发的发展历程，并分析当前我国油气开发存在哪些问题。
6. 请分析海洋油气资源对我国的战略意义，并谈谈如何促进我国海洋油气资源的合理有效利用。

7. 请论述我国海洋交通运输和港口业未来如何进一步发展完善。

8. 试论述当前我国滨海旅游业存在哪些问题，该如何解决。

9. 海岸带战略性新兴产业的内涵是什么？有哪些特征？如何选择？

10. 试论述如何促进我国海岸带战略性新兴产业高质量发展。

第五章　海岸带产业经济布局管理

本章学习目的：21世纪是海洋的世纪，海洋资源的探索、开发与利用将会对我国国民经济的发展与综合国力的提升起到一个至关重要的作用，海洋的重要性已经不言而喻。随着对海洋开发力度的增加，海岸带的开发与利用已经提上日程，因此海岸带经济在国家经济发展过程中尤为重要。本章的学习目的是使学生明确地认识到海岸带经济，对海岸带经济布局有所了解。

本章内容提要：本章内容主要分为三小节，主要描述海岸带布局管理的内涵与主要功能；讲解海岸带经济布局的实用目的，使同学们了解海岸带经济布局的作用；使同学们对海岸带经济的发展状况有一个清晰的认识，并学习使海岸带经济可持续发展的策略。

第一节　海岸带经济布局管理的内涵与主要功能

一、海岸带经济布局管理的内涵

（一）海岸带经济布局管理的概念及含义

海岸带经济布局是区域规划的一个类型，是指在一定地域范围内对海岸带经济发展和海岸带资源利用的总体部署。布局通常有描绘未来及行为决策两种含义，前者是人们根据现在的认识对未来目标和发展状态的构想，后者则为实现未来目标或达到未来发展状态的行动顺序和步骤的决策。而海岸带经济布局则是指根据海岸带的自然资源条件、环境状况、地理区位、开发利用现状，并考虑国家或地区经济与社会持续发展的需要，将海域划分为不同类型的海岸带功能区。

近年来，随着海岸带产业占比的增加，海岸带在国家政治、国民经济、生态文明、国家安全等领域中占有越来越重要的地位，其战略意义日益凸显。2003 年，国务院印发的《全国海岸带经济发展规划纲要》（国发〔2003〕13 号）首次提出"海岸带经济"的概念，并对至 2010 年的全国海岸带经济发展提出了指导性意见。随后，于 2012 年和 2017 年又先后出台《全国海岸带经济发展"十二五"规划》和《全国海岸带经济发展"十三五"规划》。海岸带经济逐渐作为一个独立的经济体系，成为世界经济发展新的增长点，受到国际社会的广泛关注。为此，党的十八大报告首次较为完整地提出了"海洋强国战略"，党的十九大报告进一步明确了建设海洋强国的目标、原则和重点领域。在构建完善的现代海岸带经济产业体系的同时，还要关注海岸带生态环境和海岸带生态系统的可持续性。因此，研究海岸带强国战略推动下海岸带土地利用和景观格局的动态演变规律与特征，对其未来趋势进行模拟与预测，对于推动陆海统筹、人海和谐的海岸带经济发展新格局的形成及科学制定海岸带强国建设策略具有重要的实践价值和现实意义。[1]

---

[1] 张剑、许鑫、隋艳晖：《海岸带经济驱动下的海岸带土地利用景观格局演变研究——基于 CA-Markov 模型的模拟预测》，《经济问题》2020 年第 3 期。

（二）海岸带经济布局管理的实用目的

不管哪个海岸带区域，不论它地处发达富裕的港口城市沿岸，还是位居开发程度较低的滩涂乡镇岸段，海岸带经济发展方向和可能达到的发展目标都不是唯一的。一个地区海岸带产业布局和区域海岸带发展规划也有各种不同的方案可供选择，可出现许许多多的状态和空间景象。海岸带经济布局就是要在多种方案的比较和选择中确定适合规划区域未来的发展目标和经济建设的总体蓝图。海岸带经济布局规划的目的是揭示具体海域的客观自然属性及社会功能价值，确定最佳的开发利用方向，为合理开发利用海域和保护海岸带资源与环境，科学引导用海需求、统筹安排海岸带资源的开发利用布局提供科学依据，为国民经济和社会发展提供用海保障。

（三）海岸带经济布局管理对我国经济发展有着强劲的带动作用

海岸带是人类与海岸进行物质交换的重要区域，是陆域环境与海域环境交叉耦合和相互作用地带。海岸带经济是海域与陆域经济的复合体，是海岸带上发生的各类经济活动的总和。目前对于海岸带经济的区域范围没有统一的界定。为了便于分析，同时考虑到我国经济数据的统计范围，海岸带经济布局将以行政区域为基础，将我国海岸带地区分为三个层次，即沿海地区、沿海城市和沿海县。海岸带地区依靠临海的区位优势和改革开放的先发优势，抢抓发展机遇，实现率先发展，成为经济持续快速增长的"龙头"。

二、海岸带经济布局管理的作用

（一）海岸带经济布局管理提高了国家宏观调控海岸带开发利用的能力

党的十八大报告中提出了"提高海洋资源开发能力"的目标，要求对海岸带资源节约利用，合理配置海岸带空间资源，促进生产空间集约高效，加强用海全过程管理，大幅降低消耗强度，提高利用效率和效益。海岸带经济布局管理有利于提高国家宏观调控海岸带开发利用的能力，提高海岸带资源开发能力。要树立科学发展的理念，在生态文明建设的范畴中，坚持规划用海、集约用海、生态用海、科技用海和依法用海，既注重开发能力的提高，又注重开发格局的优化，统筹开发强度与利用时空秩序，实现开发利用方式的根本性转变。中国的海岸带开发利用，从单一开发发展到综合开发，海岸带开发利用的矛盾也日益突出。由于多头管理，各行业管理部门之间的矛盾时有发生。海岸带功能区划可以从海岸带开发的长远利益和整体利益出发，综合平衡部门和行业的关系，协调解决部门和行业之间的冲突，合理利用海岸带资源，实现海岸带资源可持续发展。

（二）海岸带经济布局管理提高了海域开发利用规划的科学性和可行性

海岸带经济布局区划是制订海岸带开发利用规划的基础。规划不能脱离区划，否则，制订出来的规划就缺乏实现的物质基础。因此，海域开发利用规划应根据海岸带功能区提供的条件来制订，以提高海域开发利用规划的科学性和可行性。要充分发挥科技创新在海岸带资源开发中的带动作用。海岸带经济布局提高了海岸带资源开发能力，可从海岸带获得更多的资源并加以更有效的利用。与发达国家相比，海岸带经济对我国海岸带资源开发的贡献明显不足，海岸带资源开发技术的自主创新能力尚显薄弱，要真正提高海岸带资源开发能力，建设海洋强国，必须发挥海岸带经济布局的带动作用。[1] 当前，我们应瞄准国家发展对海岸带资源的需求和海岸带资源开发存在的问题，明确产业需求，部署重大项目和重要研究方向，着力加强海岸带资源开发技术的成果转化和产业化，实现关键装备技术的自主化和国产化，这些都离不开海岸带经济布局的管理规划。

（三）海岸带经济布局管理有利于国家经济的进一步发展

合理的海岸带经济布局是海岸带经济加快转变经济发展方式，调整产业结构的一个重要着力点。海岸带工程技术、海岸带医药与生物技术、海岸带化工技术、海水产品精深加工等领域都是国际技术创新的前沿，海岸带产业，尤其是海岸带新兴产业，在加快经济发展方式转变、推动产业结构优化升级中的作用日益凸显。良好的海岸带经济布局也是建设资源节约型和环境友好型社会的重要立足点。随着人类对海岸带资源的不断开发和利用，海岸带环境保护与人类生产活动协调发展日显重要，发展海岸带经济能推动绿色经济、循环经济和低碳技术发展，修补和维系生态环境。从某种角度来说，规划又是利益的再分配，各个地方、各个部门从规划中得

① 程健、田莹莹：《香港在粤港澳大湾区建设中的优势》，《中国经济报告》2017年第6期。

到的利益不是均等的。因此，制订规划方案时，既要从区域的整体利益出发，又要兼顾各个地方、各个部门的利益，既要考虑区域长远利益，又要考虑近期利益，以使海岸带经济获得持久发展的动力。

（四）海岸带经济布局管理有利于海岸带经济的进一步发展

发展海岸带经济，开发利用海岸带资源是必由之路。必须在资源承载力的允许范围内实现对海岸带资源的科学、合理和综合利用，以发挥其最大的经济效益，使其不但满足当代人的发展需求，而且为子孙后代的发展创造更好的条件，更为后人的发展谋福利。对于可再生资源，如渔业资源、淡水资源等，其消耗量不应超过同一时期内可能产生和再生的资源总量，要考虑到可能出现的"资源赤字"问题，即当可再生资源的消耗量大于再生数量时，会造成后人该种资源的危机和匮乏。[①] 而对于不可再生资源（如岸线资源、海岸带土地资源、近海矿产和油气资源等生产和生活所必需的资源）的开发利用，必须要依靠科技创新，不断寻找新的替代资源，通过法律和行政手段来鼓励海岸带资源的节约利用和综合开发，改变传统的生产和消费模式，实施清洁生产和文明消费，发展循环经济，实现资源的可持续利用，建设资源节约型社会。

（五）海岸带经济布局管理具有现实作用和战略作用

1. 海岸带经济布局管理的现实作用

我国主要资源的人均占有率远远低于世界平均水平，而快速发展的经济对资源的需求又不断增加。我国具有明显的海岸带资源优势，大力开发海岸带资源，发展海岸带经济，有利于缓解人口压力，优化资源配置，增添发展后劲，还可以弥补陆地资源的不足，是解决当前我国面临的资源匮乏、空间紧张、环境恶化等问题的一条有效途径。同时，发展海岸带经济有利于维护我国的海岸带权益，增强综合国力，扩展生存空间，形成新的经济增长点，促进海岸带生态良性循环，这是我国经济持续发展的一个特别重要的方面。另外，发展海岸带经济有利于改善产业结构，扩张经济总量，增强经济实力；有利于接轨国际市场，发展对外贸易，扩大对外开放，促进国民经济的进一步发展。

2. 海岸带经济布局管理的战略作用

党的十八大报告提出，要提高海洋资源开发能力，发展海洋经济，保

---

① 单菁菁：《粤港澳大湾区：中国经济新引擎》，《环境经济》2017 年第 7 期。

护海洋生态环境，坚决维护国家海洋权益，建设海洋强国。海洋强国是指在开发海洋、利用海洋、保护海洋、管控海洋等方面拥有强大综合实力的国家。当前，我国经济对海洋资源、空间的依赖程度大幅提高，管辖海域外的海洋权益也需要不断加以维护和拓展。这些都需要通过建设海洋强国加以保障，而海岸带经济布局在其中起到了至关重要的作用。从长远看，海岸带经济布局管理有利于我国在地缘经济、地缘政治和世界竞争中取得更大主动权。

三、海岸带沿海地区的经济发展状况

海岸带沿海地区指我国的沿海省，自北向南包括辽宁、河北、天津、山东、江苏、上海、浙江、福建、广东、广西和海南。地区生产总值是经济统计学中常用的参考数据，具有很高的参考价值和信服力，能清楚地反映出一个地区的经济增长或衰退情况。一个地区的总体经济发展情况，主要通过地区生产总值总量、地区生产总值增速、地区生产总值结构和人均地区生产总值等数据反映。沿海地区经济发展呈现出六个显著特点。

（一）海岸带沿海地区生产总值总量领跑全国

沿海地区生产总值于 2005 年首次突破 10 万亿元量级，并分别于 2009 年、2012 年和 2016 年突破 20 万亿元、30 万亿元和 40 万亿元关口，2017 年达到 46.6 万亿元，占国内生产总值的 56.3%。[①] 预计 2020—2025 年有望突破 50 万亿元大关。2001 年至 2018 年上半年，沿海地区生产总值占国内生产总值的比重一直保持在 56% ～ 63%，沿海地区对全国经济增长的贡献保持在 31% ～ 75%（2002 年至 2018 年上半年），沿海地区经济支撑着国民经济的半壁江山（图 5 - 1）。

从各省来看，粤苏鲁浙位居全国前四位。从 1989 年起，广东省地区生产总值已经连续 29 年位居全国首位，2019 年广东继续领跑全国，高达 8.99 万亿元，占全国总产出的 10.9%，江苏省和山东省紧随其后，分别为 8.59 万亿元和 7.27 万亿元（表 5 - 1）。

---

① 国家统计局：《中国统计年鉴 2017》，海洋出版社，2018。

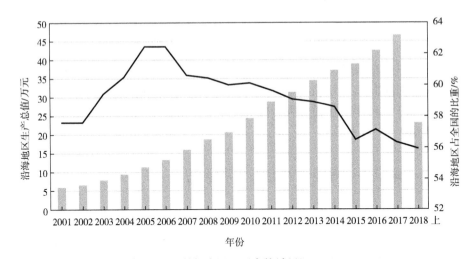

（数据来源：国家统计局）

图5-1 沿海地区生产总值及占全国比重

表5-1 2019年沿海地区生产总值及排名

地区	地区生产总值/亿元	沿海地区排名	全国排名
广东	89879.2	1	1
江苏	85900.9	2	2
山东	72678.2	3	3
浙江	51768.0	4	4
河北	35964.0	5	8
福建	32298.3	6	10
上海	30133.9	7	11
辽宁	23942.0	8	14
广西	20396.3	9	17
天津	18595.4	10	19
海南	4462.5	11	28

数据来源：2019年各省国民经济和社会发展统计公报。

（二）海岸带沿海地区生产总值增速放缓成为常态

2020年，根据各省国民经济和社会发展统计公报，11个沿海地区中，只有福建省的地区生产总值的增速超过8%，大部分省份的地区生产总值的增速为6%～8%，略高于国内生产总值的增速，但明显落后于西部地区。其中，经济大省广东省和江苏省的增速分别为7.5%和7.2%，高于全国平均水平（6.9%），上海与全国水平持平，津冀两省的地区生产总值的增速低于全国水平，天津以3.6%的增速垫底。

（三）海岸带沿海地区人均地区生产总值接近高收入国家水平

至2020年底，中国11个沿海省、自治区、直辖市人均地区生产总值约为85794元（约合12398美元，按1美元＝6.92元人民币计算），高于同期全国平均水平（73876元），已经接近世界银行定义的高收入国家12736美元的门槛。2013—2020年的年均增速达到7.61%（现价）。从各省的情况来看，2020年，上海市人均地区生产总值全国排名第一，其次是天津市和江苏省。广东省虽然地区生产总值高居榜首，但常住人口有1.26亿人，人均地区生产总值为8.82万元（按当年平均汇率计算达1.28万美元，超过世界银行高收入经济体标准）。2013—2020年，人均地区生产总值年均增速最高的是福建省，达到9.73%，其次是江苏（9.38%）。

（四）海岸带沿海地区三次产业结构逐步优化

沿海地区经济保持了稳中向好的发展趋势。2022年，第一产业增加值为4345亿元，第二产业业增加值为34565亿元，第三产业增加值为55718亿元，三次产业结构为4.6∶36.5∶58.9。服务业已经成为经济增长的主要拉动力，与工业一起共同支撑沿海地区经济发展。

（五）海岸带沿海地区国土开发强度和经济承载力普遍高于全国平均水平

国土开发强度指城市建设用地面积占城市土地总面积的比重。根据2018年自然资源部发布的《全国城市区域建设用地节约集约利用评价情况通报》，全国国土开发强度为6.83%（2016年）①，除广西外，其他沿海地区土地开发强度均高于全国平均水平。沿海地区国土开发强度普遍偏高，全国开发强度排名前十的省份中，沿海地区占七成。其中，上海的国土开发强度最高（36.89%），是全国平均水平的5.26倍，天津和江苏次之。建

---

① 自然资源部：《全国城市区域建设用地节约集约利用评价情况通报》，http：//gi. mnr. gov. cn/201808/t20180829_2183800. html。

设用地地均地区生产总值指地区生产总值与建设用地总面积的比值，反映土地产出效益状况和土地承载经济总量的能力。2016 年，全国建设用地地均国内生产总值达到 222.2 万元/公顷，7 个沿海地区高于全国平均水平。全国排名前十中，沿海地区占 7 席，其中，上海市的建设用地地均地区生产总值最高（912.8 万元/公顷），是全国平均水平的 4.1 倍，其次是天津和广东。

（六）海岸带经济在地区经济和社会发展中发挥着日益重要的作用

党的十八大以来，随着我国经济发展步入新常态，海岸带经济呈现稳中有进的发展态势。全国海岸带地区生产总值的年均增速达到 7.4%（2012—2017 年），高于同期国民经济增速 0.2 个百分点，其中，2019 年海岸带沿海地区生产总值达到 7.8 万亿元，比 2018 年增长 6.9%，海岸带地区生产总值占国内生产总值的 9.4%。海岸带经济作为国民经济重要组成部分和稳定增长点的地位进一步稳固。2020 年，海岸带生产总值已超过 8 万亿元，占国民经济的比重不变。海岸带地区经济总量较大，是支撑国民经济发展的主核心区域，现阶段最突出的特点是：海岸带人均地区生产总值已接近高收入国家水平，经济步入中低速增长阶段；沿海地区国土开发强度较大，但土地利用效率较高；随着国家战略的实施，长三角、珠三角和京津冀三大都市经济圈在经济发展中的引领和带动作用日益凸显。[①]

四、海岸带沿海城市经济发展状况

2020 年，我国共有 293 个地级市（不包括港澳台），其中沿海城市 54 个（不含三沙市），三沙市没有公开统计数据。沿海城市经济发展呈现出六个显著特点。

（一）沿海城市经济总量获得较大提升，总体保持较快增长

根据 Wind 数据库，2020 年，54 个沿海城市地区生产总值达到 35.46 万亿元，2012—2020 年占沿海地区生产总值的比重一直稳定在 60% 以上，占全国的比重维持在 35% 左右。从经济总量来看，超过万亿元的沿海城市有

[①] 林香红、彭星、李先杰：《新形势下我国海岸带经济发展特点研究》，《海岸带经济》2019 年第 2 期。

6 个，上海成为我国第一个地区生产总值超过 3 万亿元的城市。排名前十的沿海城市，地区生产总值均超过 0.75 亿元，占 54 个沿海城市经济总量的 32.7%。从地区分布来看，排名前十的沿海城市，广东省 3 个，浙江省 2 个，闽苏鲁各 1 个。

（二）沿海城市地区生产总值的年均增速略高于沿海地区的

2013—2020 年，我国沿海城市地区生产总值的年均增速为 7.8%，低于全国 8.4% 的平均水平，略高于沿海地区 7.9% 的平均水平（现价）。在 54 个沿海城市中，年均增速排名前三的城市分别为广西的北海（12.4%）、钦州（12.9%）和福建的漳州（11.3%），年均增速超过 10% 的城市有 11 个，年均增速为 5%～9% 的城市有 23 个。值得注意的是，辽宁省的 6 个沿海城市，除大连年均增速为 1.0% 外，其他 5 个城市都呈现负增长，其中，丹东增速最低（-4.1%）。积极探索经济转型发展，寻找新的经济增长点是辽宁省面临的突出问题。

（三）沿海城市人均地区生产总值 区域间发展不平衡

2020 年，54 个沿海城市的人均地区生产总值为 85794 元，约是沿海地区的 1.21 倍。排名前十的沿海城市，人均地区生产总值均超过 10 万元，最高的是深圳市，达到 20.82 万元，最低的是葫芦岛市，只有 3.27 万元；从地区分布来看，排名前十的沿海城市，山东和广东占据 6 个，浙江 2 个，上海和天津分别位居第六和第七。2013—2020 年人均地区生产总值年均增速排名前三的城市是海南的儋州市（9.22%）、广西的钦州市（9.04%）和北海市（8.30%），这三个城市的人均地区生产总值分别排第 53 位、第 51 位和第 32 位。

（四）三次产业结构深刻变化，沿海城市服务业占主导

多年来，结构调整始终贯穿于沿海城市的经济社会发展之中，沿海城市经济增长已实现主要依靠三产带动，三次产业内部结构调整优化。2017 年，除葫芦岛市、揭阳市和三沙市没有相关统计数据外，其他 51 个沿海城市都是第三产业占主导。26 个沿海城市的产业结构为"三、二、一"，25 个沿海城市的产业结构为"三、一、二"，只有儋州（海南）的产业结构为"二、三、一"。①第三产业增加值占比排名前十的沿海城市，占比均超

---

① 国家统计局：《中国城市统计年鉴 2017》，海洋出版社，2018。

过 55%，其中，5 个沿海城市第三产业增加值占比超过六成，海口
(77.3%) 和广州 (70.9%) 位居前二。

（五）引领我国区域经济发展的"三大引擎"

在国家规划的 19 个城市群中，以长江三角洲、京津冀、珠江三角洲三
大城市群为代表的沿海城市群是国民经济重要的增长极。2017 年，长三角、
珠三角、京津冀三大城市圈的生产总值分别占全国的 19.3%、8.9% 和
9.7%，三者合计占比为 37.9%，[①] 在区域经济发展中发挥了重要的引领和
带动作用。长江三角洲城市群目前是中国城市化程度最高、城镇分布最密
集、经济发展水平最高的地区，已成为国际公认的六大世界级城市群之一。
三大城市群根据区域特点、自身优势和功能定位，积极调结构、转方式，
优势产业加快发展，民生持续改善，疏解对接有序推进，交通建设、环境
保护、产业升级三大重点领域成效明显，形成区域发展新格局。

（六）沿海城市建设用地普遍多于全国和沿海地区平均水平

51 个沿海城市市辖区行政区域土地面积共 13.7 万平方千米，城市建设
用地面积 1.39 万平方千米，沿海城市建设用地占市辖区土地面积的
10.2%，18 个城市位居平均水平之上。其中，深圳最高（46.1%），东莞
(43.2%) 次之，高于 30% 的城市还有沧州（39.9%）和上海（30.2%）。
全国城乡建设用地地均地区生产总值排名前 20 的城市中，沿海城市占 11
席。全国排名前三位的是深圳、广州和上海，都是沿海城市，其中，深圳
市建设用地地均地区生产总值为 1977.3 万元/公顷，约是全国平均水平的
8.9 倍。全国单位国内生产总值增长消耗新增建设用地量为 9.07 公顷/亿
元。全国排名前 20 的城市中，沿海城市占 8 席，全国排名前三位的是深圳、
广州和大连。

五、海岸带经济布局的可持续发展

海岸带区域是世界上人口密度最大、开发利用程度最高、生态环境最
脆弱的地区。我国拥有 18000 多千米的大陆海岸带，面积广阔的海涂，6000

---

① 国家统计局：《区域发展战略成效显著　发展格局呈现新面貌——改革开放 40 年经济社会
发展成就系列报告之十六》，http：//www. stats. gov. cn/zt_18555/ztfx/ggkf40n/t20230209_1902596.
html。

多个岛屿。改革开放以来，我国已经形成了以"北上广深"等城市为代表的经济最发达的沿海经济圈和城市群。党的十八大提出海洋强国战略，"十三五"规划提出拓展蓝色经济空间，坚持陆海统筹，壮大海洋经济，科学开发海洋资源，保护海洋生态环境，维护我国海洋权益，建设海洋强国。海洋经济在我国国民经济中的地位将越来越重要。海岸带区域在海洋经济发展中处于中心地位，是陆海统筹的核心区域。但是，经济发展的负外部效应日渐明显，海岸带区域的可持续发展问题日渐突出。渔业、旅游、矿产和石油开采等产业，促进了世界各地海岸带区域人口前所未有的增长、城市区域的膨胀。人口对海岸带的压力与全球环境变化，导致海岸带环境退化的加速。目前，许多国家表现出海岸带污染加剧、渔业退化、湿地缩减、珊瑚礁破坏、生物多样性减少等问题。海岸带区域如何能可持续地发展，是世界各国共同面对的问题，对当前中国的经济发展更具有紧迫性。

（一）海岸带经济布局具有可持续发展的特性

海岸带处于海岸带和陆地交汇交融之地。海岸带和陆地有完全不同的特征。海水日复一日、年复一年地冲击海岸，潮起潮落，从不停息。正是大陆与海岸带环境的相互作用赋予海岸带鲜明的特点，也由此给海岸带管理带来了巨大的挑战。

海岸带区域最显著的特征是环境的脆弱性。陆地开发利用给海岸带带来的灾害和给管理带来的挑战常常是复合性的。例如，水坝会降低水流流速而导致来自上游泥沙在沿海海域沉降，沿岸带水体盐度变化或诱发有毒水华形成。

海岸带不仅受到海岸带及其毗邻地区人类活动的影响，还受到内陆和相关流域活动的影响。海岸带自然资源有限，而使用者众多，竞争激烈。海岸带地区多种利用的冲突不仅形式多样，而且涉及大量的经济集团和不同的使用者。常见的冲突包括发展水产养殖、港口建设和运行、渔业捕捞、休闲业和旅游业、海运、矿产资源和自然保护争夺土地、海域和资源等。海岸带生态系统环境承载力具有不确定性。[①] 尽管在评估海湾和海岸带养殖水域及滨海旅游的承载力方面已经取得了一定的进展，但是目前科学家仍无法提供一种可靠的方法来计算或者预测与人口和经济增长相关的海岸带地区的同化能力。影响海岸带环境可持续发展的因素错综复杂。

海岸带陆地与近海海域是大自然对人类的赠予，是沿海国家发展经济

---

① 李珠江、朱坚真：《21 世纪中国海洋经济发展战略》，经济科学出版社，2007。

的重要基础之一。然而，对海岸带利益的过度追求导致对沿海资源长期而巨大的竞争性开发，已经成为各国政府必须面对的问题。因此，人类应充分关注沿海区域经济的合理发展，在开发利用资源时应合理规划，加强管理。沿海区域的生物与经济资源无论是现在还是在将来，都有多用途、利用开发强度大和竞争性使用的特点。在海岸带环境的脆弱性和复杂性的基础上，处理好社会公平、环境保护和经济发展，应以海岸带经济区域的可持续发展为原则。

（二）我国海岸带经济布局可持续发展中存在的问题

1. 海岸带环境污染严重

"十五"至"十三五"期间，我国管辖海域近岸局部海域海水环境污染严重，近岸以外海域海水质量相对较好。春季、夏季和秋季，劣于第四类海水水质标准的海域面积分别为 4.86 万平方千米、3.87 万平方千米和 4.98 万平方千米，主要分布在辽东湾、渤海湾、莱州湾、长江口、杭州湾、浙江沿岸、珠江口等近岸海域，主要污染要素为无机氮、活性磷酸盐和石油类。夏季重度富营养化海域面积约 1.26 万平方千米，主要集中在辽东湾、长江口、杭州湾、珠江口等近岸区域。重点监测的 44 个海湾中，20 个海湾春季、夏季和秋季均出现劣于第四类海水水质标准的海域，20 个海湾夏季的劣四类海水水质面积总和为 13659 平方千米，占管辖海域劣四类水质面积的 35.68%；影响海湾水质的主要污染要素为无机氮、活性磷酸盐、石油类和化学需氧量。2000—2020 年，平均每年全海域共发现赤潮约 47 次，累计面积 7064 平方千米；黄海沿岸海域浒苔绿潮影响范围为近 5 年来最大。渤海滨海地区海水入侵和土壤盐渍化依然严重，局部地区入侵范围有所增加。砂质和粉砂淤泥质海岸侵蚀依然严重，局部岸段侵蚀程度加大。海岸带污染来源非常复杂。农业，尤其是种植业，化肥和杀虫剂的大量使用导致了环境污染，有害物质通过河流汇集到河口港湾和海岸带水域。工业（如化工厂、钢铁厂、造船厂、发电厂等）排放的污染也影响着海岸带环境。20 世纪 90 年代以来，我国各种类型的沿海化工园区规划建设如同雨后春笋，大连、天津、秦皇岛、青岛、长三角、杭州湾等城市或区域都布局了大量的化工园区。另外，城市污水、港口污染、大量以油料为动力的船舶排放污水和废气、船员生活污水排放、为维持船舶安全航行的挖泥活动等同样影响海岸带环境。对于水产养殖业，养殖池无控制排放的有机和无机废水，过量使用的抗生素及养殖池管理中使用的药物，也会污染海岸带环境。网箱的过度发展，改变了水体流动速度，加速了沉积物沉降，同样会导致环境损害。船舶、航运方面的污染，主要来自事故、工作排放、船舶运行对海岸带环境的影响及携带外来物种等。近海石油开采等也会对海岸带坏境造成影响。

2. 生物多样性破坏，海岸带资源枯竭

实施监测的近岸河口、海湾等典型海岸带生态系统处于亚健康和不健康状态。其中，杭州湾、锦州湾持续处于不健康状态，部分海岸带生态系统健康状况下降。环境污染、人为破坏、资源的不合理开发是造成典型生态系统健康状况较差的主要原因。2014 年，国家海岸带局继续对 2011 年发生的蓬莱 19 - 3 油田溢油事故和 2010 年发生的大连新港 "7·16" 油污染事件实施跟踪监测。监测数据表明，事发海域的海岸带生态环境状况呈持续改善态势，但其生态环境影响依然存在。以 2019 年山东省海洋调查为例，山东 23.6% 重要湾口和滩涂破坏严重，围海造地肆意进行，破坏了部分重要海域原有的自然属性；20.8% 内湾渔场基本荒废，20.0% 以上的主要经济鱼虾类产卵场和育幼场遭到严重破坏；超 1/3 的溯河性鱼虾资源遭到破坏，产量大幅度下降；莱州湾河口地区原盛产的银鱼和河蟹已基本绝迹，毛蚶资源已接近枯竭。

3. 海岸带区域无序开发，过度利用

在经济发展过程中，为了修建道路、堤坝、港口、滨海旅游度假区及酒店设施，许多岸线被截断或改变。在我国的现有管理体制中，土地是属于自然资源部门管理，海岸带也属于自然资源部门管理，克服了过去陆地与海洋分开管的状况，但联合执法实施过程中也存在一些具体问题。以海岸带环境监测为例，涉及的部门、单位、机构较多，除国家自然资源外，还有生态环境部、农业部、水利部、科技部、中科院、交通运输部、气象局、海军、相关大专院校、地方政府有关部门及海岸带工程部门，都或多或少地开展着与海岸带相关的监测、调查或科研活动。地方海岸带管理部门与其他产业管理部门职能相互交叉，地区之间争海域、争资源、争渔场、争滩涂、争海岛的矛盾时有发生。

（三）海岸带经济布局可持续发展的政策框架

基于海岸带可持续发展问题的复杂性与综合性，很多国家都采取了海岸带综合管理的方法。海岸带综合管理应追溯到 1992 年在巴西里约热内卢签署的《21 世纪议程》。经过多年的实践，该议程日益被各国接受和实施。借鉴国际经验，我国在制定海岸带区域经济可持续发展政策时，也应制定一套综合管理的制度与政策体系。

1. 建立海岸带可持续发展综合协调机制

海岸带管理机构条块分割，其职责有些相互重叠，必须建立强有力的协调机制，协调管理机构之间相互重叠的职责、各相关方的利益，综合协调海岸带可持续发展政策与措施。以英国的海岸带综合治理为例，英国在治理过程中也曾经存在多部门管理、出现矛盾的情况。英国在环境食品和农村事务部成立了海岸带政策小组，成立一个部际海岸带政策委员会进行政策协调，并每6个月出版一期通讯，报道英国政府在海岸带及海岸带环境方面的全局性的行动，使海岸带治理工作有了明显进步。参考国外经验，我国应该在国家层面建立一个跨部门的海岸带区域发展协调机构。

2. 建立完善污染控制政策体系

按照污染控制经济学原理，污染控制的政策手段是制定排放标准、污染物排放收费、建立排污总量控制等。要严格实行污水处理达标排放。陆源污染是海岸带污染的主要来源，工业、城镇生活、海岸工程、农业、旅游等污染要严格监测，严禁污染物直接向海排放。加强对海岸带涉海用海活动污染的防治，海水养殖业、港口作业、船舶工业、海上石油开采等要制定严格的标准。只有执行严格的排放标准，才能控制海岸带污染恶化的势头。还要建立以重点海域排放总量控制制度为核心的海岸带环境监管机制。依据重点海域污染物排放总量，确定各沿海地区污染物排海种类、数量及降污减排的实施方案。① 将海岸带污染物排放总量控制纳入环境保护法。另外，还应当在相关法律中明确规定排污总量控制的具体办法，包括如何确定排污总量、排污控制计划的具体执行、负责执行总量控制计划的部门都有哪些等。应该将条款具体化，避免模糊和概念性强的表达方式。加强环保执法力度，加大违规打击和惩罚力度，加强责任追究力度，使排污企业不敢乱排，相关部门和单位不玩忽职守。2015年1月1日实施的新《中华人民共和国环境保护法》，提供了一系列的执法手段，改变了长期以来我国环保部门处罚力度、执法手段都相当有限，难以遏制环境违法行为的情况。

3. 建立地方政府海岸带区域可持续发展的问责机制

由于海岸带开发能给地方政府带来巨大的当前利益，一些地区忽视保护与开发并重原则，只顾经济效益不顾环境效益，过度开发利用海岸带资源，导致开发活动无序、无度、无偿和争抢资源的短期行为。一些地区不

---

① 许莉：《国外海洋空间规划编制技术方法对海洋功能区划的启示》，《海洋开发与管理》2015年第9期。

合理地开发滩涂养殖场，在潮上带大规模建设养殖池塘，加上其他严重破坏海岸带生态环境的人为活动，加重了海岸带资源枯竭危机。对地方政府的考核，要改变唯生产总值目标，要将可持续发展、民生问题等纳入考核范围，对海岸带开发中造成环境问题的地方政府追究责任。

（四）"一带一路"背景下海岸带经济布局可持续发展新思路

1. 通过国际产能合作，减轻海岸带区域资源承载压力

海岸带区域经济可持续发展要从综合协调制度、污染控制体系及地方问责机制等方面进行，但海岸带区域的经济承载力有限和产能过剩也是造成发展问题的重要原因。能否通过国际产能合作等方式化解国内海岸带区域经济发展存在的一些问题，需要在实践中不断探索。以广东省渔业为例，为了加强与东盟国家渔业技术交流和合作，广东省近年来举办了 5 次中国与东盟养殖技术培训班，培训国外水产技术员 100 多人。培训班的举办进一步加深了广东省与东盟国家在渔业领域的交流，加深了双方信任，增进了友谊，同时也推进了广东省与东盟国家开展渔业合作，发展了远洋渔业合作。发展远洋渔业是广东省渔业产业结构调整优化及推动海岸带丝绸之路建设的重要途径。近年来广东省加大对远洋渔业的投资力度，减轻国内渔业资源捕捞压力，在国外设立远洋渔业项目 20 多个，主要分布在泰国、缅甸、马来西亚、印度及沿太平洋等地区。广东省企业积极开拓东盟市场，分别在文莱、菲律宾等国家建设养殖基地，开展高价值鱼类的养殖合作，在马来西亚、越南等国开展罗非鱼的养殖。浙江省台州市玉环县本是传统的海岸带渔业大县，但由于工业的发展，很多沿海滩涂经围海后变成了工业用地，很多从事养殖的渔民没有了养殖水域，他们中有一部分人带着技术资金到海南等其他省份，去从事养殖业，取得了不小的成绩。这种情况是我国海岸带区域中常见的现象，养殖、捕捞、生产加工等产能都严重过剩，这部分产能通过"一带一路"走出去，对减轻我国海岸带区域资源承载压力，促进区域经济可持续发展大有裨益。

2. 通过国际产能合作，提升海岸带经济的产业层级

以石化行业为例，"一带一路"沿线国家中有一些国家是我国油气资源来源多元化战略的重要依托，是我国能源战略通道的必经之地，是我国石化产品及下游产品进口的主要来源和出口的新兴市场，也是我国石油和化

学工业进一步推进"走出去"战略，推动生产力全球化布局的重要目的地。① 要抢抓机遇，多领域、多角度地开拓海外市场，利用国内优势产能促进当地经济发展，让传统石化产品（如橡胶制品、化肥、农药、无机盐等）走出国门；利用跨国公司的成功品牌、销售渠道和经销网络，节省开发新成品的时间成本和中间环节，利用跨国企业的品牌和渠道优势打开了自身农药产品的销路；通过购买海外上游资源、在当地合作建厂，在国际市场进行就地销售或者向下游领域业务拓展；通过收购有知识产权和专利技术的公司，掌握先进技术和高端品牌，从而进行技术创新和产品开发设计，获得更高端的品牌和销售渠道，进一步晋升为国际分工的高端。此外，石化领域的工程公司还可以向发展中国家进行基建输出，在资源丰富的海外地区建立产业园区，上下游产业配套发展，发挥集聚效应和综合效应。石化行业是我国海岸带区域主要的污染源之一，要通过"走出去"，将过剩产能转移出去，将资金投入新能源、新材料、清洁技术与节能环保等高新技术领域，减轻海岸带区域的环境压力，实现区域经济的可持续发展。

"一带一路"倡议是我国经济新常态下推出的统筹内外、兼顾现实与未来、全面布局新一轮对外开放的重要倡议。海岸带区域作为我国改革开放前沿，应充分利用"一带一路"倡议扩大国际产能合作，转移过剩产能，推动产业转型升级，以更开放的视角制定海岸带区域可持续发展政策。

第二节　海岸带经济布局管理的基本原则

海岸带经济布局管理同样需要遵循一定的原则，主要有战略性原则、前瞻性原则、开发利用海岸带与保护海岸带并重原则、科技兴海原则、统筹兼顾原则、突出重点原则、效益统一原则、方式转变原则、自然属性原则及可行性原则。

一、战略性原则

海岸带经济布局应该具有战略性。规划关注的问题应该是宏观的、全局性的、地区与地区之间需要协调的关键性的重大问题，因此必须从长远

---

① 米浩铭：《"一带一路"倡议背景下区域经济可持续发展的路径研究》，《中国商论》2017 年第 31 期。

着手，以全国甚至是国际性的发展趋势为背景，着重海岸带规划的整体利益。要用发展的眼光看问题，一切从整体出发，布局的重点应该是宏观性的、全局性的、关键性的，而非地方局部性的、近期的、零碎的。此外，当特定区域具备多功能时，必须做出最佳选择。优先安排海岸带直接开发利用功能，注重安排海岸带依托性开发利用功能，不忽视安排配套性开发利用功能。

二、前瞻性原则

海岸带经济布局规划时间跨度应该较长，要体现社会发展的时代精神。一般对于一个地区的海岸带经济布局规划期限在 20 年以上，甚至可以展望更长时间。海岸带经济布局规划的指标应该具有较大的弹性：现代技术层次低的功能要给未来技术层次高的功能预留下空间和发展的余地，处理好近期主导功能向未来主导功能转化的过渡关系，要有利于新的海岸带经济增长点和新的海岸带产业群的形成，等等。

三、开发利用海岸带与保护海岸带并重原则

在开发中保护，在保护中开发，以海岸带功能区划为依据，发展海岸带循环经济，合理、适度、有序地利用海岸带资源，全面加强海岸带环境治理和生态环境建设，实现海岸带自然生态系统和经济社会系统的良性互动，形成人与自然和谐相处，促进海岸带资源开发、环境保护与经济社会的协调发展。

四、科技兴海原则

积极构建海岸带经济科技创新体系，依靠科技进步引领高新技术产业，培育发展战略性海岸带新兴产业，提高海岸带科技对海岸带经济发展的贡献率。整合长三角、珠三角及其他海岸带地区的海岸带科研力量，推进海岸带科技创新体系建设，加快高新技术发展。依靠科技进步，加快传统的海岸带经济产业改造，培育高技术海岸带经济产业，增强海岸带经济产业

的竞争力，提高科技对海岸带经济发展的贡献率。①

五、统筹兼顾原则与突出重点原则

海岸带经济布局规划应该坚持统筹兼顾原则。海岸带经济布局是在一定地域范围内海岸带经济发展和海岸带空间利用的总体部署，因而产业、资源等都应该包括在内并做出相应的安排。与此同时，在制定海岸带经济布局的时候，一方面，应要求尽可能实现海岸带自然属性和社会属性的一致性，主导功能和一般功能兼顾安排，实现近期开发、未来开发、治理保护和保留功能的合理配置；另一方面，在兼顾这些对立方面的同时，还必须根据具体情况各有侧重，突出重点。为此，海岸带经济布局必须综合考虑相关海岸带产业的规划，突出重点领域，协调各产业目前的投资能力和技术水平，并对各涉海产业未来发展留出空间。既要围绕实现重点海域开发利用提出符合海岸带功能区划的阶段目标，又要提出控制住近岸海域环境质量恶化等内容目标。

六、效益统一原则

海岸带经济布局必须保证实现经济效益、社会效益、生态效益的统一。必须做到严格按自然规律，符合划区指标，合理划定各种功能区。必须兼顾开发利用和治理保护的各个方面，体现经济发展服从于环境保护的需要，经济发展目标要建立在保护海岸带生态系统基础上，以海岸带环境建设为控制目标。提出功能区生态环境目标管理，在目标中，提出满足国民经济和社会发展的用海需求，促进海岸带经济与资源环境的协调发展。海岸带经济布局应对国家一些重要的战略资源做出规划，并提出具体的管理目标，以保证国民经济的快速和健康发展。此外，规划工作队伍应由多个专业、多个部门的成员综合组成；思维方法上，着重综合评价、综合分析论证，强调效益与环境相协调原则。

---

① 朱坚真、王骁：《珠三角海洋经济发展布局的基本原则目标和保障措施》，《海洋经济》2012年第3期。

七、方式转变原则

加快海岸带经济结构的战略性调整，促进海岸带经济开发方式由粗放型向集约型转变，实现海岸带经济发展方式由主要依靠资源消耗向主要依靠科技进步和管理创新转变。坚持市场主导与政府调控相结合，充分发挥市场对海岸带资源配置的基础性作用，积极培育和发展产品、资本、劳动力及其他生产要素市场，完善海岸带市场运行机制。加强政府宏观调控，维护海岸带资源开发利用秩序，为海岸带经济发展营造良好的政策环境和体制环境。

八、自然属性原则

每个海岸带都具有其独特的区域资源，而不同区域的区位、自然资源和自然环境等自然属性条件则决定了不同的海岸带经济布局，海岸带经济布局要突出海域的自然属性。海岸带经济布局的本质是以海域的自然属性为主，回答每一功能区客观上适合什么海岸带开发项目，从而确定它的社会价值、开发利用优势、方向和内容等，避免盲目用海和资源浪费。海域利用的客观实际也是如此，有景观资源的一般开辟为旅游区和保护区，有深水岸线的一般用作港口区，含泥量较大的潮间带多划分为养殖区和盐田区。

九、可行性原则

海岸带经济布局体现的思想是功能管制，将其作为一项制度加以贯彻实施。为了提高海岸带区划的可实施性，应该充分考虑地域性的特点。世界上各地区的资源、经济发展条件、原有基础千差万别，各地海岸带的发展目标、发展方向、产业结构、产业布局、地域结构还有各种服务设施和基础设施等都是不同的，因此，各地海岸带经济布局应该考虑到可行性问题。此外，还应做到协调好同现有各种规划的关系，充分照顾到不同地区和不同部门间的利益；在不失科学性的前提下，保持开发利用的延续性，划定海岸带经济布局应立足于近期可以实现的生产水平。

第三节 海岸带各岸段功能区管理

一、港口航运区

港口航运区是指为满足船舶安全航行、停靠，进行装卸作业或避风所划定的海域，包括港口、航道和锚地。港口的选址应考虑港区地质、地貌、水文、气象、水深等自然条件，港口总体布置的技术可能性和施工上的便利性，以及建港投资和港口管理、营运的经济性。港口航运区内的海域主要用于港口建设、运行和船舶航行及其他直接为海上交通运输服务的活动。禁止在港区、锚地、航道、通航密集区及公布的航路内进行与港口作业和航运无关、有碍航行安全的活动，已经在这些海域从事上述活动的应限期调整；严禁在规划港口航运区内建设其他永久性设施。港口水域执行不低于四类的海水水质标准。在具体的布局中，必须根据海岸带经济布局的具体功能来确定具体港址。

二、渔业资源利用与养护区

渔业资源利用和养护区是指为开发利用和养护渔业资源、发展渔业生产所划定的海域，包括渔港和渔业设施基地建设区、养殖区、增殖区、捕捞区和重要渔业品种保护区。为实现海岸带渔业经济可持续发展、维护沿海地区社会稳定，国家将保证重点大型渔港、渔业物资供给和重要苗种繁殖场所等重要渔业设施基地建设用海需要，保证渤海区、北黄海区、南黄海区、长江口区、东海西岸区、南海北岸区等重要养殖区的养殖用海需要，保证局部近岸海域和海岛周围海域生物物种放流及人工鱼礁建设的用海需要，确保重点渔场不受破坏。其他用海活动要处理好与养殖、增殖、捕捞之间的关系，避免相互影响，禁止在规定的养殖区、增殖区和捕捞区内进行有碍渔业生产或污染水域环境的活动。养殖区、增殖区执行不低于二类的海水水质标准，捕捞区执行一类海水水质标准。[①] 国家将通过控制近海和外海捕捞强度，鼓励和扶持远洋捕捞，以及设置禁渔区、禁渔期和重要渔

---

① 朱坚真：《南海开发与中国东中西产业转移的大致构想》，《海洋开发与管理》2008 年第 1 期。

业品种保护区等，加强中国海域渔业资源养护。国家设立重要渔业品种保护区，保护具有重要经济价值和遗传育种价值的渔业品种及其产卵场、越冬场、索饵场和洄游路线等栖息繁衍生境。近期，将加强对渤黄海对虾保护区、东海和黄海的产卵带鱼保护区、大黄鱼幼鱼保护区、带鱼幼鱼保护区、大黄鱼越冬群体保护区及其他重要渔业品种保护区的建设和管理。未经批准，任何单位或个人不得在保护区内从事捕捞活动；禁止捕捞重要渔业品种的苗种和亲体；禁止在鱼类洄游通道建闸、筑坝和其他有损鱼类洄游的活动。进行水下爆破、勘探、施工作业等涉海活动应采取有效补救措施，防止或减少对渔业资源的损害。

三、矿产资源利用区

矿产资源利用区是指为勘探、开采矿产资源所划定的海域，包括油气区和固体矿产区等。从"十五"至今，我国沿海省市在海岸带经济布局管理方面采取重点保证正在生产、计划开发和在建油田用海需要的策略。矿产资源勘探开采应选取有利于生态环境保护的工期和方式，把开发活动对生态环境的破坏减少到最低限度；严格控制在油气勘探开发作业海域进行可能产生相互影响的活动；新建采油工程应加大防污措施，抓好现有生产设施和作业现场的"三废"治理；禁止在海岸带保护区、侵蚀岸段、防护林带毗邻海域及重要经济鱼类的产卵场、越冬场和索饵场开采海砂等固体矿产资源；严格控制近岸海域海砂开采的数量、范围和强度，防止海岸侵蚀等海岸带灾害的发生；加强对海岛采石及其他矿产资源开发活动的管理，防止对海岛及周围海域生态环境产生破坏。

四、旅游区

旅游区是指为开发利用滨海和海上旅游资源，发展旅游业所划定的海域，包括风景旅游区和度假旅游区等。旅游区要坚持旅游资源严格保护、合理开发和永续利用的原则，立足国内市场、面向国际市场，实施旅游精品战略，大力发展海滨度假旅游、海上观光旅游和涉海专项旅游。从"十五"至今，我国沿海省市在海岸带经济布局管理方面采取重点保证鸭绿江、大连金石滩、大连海滨—旅顺口、兴城海滨、秦皇岛北戴河、青岛崂山、胶东半岛海滨、云台山和海滨、普陀山、嵊泗列岛、福建湄州岛和东山岛、海坛岛、鼓浪屿—万石山、清源山、太姥山、阳江海陵岛、三亚热带海滨等国家重点风景名胜区和国家级旅游度假区用海需要的发展策略。科学确定旅游区的游客容量，使旅游基础设施建设与生态环境的承载能力相适应；加强对自然景观、滨海城市景观和旅游景点的保护，严格控制占用海岸带、沙滩和沿海防护林的建设；旅游区的污水和生活垃圾处理，必须实现达标排放和科学处置，严禁直接排海。度假旅游区（包括海水浴场、海上娱乐区）执行不低于二类的海水水质标准，海滨风景旅游区执行不低于三类的海水水质标准。

五、海水利用区

海水资源利用区是指为开发利用海水资源或直接利用地下卤水所划定的海域，包括盐田区、特殊工业用水区和一般工业用水区等。如在盐田区，盐、碱、盐化工合理布局，协调发展，相互促进；重点保证渤海、黄海、东海、南海大型盐场建设用海需要。限制盐田面积的发展，采取改进工艺、更新设备、革新技术、提高质量、降低成本、提高单产、增加效益等项措施解决盐业发展用海；严格控制盐田区的海岸带污染，原料海水质量执行不低于二类的海水水质标准；在特殊工业用水区，对从事食品加工、海水淡化或从海水中提取供人食用的其他化学元素等的海域，执行不低于二类的海水水质标准；在一般工业用水区，对利用海水做冷却水、冲刷库场等的海域，执行不低于三类的海水水质标准。

六、海岸带能利用区

海岸带能利用区是指为开发利用海岸带再生能源所划定的海域。海岸带能是可再生的清洁能源，开发不会造成环境污染，也不占用大量的陆地，在海岛和某些大陆海岸很有发展前景。中国海岸带能资源蕴藏量丰富，开发潜力大，应大力提倡和鼓励。海岸带能的开发应以潮汐发电为主，适当发展波浪、潮流和温差发电。潮汐发电以浙江、福建沿岸为主，重点开发建设浙江三门湾、福鼎八尺门等潮汐发电站；波浪发电以福建、广东、海南和山东沿岸为主；潮流发电以舟山群岛海域为主；温差发电以西沙群岛附近海域为主。加快海岸带能开发的科学试验，提高电站综合利用水平。

七、工程用海区

工程用海区是指为满足工程建设项目用海的需求所划定的海域，包括占用水面、水体、海床或底土的工程建设项目。海底管线区指在大潮高潮线以下已铺设或规划铺设的海底通信光（电）缆和电力电缆及输水、输油、输气等管状设施的区域。在区域内从事的各种海上活动，必须保护好经批准、已铺设的海底管线；严禁在规划的海底管线区域内兴建其他永久性建筑物。海上石油平台周围及相互间管道连接区一定范围内禁止其他用海活动，要采取有效措施，保护石油平台周围海域环境。围海、填海项目要进行充分的论证，可能导致地形、岸滩及海岸带环境破坏的要提出整治对策和措施；严禁在城区和城镇郊区随意开山填海；对于港口附近的围填海项目，要合理利用港口疏浚物。

八、海岸带保护区

海岸带保护区是指为保护珍稀、濒危的海岸带生物物种、经济生物物种及其栖息地，以及有重大科学、文化和景观价值的海岸带自然景观、自然生态系统和历史遗迹需要划定的海域，包括海岸带和海岸自然生态系统自然保护区、海岸带生物物种自然保护区、海岸带自然遗迹和非生物资源自然保护区、海岸带特别保护区。要在生物物种丰富且具有代表性、典型性生态系统未受破坏的海岸带地区抓紧抢建一批新的海岸带自然保护区。海岸带特别保护区是指具有特殊地理条件、生态系统、生物与非生物资源及海岸带开发利用特殊需要的海域，应当采取有效的保护措施和科学的开发方式进行特殊管理。海岸带保护区应当严格按照国家关于海岸带环境保护及自然保护区管理的法律法规和标准，由各相关职能部门依法进行管理。

九、特殊利用区

特殊利用区是指为满足科研、倾倒疏浚物和废弃物等特定用途需求所划定的海域，包括科学研究试验区和倾倒区等。科学研究实验区禁止从事与研究目的无关的活动，以及任何破坏海岸带环境本底、生态环境和生物多样性的活动。倾倒区要依据科学、合理、经济、安全的原则选划，合理利用海岸带环境的净化能力；加强倾倒活动的管理，把倾倒活动对环境的影响及对其他海岸带利用功能的干扰减少到最低程度。加强海岸带倾倒区环境状况的监测、监督和检查工作，根据倾倒区环境质量的变化，及时做出继续倾倒或关闭的决定。

十、保留区

保留区是指目前尚未开发利用，且在区划期限内也无计划开发利用的海域。保留区应加强管理，暂缓开发，严禁随意开发；对临时性开发利用，必须实行严格的申请、论证和审批制度。保留区是为实现海岸带经济可持续发展而在功能区划中划定的专门区域，制定严格的阶段性开发限制是保留海岸带后备空间资源的最主要手段，可为子孙后代留下一定的自然岸线和近海空间。要科学控制海岸带开发节奏，解决海岸带开发矛盾。在当前的保留区选划中，部分沿海地区将用海需求集中且难以调解的区域划为保留区，或将某些用海需求明显过大的用海区域划为保留区。从功能区划调控海岸带开发结构和布局的角度来说，选取具有类似特征的海岸带作为保留区，具有一定的现实意义。① 伴随着海岸带经济发展规模的增加，陆源和海上污染物排海总量快速增长。功能区划中的保留区具有严格的开发限制，将一些并非保护区的海湾、河口、生物资源丰富的近岸等敏感海域划为保留区对于保护海岸带环境具有重要意义。

练习思考题

1. 海岸带布局的概念是什么？
2. 海岸带经济布局的意义是什么？
3. 分别描述海岸带经济布局的实用目的与其在发展过程中的作用。
4. 海岸带经济布局的基本原则是什么？
5. 海岸带经济布局能区的划分有哪些？
6. 海岸带经济布局遇到的问题有哪些？
7. 在"一带一路"倡议背景下，海岸带经济布局可持续发展新思路有哪些？

---

① 岳奇、徐伟、刘淑芬、张静怡、石慧慧：《海洋功能区划保留区选划技术研究》，《海洋技术学报》2012 年第 3 期。

8. 简单描述目前海岸的经济发展的状况，并谈谈对此的看法。

9. 海岸带经济布局可持续发展的特性是什么？

10. 简要描述海岸带经济布局可持续发展的策略，并且说出你的看法。

11. 简要论述通对本章内容的学习你对海岸带经济布局的深刻认识有哪些。

第六章　海岸带一体化建设

　　本章学习目的：海洋是海洋开发的前沿阵地和后勤基地。国家的繁荣兴旺、长治久安离不开海洋的建设。事物的发展都是相互联系的，海洋的发展也一样。海洋与陆地之间的一体化建设成为一种发展的趋势，这种发展的趋势将成为 21 世纪的主流。学习本章后，学生应对海岸带一体化建设有更深刻的认识。

　　本章内容提要：本章共分为三节，分别从海岸带一体化建设提出的背景与内涵、海岸带一体化建设的特征和海岸带一体化建设的总体构架来阐述海岸带一体化建设趋势，描述海岸带一体化建设的重要性。

第一节　海岸带一体化建设的背景与内涵

一、海岸带一体化建设的背景

长期以来，人类绝大部分生产活动和行为都是在陆域上开展的，对陆域有着很强的依赖性。然而，随着人口的增长、人均消费水平的提高，以及经济、科技的不断发展，陆域资源、能源、空间和环境面临着与日俱增的压力。因此，人们逐步意识到仅在陆域空间上发展已经不能够满足需求，世界沿海各国和地区都在积极寻求经济的新增长点，开始将目光转向海岸带。将海岸带开发纳入竞争战略，加快海岸带经济发展，已经成为全球沿海国家和地区发展的新趋势。

（一）海岸带一体化的国际背景

地球上的生命系统依赖于海洋与陆地，它们为世间万物提供了必需的生存资源与空间。仅在当下，全球海洋经济的总产值就已超过了 10 万亿元人民币，预计到 2030 年时还将增长超过 2 倍。由此可见，海洋对于经济增长的重要性不言而喻，海陆经济间的联系日益紧密。

纵观世界海岸带经济的发展，目前全世界已有 100 多个国家制订了详尽的海洋经济发展规划，效果显著，并且已经发展出了一系列有关海洋经济的相关理论和方法。2013 年，美国正式公布了《国家海洋政策执行计划》，从 6 个方面提出了相应的措施，以期在美国经济发展和海洋、海岸及北美五大湖的生态环境保护之间达到平衡。欧盟各国为了推进具有综合性、统一性的海洋体制建立，于 2007 年颁布了《欧盟海洋综合政策蓝皮书》，强调了综合决策与管理方法的重要性。2012 年，欧盟再一次提高海洋经济在经济增长中的地位，提出了"蓝色增长"的战略，将海洋看作产业创新的转折点与经济增长的机遇。[①] 澳大利亚和亚洲的一些发达国家也根据本国国情，提出了适应本国的海洋发展战略。值得注意的是，许多国家及地区的战略焦点都转向了深远海和极地的开发与保护，深远海和极地成了海洋经

---

① K. L. Cochrane, "Reconciling sustainability, economic efficiency and equity in fisheries: the one that got away," *Fish and Fisheries* 1, no. 1 (2000): 3 – 21.

济发展的战略新领域，全球海洋经济增长和高新科技竞争将进入更加激烈的时期。

（二）海岸带一体化的国内背景

在国家层面上，2008 年国务院正式批复了《国家海洋事业发展规划纲要》，该纲要第一次对我国海洋领域提出了总体规划，对于促进海洋事业的全面、协调、可持续发展有着重要意义，并推动着我国加快建设海洋强国的步伐。"十二五"时期，我国海洋经济的重点在于加快产业的调整和优化。在这期间，以《全国海洋经济发展"十二五"规划》为行动纲领，推进海陆统筹、联动发展，并调整产业结构。2012 年党的十八大报告指出，要"提高海洋资源开发能力，发展海洋经济，保护海洋生态环境，坚决维护国家海洋权益，建设海洋强国"。① 次年，习近平主席分别提出了建设"新丝绸之路经济带"和"21 世纪海上丝绸之路"（简称"一带一路"）的合作倡议。由我国倡议的"一带一路"体现出开放包容、互利共赢的理念，在海洋经济方面则展现出统筹海陆、实现海岸线一体化的思想。同时，在地方层面上，沿海各省市也相继出台了区域性的海洋规划，如《山东半岛蓝色经济区发展规划》《辽宁沿海经济带发展规划》《广东海洋经济综合试验区发展规划》等。未来，海洋经济的发展具有不可估量的潜力，已经成为沿海各省、地区产业战略拓展的新方向，未来的竞争将会愈加激烈。

（三）开发利用海洋是我国经济发展的需要

由于人类自身的生理特点，加之开发利用海洋受技术的限制较大，千百年来，人类一直以陆域为主要的生存、生产场所，并依靠科技的创新发展，不断制造出新的生产工具，对环境进行大幅度改造，对陆域资源进行了广泛的开发利用。但是也正因为这样，当代的人们面临着诸如人口、环境、资源等问题。人口过度膨胀，城市不断开发，水资源紧缺。据了解，陆地的主要的矿产资源可能在 30～80 年内就消耗殆尽，石油、天然气等也可能只能用几十年。因为陆地环境的恶化，其承载能力已快到极限，迫使人们把目光投向了海岸带，希望在广阔的海洋里寻找到新的发展希望。

我国拥有 14 亿人口，为世界上的人口大国。尽管我国拥有的资源总体上丰富，但是均摊到每人却不容乐观。面对这种基本国情，我国利用海洋、

---

① 胡锦涛：《坚定不移沿着中国特色社会主义道路前进 为全面建成小康社会而奋斗——在中国共产党第十八次全国代表大会上的报告》，人民出版社，2012。

开采海洋资源、发展海洋产业就显得十分重要。

（四）我国海洋产业发展前景巨大

海洋和陆地作为全球生命支持系统的载体，共同承载着世间万物的繁衍生息。近 50 年来，海洋开发对世界经济发展产生了巨大影响。据统计，20 世纪 70 年代以来，世界海岸带产值每 10 年就翻一番：20 世纪 70 年代初为 1100 亿美元，1980 年为 3400 亿美元，1992 年为 6700 亿美元，1995 年为 8000 亿美元，2001 年达到了 1.3 万亿美元。海洋在人类社会发展中越来越重要，世界主要的沿海国家开始重视海岸带开发，海陆经济间的联系日趋明显。海洋产业的拉动效应明显：旅游业带动了第三产业的发展，海上运输业扩大了就业机会，海洋水产业是沿海农业的重要组成部门。

以粤港澳大湾区为例，2015 年，粤港澳大湾区经济规模为 1.36 万亿美元，2016 年更是达到了 1.54 万亿美元。粤港澳大湾区的主要产业为先进制造业和高端服务业，其中，香港和澳门地区的服务业增加值占到当地生产总值的九成左右。粤港澳大湾区不仅是可以与世界三大湾区（美国纽约湾区和旧金山湾区、日本东京湾区）相媲美的湾区，更是我国积极参与全球竞争、努力打造世界级城市群的重要空间载体。湾区经济因湾而聚、依港而生、靠海而兴，粤港澳大湾区拥有着我国其他湾区所不具备的众多优势。它背靠内陆，连接港澳，面向东盟。从湾区出发，往东是海峡西岸经济区，往西是北部湾经济区和东南亚，可通过南广铁路等陆路交通和海岸带运输快速连接中国内陆与东盟各国，是国际物流运输航线的重要节点和"21 世纪海上丝绸之路"的重要枢纽。虽然粤港澳大湾区经济发展条件较好且极具竞争力和吸引力，也不可避免地存在陆域自然资源和能源短缺、人口聚集密度过大、生态环境遭到破坏等一系列问题。因此，全球都将目光投向了海洋，海洋中潜藏的巨大资源、能源使之地位提升，如何推动海洋经济的发展被提上了议程，更多科研资金、力量转向了海洋，推动了海洋科技的进步。①

综上所述，海洋的价值是很高的，我国沿海省市陆地面积占全国的 14%，但却承载着 40% 以上的人口，创造了全国 60% 以上的国内生产总值，其中很大的一部分原因是得益于海洋。由此可知，海陆一体化是国民经济发展的必然趋势。

---

① 洪伟东：《海洋经济概念界定的逻辑》，《海洋开发与管理》2015 年第 10 期。

二、海岸带一体化建设的内涵

（一）海岸带一体化建设的概念内涵

海岸带一体化是指根据海、陆两个地理单元的内在联系，运用系统论和协同论的思想，通过统一规划、联动开发、产业链的组接和综合管理，把本来相对孤立的海陆系统整合为一个新的统一整体，实现海陆资源的更有效配置。

海岸带一体化包含的内容很多，诸如海岸带资源开发一体化、海岸带产业发展一体化、海岸带环境治理一体化和海岸带开发管理体制一体化等。从资源开发角度来看，海岸带一体化是对海陆资源的系统集成，把海岸带资源优势由海域向陆域转移和扩展；从产业发展角度来看，海岸带一体化是陆域产业向海域转移和延伸，具体体现为临海产业的发展；从环境保护角度来看，海岸带一体化是实现陆海污染联动治理，严格控制和治理陆源污染，加强海岸带环境保护和生态建设；从更广阔的社会经济视角来看，其内涵可以拓展到海岸带区域的一体化整合，不仅包括海陆资源、空间和经济之间的整合，也包括海陆文化、社会和管理之间的协调与整合。

纵观人类发展的历史轨迹，一个明显的特征就是由内陆走向海洋，由海洋走向世界，走向强盛。21 世纪是人类全面开发利用海洋的世纪。海岸带是人类发展所需能源、矿物、食物、淡水和重要稀有金属的战略资源基地。人类的未来在海洋，我国社会与经济的可持续发展离不开海岸带。为了抢占海洋时代的制高点，世界沿海国家纷纷调整海洋政策，把发展海洋经济作为本国发展的重大战略。为了加快推进现代化建设，进一步提高综合国力和国际竞争力，我国提出了建设"海洋强国"这个经邦治国的新方略。改革开放以来，我国沿海海洋经济发展实现了历史性飞跃。4 亿多人口的沿海地区以占全国 13.4% 的土地面积，创造了全国 60% 的国内生产总值，吸引了 80% 以上的外来直接投资，生产了 90% 的出口产品，这一成就的取得与海岸带是密不可分的。

国内外实践表明，单纯的海岸带资源开发对国民经济的贡献是有限的。海岸带与陆地之间相互联系、互相影响，存在着广泛的物质能量交换关系。加强海陆经济的联动，实现海陆资源互补、产业互动和布局对接已成为海岸带经济发展的必然。为实现海岸带资源优势和陆地经济优势的有效结合，最大限度地发挥海岸带产业对区域经济的带动作用，沿海地区必须走海岸带一体化的发展道路。海岸带一体化要求人们从海陆互动的视角认识开发海岸带的重要性，统筹人与海洋的和谐发展，统筹海洋与社会的和谐发展，统筹海域与陆域的发展，发挥海岸带在整个经济和资源平衡中的作用。

（二）海岸带一体化建设的内涵

海岸带一体化的目标是：资源共享、产业来往、环境和谐、管理统一的海陆关系，促进沿海地区快速发展。海陆统筹的高级表现便是海陆一体化，其与海陆统筹的主要不同点体现在观察视角、层次及内容等方面。根据国内现有学术界关于"海陆经济一体化"的研究成果，发现"海陆一体化"及"海陆经济一体化"在学术上划分不严谨，通常将海岸带一体化理解为狭义的"海陆经济一体化"，混淆了广义的"海岸带一体化"概念及"海陆经济一体化"的概念。

海陆二元结构的思想一直被海域及陆域系统运用，但是海陆系统一直处于运动之中，不断进行能力交换，塑造了如空间上毗邻、气象上互相影响及生态上有食物链关系等天然性的，以及如海洋为陆地提供生活用品，陆地为海洋给予人财物支持等非天然的关联，所以必须从一体化的角度进行分析。[①] 运用"经济一体化"的相关定义，"海洋经济一体化"从根源上来说是一种战略思维的过程及发展状态。结合海陆生产要素具有的流动性及海陆经济的技术发展、产品、服务和产业关联性等因素，实行规划、协调及引导等方式，把临海产业的关联作用突显出来，提升海陆域两大产业系统的内在联系，合理优化布置海陆域产业种类及布局，实现资源的优化配置及产业的优化升级；消除经济运行中的障碍，确保产品及生产要素的流动不被束缚，使海陆经济的综合性效益实现最大化，最终实现海洋及海岸带条件和优势互补，构建统一的经济发展体。[②]

"海岸带一体化"就是指通过生产要素的自由流动，把原本彼此独立的海岸带产业系统和陆域产业系统联合在一起，联动发展、统筹兼顾，促进陆域和海岸带经济的共同发展。这一概念中的要素流动，具体指的是海岸带中的资源与陆域的劳动力、资本和技术之间的交换，实现二者的协调发展。从系统论的角度出发来认识"海陆经济一体化"，就是充分利用海岸带和陆域自身特有的优势，缓和或解决彼此之间存在的矛盾，最终的目标是达成沿海地区整体经济的进一步发展，各产业之间协调有序，海陆产业之

---

① 帅学明、朱坚真：《海洋综合管理概论》，经济科学出版社，2009。

② 单菁菁：《粤港澳大湾区：中国经济新引擎》，《环境经济》2017 年第 7 期。

间的联系加强，提高双方的自身竞争力。从经济发展的角度来看，海岸带一体化分为三个方面：资源利用、产业发展及空间战略。这三个方面存在相辅相成、逐层推进的关系。

第一，资源开发一体化。海岸带一体化最主要的就是发展沿海地区海岸带经济，充分发挥海岸带资源优势，优化配置海陆资源。通过海岸带一体化可以使海岸带与陆地实现资源互通有无，海岸带的空间资源转向陆地，将陆域的劳动力、技术及资本等优势运用到海洋资源的开发，这样不但能弥补陆地资源的匮乏，还能充分利用海洋资源。

第二，产业发展一体化。海岸带产业源自陆域产业，陆域产业是海岸带产业发展的前提。海岸带产业发展与陆域三次产业不可分割，以陆域产业为开发海岸带资源的支撑点，运用陆域资本、先进技术、劳动力及管理经验等，对海岸带资源进行开发利用。对沿海地区生产优化布置，海岸带经济反作用于陆域经济，促进陆域经济发展，促成沿海地区主导产业的合理选择及结构优化升级，最终实现海岸带产业联动发展的宏伟目标。

第三，空间战略一体化。海岸带地区及沿海地区以资源开发产业为主导，伴随海岸带经济发展，实现沿海和内陆点、轴、面等空间要素相组合。海岸带地区利用其海岸带经济优势，持续向内陆扩张，带动内陆经济发展，与海岸带进行资源互补，构建海岸带一体化。人类社会发展以来，人们对于陆地的关注程度要远远高于海岸带，由此导致海陆之间的发展差距日益悬殊。海陆产业的产品具有较大的互补性，在内陆地区，由于离海岸带较远，主导产业以传统产业为主，发展往往依靠于地区有限的资源；而在沿海地区，依托海岸带这一资源宝库，可以发展海洋渔业、制盐业、航运业及旅游业等，这些产业与内陆地区的产业相距甚远，且发展空间巨大，这就使内陆地区的经济发展慢慢落后于沿海地区。在海岸带经济开发的早期阶段，人们的目光局限于海洋资源的开发和利用上。随着海岸带经济在海洋整体经济发展中占据越来越重要的地位，人们开始加强与海岸带相关技术的发展，出现了一批以技术为导向的海岸带新兴产业，这无疑给海洋经济的发展打了一剂强心针，优化了产业结构，使资源配置更加合理。海洋的经济发展推动着地区整体经济的发展，先富带动后富，这是地区海岸带一体化的更深层次发展。[①]

当前海岸带产业还存在着二元经济结构，即海岸带地区涉海经济部门中只有很少的产业在传统陆域经济部门中同时出现，二者之间产业割裂的

① 朱坚真：《海洋资源经济学》，经济科学出版社，2010，第4-5页。

问题依旧严重，海岸带经济一体化的发展仍旧处于初期阶段。如果二者之间的二元结构能够被打破，产业之间相互融合、相互联系的程度能够提高，会带来以下好处：①在传统陆域产业部门中健全涉海产业，不仅可以扩大涉海产业部门中海岸带产业的规模，并且与该产业相对应的陆域产业也会进一步发展提升，产业之间的联系更加紧密，辐射到其他产业中，提高其他产业的发展力，带动整体经济的发展；②陆域为海洋经济的发展提供了科学技术，其水平高低一定程度上决定了海洋经济的发展水平。海岸带地区通过海陆产业之间的要素流动，优化资源配置，并调整产业结构等一系列方式，可以加速产业之间的融合，使陆域产业向海洋进一步延伸。随着市场的调节及二者之间不断优势互补，二元结构将慢慢转变为一体化的经济结构，带动沿海地区经济的整体发展，使产业结构更加合理，科学技术水平进一步提高。

第二节 海岸带一体化建设的主要概念

一、海岸带一体化建设的相关理论

（一）系统论

20世纪30年代左右，系统论开始形成，并于20世纪60—70年代得到人们重视。在系统论中，系统的基本单位是各个基本要素，这些要素之间彼此矛盾、相互独立，但又受到系统统一的制约，同时某种规律使它们彼此之间相互联系，从而进一步发挥出系统的整体功效。根据系统论，可以将整体系统往下分为更低一级的系统，只要系统间相互联系并处于动态循环即可，各级系统在其单元内部充分发挥最大效益，使系统整体效益达到最佳。海洋开发利用关系着社会、经济、资源和环境等各个方面，这是一个又大又复杂的系统，涉及技术层面及管理措施层面的诸多问题。因此，必须利用系统论的指导性作用对海洋进行开发，充分考虑到海陆系统要素的复杂性，尽可能地实现海洋的可持续发展，在发展经济的同时保护好生态环境，实现良性循环。

海岸带一体化概念的出现打破了传统的海陆经济二元化思想，纵观海、陆资源环境存在的特点，对海陆的经济功能、生态功能及社会功能进行全面系统考察。"一体化"自身蕴含系统的定义，因此海岸带一体化是系统论在海岸带开发领域的具体运用。借鉴系统论的相关知识，由于海陆产业在生产对象、空间布局等方面存在较大差异，因此可以将这两部分作为子系统，共同构建起海岸带一体化的整体系统。海岸带一体化将海洋产业系统与陆域产业系统有机地联系在一起，利用生产要素在产业间自由流动的性质，优化配置两个系统之间的生产资料，从而降低生产成本，提高经济效益。

（二）产业关联理论

产业之间产生关联的主要原因是为了实现人类不同需求，针对各个产品之间的差异性，对推动产品及各个产业发展的动力进行分析，进而找出相互之间的联系，这些联系相辅相成，最终形成完整的产业链。其中，产业本身和人为因素都会导致产业关联关系的产生，也就意味着人类在追求更快、更好、更优的产业发展过程中，必须遵循相应的市场规律。

由于各个海陆产业系统之间资源和服务相辅相成，海岸带一体化的主要目的是实现海岸带产业系统的快速发展。为了较为准确地测出各个产业之间内在的关联程度，我们必须对海洋和陆地之间复杂的关系进行梳理。同时，海岸带产业相关部门的产量、成本与价格的变化会直接受到相关部门技术、产品成本、工资水平等因子的影响，甚至会使其他产业的部门或者是关联性高、产业链长的部门受到波及，因此，我们必须厘清海岸带各个产业部门之间及海岸带产业和其他非海岸带部门之间复杂的关系，进而采取针对性极强的措施。现如今，随着现代集成技术的不断发展，很多海洋部门，如港口、船舶、海洋旅游等，在发展的过程中形成了一系列长而复杂的产业链，并且各个部门之间关系非常紧密，在推动社会经济发展过程中起着非常重要的作用。同时，很多陆地产业和海洋产业有着非常紧密的关系，二者之间相互促进，实现社会资源最大化利用，确保海岸带产业能够快速发展。此外，海岸带之间如何实现相互促进、共同发展，这一问题已经成为实现海洋产业系统中确保要素自由流动的主要因素。因此，为了推动海岸带一体化长久健康发展，必须加强产业关联理论的深入研究和实际应用。

（三）耗散结构理论

耗散结构是一种常见的动态有序结构，它直接体现着宏观系统处于非平衡状态下呈现出的自组织结果。通常来讲，耗散结构的系统满足开放、内部因子之间存在非线性关系、处于失衡状态及存在涨落现象四个要求。

其中，最为典型的耗散结构系统为海岸带一体化系统，其具体表现如下。

1. 海岸带一体化系统是一个开放的系统

在开放系统中，物质、信息、能量都能够和周围环境不停地交换，能够不断地自我修复和补偿。该系统在形成新结构的过程中，通过对旧结构进行物质、信息、能量的填补和更换，实现升级改造。作为海岸带经济发展规划，海岸带一体化包含大量影响因子，构成多层次、多类型、多级别的复杂系统。该系统内部包含不同层次的子系统，第一层可以分为海洋和陆域两大产业子系统；第二层次的子系统为海洋三次产业子系统；第三层次的子系统为海洋产业下面分层的各个具体的产业部门；第四层次的子系统为每个部门的下属企业。此外，组织成员、资源要素、管理要素等因子又组成企业系统。通过和外界环境进行物质、信息、能量等方面的交换，海岸带一体化系统将外界的各种资金、技术、资源等全部囊括进来，通过各种加工生产、产品和服务的输出，构成了一个完整的开放系统，实现了系统本身和外界环境的交换。

2. 海岸带一体化系统处于非平衡状态

随着时空的不断变化，作为动态系统的海岸带一体化系统中的一些状态参量也随之发生变化，如在海洋经济总产值中的比重等。其中，在海岸带一体化发展过程中，各产业经济不平衡的状态始终存在于产业子系统中，只有部分海洋产业产值才能列入海岸带产业经济系统产值。我国在近年来加强了对海洋产业的开发和保护，但是其经济产值也仅仅占 1/10。随着海洋开发的不断深入，海岸带各个产业量逐步完善，各个产业之间的纵向和横向联系也日益紧密，因此，海岸带一体化系统尽管存在很多差异，但是开始不断整合发展，对陆地产业系统的依赖性不断降低。在海陆产业发展进程中，各个要素之间发展的不平衡性导致系统之间存在较大的势能差，再加上外界各种环境因子的影响，导致海岸带陆地两大经济系统出现此消彼长的形态，平衡性不断失调。同时，作为海陆经济竞争和合作的主要地带，海岸带地区兼具两大系统的发展特色。另外，竞争和合作的关系同样存在于海陆第三产业之间，进而推动信息、物流、能量等影响要素开始进行无规则的运动，打破了原有的平衡系统，使两大系统开始失调，进而出现耗散结构。

3. 海岸带一体化系统存在非线性的相互作用

正反馈和负反馈同时作用产生的非线性系统，由于二者的共同作用，会先达到稳定状态，随后呈现周期性的回复，最终演变成敏感依赖于内部环境的混沌状态，即非平衡态。在发展的过程中，陆地通过不断扩展发展空间和要素对海岸带经济的空间、资源和能源等方面起到促进作用，进而又反过来促进陆地经济的发展；海岸带资源、空间等方面的需求因陆地经济的发展而壮大，实现了多种先进技术的应用，有力推动了海岸带经济的快速发展。由此可见，海岸带一体化系统在发展的过程中呈现出非常复杂多变的原理和机制，在表达其量化关系时，单纯的线性方程式已经无法有效说明其发展变换的实质。然而，海岸带经济体系能够使用各种非线性方程进行阐述。总之，海岸带一体化系统并不是两个互相独立的个体，而是相互影响、相辅相成、不断发展促进的统一整体。

（四）协同论

协同学是一门研究协同作用的科学，是 20 世纪 70 年代初由德国科学家哈肯创立的。耗散结构强调了系统结构动态优化的必然性，哈肯以此为基础，致力于探索支配系统从无序到有序发展的普遍规律，提出了协同动力学理论。在研究协同系统中各个子系统之间的关系时，部分学者创造性地提出了协同学，使人们能够利用综合性和交叉性极强的新兴学科对系统状态的发展变化进行充分深入的研究。在该系统学说中，自组织理论是其核心，认为所有子系统的机构、特征和行为等机械性的求和即等于整个系统的结构、特征。

两个或两个以上的子系统以自组织方式构成协同系统，在外界环境的影响下，时间、空间和功能上逐渐演变为有序的结构，进而形成开放型系统。由此可见，海岸带系统和陆地系统经过不断的演变和相互作用，构成了复合协同的海岸带一体化系统。在协同论中，系统整体效果不是简单的各个子系统效果的叠加，而是各方面相互作用的结果。协同论为推动海岸带一体化发展提供了坚实的理论基础，加快了该系统的快速健康发展。

二、海岸带一体化建设的意义

（一）理论意义

目前关于海岸带一体化的理论研究处于发展的初期阶段，相关的文献较少，并且对有关海陆经济一体化的内涵、概念界定不够明确，尚未将其与海陆一体化的概念区别开来，理论体系急需完善。

近 30 年来，国内学界虽然对于海岸带一体化建设的理解存在差异性，但还是达成了一个基本共识，即海洋经济发展过程中需要进行海岸带一体

化建设。从具体到某个地区实践的角度出发，提出了海岸带一体化建设的
建议，但对海岸带一体化建设测度体系理论的研究依旧没有得出统一的共
识，因此很有必要完善系统性的理论研究成果。在研究方法上，也要改变
目前基于某个角度研究某个地区的现实局部问题，更多地运用定量分析的
方法进一步完善海岸带一体化建设理论体系。

（二）实践意义

随着海陆经济的发展与环境之间的矛盾日益突出，海岸带一体化已经
成了解决这一问题的有效措施，并且也为沿海地区经济的发展提供了新思
路。海岸带作为海陆交互作用的地带，资源丰富且环境优美，人口、资金
及经济活动在此集中的趋势越来越明显。在我国现有的各湾区（如粤港澳
大湾区、北部湾、渤海湾等）中，粤港澳大湾区在经济体量、人口规模和
人才资源方面的发展程度最为成熟。

由于面临着广阔的大海，发展海洋经济是必然选择。海岸带一体化既
是陆域经济向海岸带的拓展，也是二者之间的相互融合。然而，目前海陆
产业系统之间的动力机制尚不明确，对于海洋经济的发展促进作用有限，
同时也制约了陆域经济的增长。[1] 通过广泛调研了解海岸带经济发展的现状
及存在的问题，将海岸带一体化系统分为海岸带产业系统和陆域产业系统
两部分，并从海陆产业关联的角度出发，构建基于系统耦合、全要素耦合
的海岸带一体化测度体系，分析其时序变化的趋势，提出海岸带一体化的
发展对策，为海洋的可持续发展提供理论准备。

三、海岸带一体化建设的方向与制约因素

（一）海岸带一体化建设的方向

从区域发展的空间方向来看，海岸带一体化的发展应遵循"以海域和
海岸带为载体，以沿海城市为核心，向远海和内陆发展，海陆一体，梯次
推进"的原则。海岸带是海陆衔接的地带，陆域成熟产业从海岸带向海洋
延伸，同时，一些在海域完成生产过程的海洋产业，如海洋捕捞、海洋运
输等，其陆上基地也布局在海岸带。海岸带集中体现了海洋与陆地经济系

---

[1]　卢宁、韩立民：《海陆一体化的基本内涵及其实践意义》，《太平洋学报》2008 年第 3 期。

统的联系。依靠海洋优势，海岸带往往率先发展为产业密集、人口集中、交通便利的经济增长带。沿海城市是海陆一体化的枢纽，为海岸带产业提供资金、技术、人才等各种要素支持，同时，又利用海洋优势和海陆产业的广泛关联，发展为区域经济的增长极①，如依托港口发展起来的港口城市。单纯的海洋产业在国民经济中占的比重较小，对内陆的带动作用有限。沿海城市作为区域经济的一个强劲增长极，依靠海岸带和交通线路的辐射及合理的区域地域分工体系，将成为扩大海陆间经济技术联系、带动内陆发展的一个主要力量。

从海岸带的沿海方向来看，沿海城市应该重点发展临海产业，使之成为海陆一体化建设的物质纽带。通过临海产业，一方面把海洋资源的优势由海域向陆域转移和扩展，把海上生产同陆上加工、经营、贸易、服务结合起来，拓宽海洋资源的开发范围；另一方面促使陆域资源的开发利用及内陆的经济力量向沿海地区集中，扩大海岸带地区经济容量，把陆域经济、技术和设备运用到海洋资源开发中，合理利用海岸带空间，发挥沿海区位优势。这两种运动的结果是把海洋资源的开发与陆域资源的开发、海岸带产业的发展及其他产业的发展有机地联系起来，促进海岸带一体化建设的实现。

（二）海岸带一体化建设的制约因素

从系统观点来看，海岸带一体化建设就是把海岸带产业系统和陆域产业系统组成一个巨系统，在这个巨系统内能够实现物质、能量的自由流动。通过融合与发展，产业巨系统所包含的能量不仅包含海洋产业系统和陆域产业系统本身所具备的能量，还包含两个子系统相互作用所激发的能量。根据系统论中系统总势能大于系统各要素的能量的机械之和，巨系统所蕴藏的能量应大于海洋产业系统和陆域产业系统之和。然而，如果海洋产业系统和陆域产业系统不能进行有效的融合，就会阻碍海岸带一体化建设的进程，进而影响巨系统的整体功能发挥。下面讨论制约海陆一体化建设的主要因素。

1. 交通运输

交通运输是经济发展的基本需要和先决条件。海岸带一体化建设必然会产生资金、物质的流动和配置，这就离不开交通运输。交通运输线就是海岸带一体化建设中的血脉，源源不断运输着新鲜的血液在海域与陆域之

---

① 洪伟东：《广东海洋经济竞争力动态评估》，《开放导报》2015年第6期。

间循环，协调着两大系统的发展。经过多年的改革开放和建设，我国在交通设施总量、运输能力供给和运输质量等方面取得了一定的成就，构建了一个合理的运输体系。然而，交通运输还存在着结构不合理、衔接不顺畅、网络不完善等突出问题，国家高速公路尚未建成，各层次网间结构不匹配；内河水运不发达；海域运输与陆域运输不能有效对接，港口集疏运体系不完善；各种运输方式之间缺乏应有的联系。这些都严重地影响着海陆一体化建设的进展。我国的海上交通运输也面临着安全的困境。中国处于西太平洋第一岛链以西，海上运输受到制约。而东海的划界争端、南海的划界与岛屿争端进一步威胁我国海上运输安全。在此，我们不得不提到台湾岛对维护我国海上运输安全体系的重要性。台湾岛地处我国沿海中枢，扼西太平洋海上航道要冲，是东海至南海、东北亚至东南亚、太平洋西北至中东及欧亚诸海航线的必经之地。它关系到我国对外开放和经济发展命脉所系的海上对外贸易航线和战略物资运输航线的安全及我国依托大陆形成的沿海对外经济扇面的进一步拓展。

2. 科学技术

科学技术在海岸带一体化建设的过程中发挥着重要的作用。它是推动现代生产力发展的重要因素。与陆域系统相比，海岸带产业系统具有高投入、高风险和高技术性。就巨系统而言，关键是将陆域产业积累的科学技术、资金等优势顺利地向海洋产业系统延伸；而海洋产业系统则进一步融合吸收，再以反馈的形成促进陆域技术的开发创新。如此循环往复，带动各产业系统的技术链不断向前发展。目前，我国的海洋系统技术包括海洋生物技术、海洋工程技术、海洋勘探开采技术、海洋遥感监测技术等，均得到了提高，但与国际海岸带先进科技水平相比还存在较大的差距；海岸带领域的人才队伍具有一定的规模优势，但高层次的人才相对短缺；海洋产业技术的转化应用水平存在着较大空间；陆域技术与海洋技术两者尚未形成互相促进的局面。各系统技术的创新成了海岸带一体化建设的关键。因此，必须加快技术特别是高新技术的进步，以此推动海陆产业的技术改造和新兴产业的形成和发展。海岸带一体化建设程度的高低很大程度上取决于技术的先进水平及其推广应用程度。

3. 海岸带产业布局

海岸带产业布局是指海岸带产业在一定范围空间地域内的分布和组合。一个合理的海陆产业布局，不仅使海洋产业和陆域产业两大系统各自得到充分的发挥，还使两者产生作用力，形成一个新的整体产业布局。在海陆统筹中，海陆产业布局是海洋和陆域资源配置的重要环节之一，与海洋产业结构共同影响着国民经济，海陆产业合理布局是优化海陆产业结构的前提。目前，我国东部沿海已经形成了一系列的经济区，包括黄渤海经济区、山东半岛蓝色经济区、舟山群岛开发新区、南海蓝色经济圈、长江三角洲经济区、黄河三角洲经济区、珠江三角洲经济区等。这些经济区都在地区的经济发展中发挥着巨大的作用，并且取得了一定的成就。以黄渤海经济区为例，其综合实力显著增强，对外开放进一步扩大，第三产业发展加快，成为中国北方经济发展的引擎，被誉为中国经济第三个"增长极"。然而，这些经济区都仅仅限于局部，全国范围内的海陆一体化产业布局还没有形成，海陆一体化产业的合理布局对海陆产业结构的优化作用还没能体现，海洋产业、陆域产业之间缺乏密切的联系。这些因素都会制约海岸带一体化的建设。①

4. 管理水平

海岸带一体化建设的目标是融合海陆两大产业系统，使其处于最优的状态。在具体的产业建设和社会生产中，当海陆巨系统处于最优平衡的状态时，生产、技术、利益、分配等各个方面都处于协调状态。这个过程是离不开管理的。当前，我国没有专门的部门对海岸带进行专项管理，也没有专门的法律法规。海岸带一体化的建设以海岸带为载体，更是涉及不同的区域和多个管理部门。因此，必须明确海岸带产业各个不同的管理部门的权限，协调区域间的利益，从国家宏观的角度综合规划海陆产业，避免重复建设。在不断完善部门管理的同时，建立协调管理机制。在国家的统一指导下，沿海省、市设立海陆一体化产业综合管理集团，专门协调管理海陆产业的联动发展，加快海岸带一体化建设的进程。

第三节　海岸带一体化建设的总体构架

一、产业结构政策调整方向

要实现海岸带一体化建设，提高海陆一体化产业之间的关联度，从产业结构政策方面来看，需要实现三个方面的转变：从海岸带产业全面推进到梯度推进的政策转变，从海岸带产业链构建到海岸带产业集群发展的政策转变，从发展海岸带传统产业到加快推进海岸带高新技术产业的政策

① 朱坚真：《海洋规划与区划》，海洋出版社，2008。

转变。

（一）从海岸带产业全面推进到梯度推进的政策转变

依据海陆产业关联度的高低，对我国海岸带产业结构进行调整，对海陆一体化产业的发展进行梯度推进。一方面，进一步提高海岸带第三产业的比重，推动滨海旅游休闲业、休闲渔业、现代海洋物流业、现代海洋信息业及涉海金融保险业等海洋服务业发展；另一方面，紧紧抓住经济结构调整的机遇，深度开发利用海洋资源，培育海洋工程装备、海洋生物医药、海水淡化和综合利用、海洋可再生能源、深海技术、海底勘测和深潜、海洋环境观测和监测等海洋高新技术产业群。为此，需要建立三个方面的政策机制。

（1）国家层面的宏观政策。国家经济部门和海洋管理部门要联合发布我国海洋产业发展指导目录，通过产业政策、货币政策、财政政策、环境政策、科技政策、人才政策等一系列宏观政策的调整和实施，建立起海陆产业梯度推进的扶持激励机制。

（2）建立海洋科技成果转化与推广应用的优惠和奖励机制。大力支持科技进步型企业，提高海洋企业自主科技创新能力和对海洋经济的贡献。我国要在海洋生物资源综合开发技术，海水资源开发利用技术，海岸与海洋工程技术，海洋能源及矿产开发应用的新技术，滨海旅游资源的开发技术，海洋资源和环境评估技术，海洋监测及灾害预报、预警技术，海洋污染防治和生态保护技术等关键技术领域开展科技攻关和推进成果的应用，为海岸带经济一体化的发展提供技术支持。

（3）建立鼓励陆域企业参与海岸带开发的机制。可通过采取一些优惠政策实施招商引资，吸引一批优秀的企业主动参与到海岸带经济的开发中。也可借鉴美国和挪威的经验，将企业高端的产业技术进行转让以吸收资金，加强企业和专业化实验室的联系，适当缩短新产品的商品化过程，及时快捷地回笼资金。建立军民融合的海洋科技和装备开发体系。吸引企业资金、金融资本、社会资本和风险投资等加大投入，支持有条件的企业上市融资。

（二）从海岸带产业链构建到海岸带产业集群发展的政策转变

应加强行政区域间的协调，以及行业部门、产业部门的协调，推动海岸带产业集群发展。目前我国海岸带产业集群存在领军企业缺乏、结构水平低下、支撑体系薄弱、整体规划滞后等问题。因此，一方面，要把环渤海、长江三角洲和珠江三角洲三个海陆经济区纳入综合管理的轨道中，加大科研投入和政策引导，吸引更多的人才从事海岸带开发，建立符合我国国情的"多产业海岸带群集区"与区域性"海岸带产业中心"。另一方面，各沿海地区要根据自身的资源、经济和社会基本情况，着重在区域内寻找和培育带动产业发展关联程度最大的主导产业，围绕主导海洋产业，相应发展其前向关联或后向关联的海洋产业，拉长产业链增，强产业间和产业链上下游间协作互动，形成特色鲜明、辐射力大、竞争力强的海洋产业集聚区和产业集群，促进区域产业结构水平提高，最终促进区域海洋经济发展。①

同时，还要统筹规划沿海生产力布局，提高海陆产业耦合度。利用毗邻海岸带的区位优势推动陆地生产力布局重心向海推移，利用广阔的海域空间建设海上和海底生产、生活基地，提高沿海地区与近海海域的承载力。东部沿海地区的开发要从海陆一体化的角度统一规划，促进各种生产要素在海岸带产业间合理流通，对海陆产业在同一空间场所的布局进行沟通和协调，推动产业链条达到最优耦合，在生产要素运输、污染物和废弃物排放等环节上统筹规划、合理安排。

（三）从发展海岸带传统产业到加快推进海岸带高新技术产业的政策转变

加快培育海洋战略性新兴产业，要出台专项规划和国家标准，加大财政补贴、税收优惠和金融支持等扶持力度。编制专门的海洋战略性新兴产业，主要包括海洋生物育种和健康养殖、海洋生物医药、海水淡化与综合利用、海洋装备、海洋可再生能源、深海技术、海洋服务业等发展规划，确定发展的主要目标任务、重点领域、主攻方向和产业区域布局等。例如，要尽快建立海洋可再生能源方面的资源调查评估、设备制作、电站工程建设和运行管理等技术标准，实现海洋药物的标准化，提高相关产业的导向性和执行力。

同时，要加强自主创新，提高关键技术和设备的国产化率。海岸带科技和高新技术发展，对战略性海洋新兴产业的发展极其重要。要加快提升自主创新能力，突破核心技术，建立有自主知识产权的海洋生物医药技术体系、海洋可再生能源技术体系、海洋信息服务技术体系和海水淡化技术体系。要坚持走专业化的发展模式，加快海洋工程装备制造配套设备自主化的进程，尽快掌握设计能力和总装集成能力。要设立战略性新兴产业投

---

① 徐杏：《海洋经济理论的发展与我国的对策》，《海洋开发与管理》2002 年第 2 期。

资基金，组织开展重大科技攻关，以实施重大科技专项为契机，解决制约深海产业发展的前沿性技术、核心技术和关键共性技术难题。要由国家出资建设海上试验场、综合检验检测评估体系等公益性技术支撑服务体系，为海洋科技发展、成果转化创造有利的技术支撑环境。[①]

在东部海岸带区域重点建立专业化基地和园区，加速海洋战略性新兴产业的发展。要在全国建立若干个海洋工程装备制造基地、海洋生物医药基地、海水淡化和综合利用基地，打造专业化的产业集聚区。要建立 1 兆瓦级潮汐电站、新能源综合利用示范基地。要建立和完善深海技术研发中心和深潜器基地，建造新型大洋钻探船，推动我国海洋科技、产业由浅海向深海转变。要建立海洋战略性新兴产业的中试基地，支持海洋科研机构、企业、政府联合进行中试，降低企业风险。要在海洋地区统筹规划、合理布局，建立一批国家级海洋高新技术产业园区和海洋兴海基地，提升在资金、资源、环境、技术、人才等方面的集聚创新能力，推动海洋战略性新兴产业健康发展。

二、空间布局政策调整方向

要提高海陆产业关联度，推进海岸带一体化发展，从产业布局角度看，就是要实现三个方面的政策转变：从依托沿海省市到跨区域经济区建设的政策转变，从海岸带地区开发到新东部海上经济区开发的政策转变，从海岸带经济由多部门管理到综合管理的政策转变。

（一）从依托海岸带省市到跨区域经济区建设的政策转变

对于跨省区的海岸带产业布局要由中央政府出面，根据各省级行政单元的社会经济条件，妥善处理好各行政区域之间的利益关系。对重大海岸带产业在跨省布局方面进行决策和指导。建议中央政府要把海岸带区域经济发展纳入区域经济整体发展规划当中，在诸如"长三角发展规划""环渤海发展规划""珠三角发展规划"中把海岸带区域经济的内容纳入其中。

在涉及国家海岸带经济、海岸带事业重大战略方面，中央政府要协调各省市之间的利益关系，调动各方积极性，促进跨省市合作，对港口分布、产业分工、基础设施等重点项目进行优化布局。以洋山模式为例。上海以

---

① 黄瑞芬、王佩：《海洋产业集聚与环境资源系统耦合的实证分析》，《经济学动态》2011 年第 2 期。

租借形式建设洋山深水港，既有利于充分发挥上海的金融、贸易、航运等综合优势，加快国际航运中心建设，又对浙江的资源利用给予了充分补偿，提高了资源利用效率。这样，逐步建立和健全海岸带区域经济协调发展机制，打破部门分割和地域界限，遵循互惠互利、优势互补、结构优化、效率优先的原则，加强区域功能互补，调整区域产业结构，形成各具特色的产业集群。

海岸带内部发挥比较优势，实现错位发展。对综合优势明显、具备条件的区域，不再搞低档次或简单扩张式产业，要突出高、新、精、细等，重点选择一些高新技术产业、战略性新兴产业、技术含量高的项目。目前国内仅有天津塘沽海岸带高新技术产业园区、上海临港海岸带高新技术产业化基地、深圳市东部海岸带生物高新科技产业区等少数几家海洋高新园区。优先发展海洋新能源、海水淡化和综合利用、海洋工程装备制造、海洋信息服务业等，构建高层次、外向型、辐射型的产业结构体系，发展区域性特色海岸带经济。[①]

搭建跨区域的合作平台。打破各地区之间的行政界限，各级地方政府之间可通过签署合作框架协议、备忘录等形式，加强人口、财政、税收、金融等方面政策、法规合作，完善跨地区的区域市场运行机制，努力营造各类海岸带经济主体公平竞争的市场环境。努力培育海洋要素市场，包括海洋经济发展的资本市场、贸易市场、海域使用市场、海洋科技市场、人才市场等。鼓励社会各界、各类所有制企业参与海岸带的开发活动，形成投资主体多元化、资金来源多渠道、经营组织多形式的新型海岸带开发投融资机制。推动有实力的企业进行跨地区的兼并重组，形成一批规模大、效益好、科技含量高、拥有自己品牌的海岸带企业集团。

（二）从海岸带地区开发到新东部海上经济区开发的政策转变

近年来，我国正在加强海岸带开发与保护的力度。例如，从国家战略角度，先后批准了广西北部湾经济区、福建海西经济区、江苏沿海地区发展规划、辽宁沿海经济带、山东半岛蓝色经济区、浙江海洋经济发展示范区等一系列的沿海开发规划。然而，从长远角度来看，要提高海陆产业关联度，推进海陆一体化发展，还需要积极构建"新东部"海上经济区。"新东部"在原有的西部、中部和东部的基础上，把高潮线涨潮时海水到达陆地的最高处以下、《联合国海洋法公约》确定的经济区包括在内。包

---

① 梁建伟：《基于 SWOT 分析的粤港澳大湾区发展研究》，《广东经济》2018 年第 2 期。

括内水、领海、毗连区、专属经济区等管辖海域的"新东部"面积近 17 万平方千米。"新东部"经济区极有可能成为继中国东部、中部和西部之后的"第四地区"。"新东部"海岸带经济区的构建，需要在产业政策层面给予保障。

1. 出台有利于开发海洋资源的产业政策

"新东部"地区蕴含着丰富的石油、天然气、渔业、海洋空间、港口等资源，可以带动交通运输、油气开发、海水淡化和综合利用、风能、波浪能、休闲旅游、海上人工岛、渔业等产业发展。

2. 鼓励发展新型海岛经济

以海岛为海岸带开发活动的据点，加强海上人工岛、海上城市、海上机场、海底隧道、跨海大桥等海上基础设施建设，解决海上交通不便、缺水、缺电等困难，方便人们在海上居住、生活、娱乐和进行工商业活动。要逐步进行人口集聚。目前，在我国的东南部沿海，目前正在规划建设十几个海洋人工岛，这些海上人工岛大部分以机场、油田开发和海上旅游为主。从推进"新东部"开发的角度来看，将来要重点突出以生产、生活居住等为主的海上人工岛建设，使之成为推动海洋资源开发、联系海陆经济的桥头堡。

3. 对海岸带功能区划进行修编

海岸带经济区划与大陆经济区划并非完全对立的或全覆盖的。在空间聚集和辐射的路径上，有继承关系和共存关系。"新东部"经济区划可以大胆兼容和整合已经在沿海实施的临海型经济区划成果和国家已经颁布实施的《全国海洋功能区划》《全国海洋经济发展规划纲要》，以及各部委、省、市所做的涉海经济规划，成为陆海统筹、国家利益和地方利益统筹、中心城市发展理论与特色区域发展理论统筹的科学合理的地理大条带区划。

（三）从海岸带经济由多部门管理到综合管理的政策转变

目前，我国的海洋经济由多个部门来管理，如海洋部门、渔政、旅游部门、港务部门等，造成海岸带经济发展的矛盾、冲突不断，因此要实现从多部门管理向综合管理的转变。

1. 强化海岸带主管部门的经济职能

2018 年，国务院新的"三定"方案明确增加了国家自然资源部（海洋局）开展海岸带经济运行监测、评估及信息发布的职能。自然资源部下设北海、东海、南海三大分局，其管辖范围大体与环渤海、长三角、珠三角相当。因此，有必要加强三大分局的海洋经济跟踪和研判能力建设，依托自然资源部海区职能部门的管理优势，补充沿海省市职能的不足。积极做好海岸带区域经济运行监测和评估工作，为地方政府决策提供建议和依据。

2. 尽快以人大立法的形式出台《海岸带管理法》

建议全国人大专题研究将相关联的规划和各部门管理职责进行统一，有效解决多头管理、效率低下、协作困难的问题，解决开发和保护的矛盾，短期利益和长期利益的矛盾，经济发展和公众利益的矛盾，等等。在时机成熟的时候，出台国家层面的《海岸带管理法》。

三、可持续发展政策调整方向

实现海洋经济与陆域经济的可持续发展，从提高海洋资源生态环境承载力、提升海陆产业耦合度可持续性的角度来说，要实现三个方面的政策转变：从以陆域资源开发为主到大力开发利用海洋资源的政策转变，从着重污染防治到发展海陆低碳经济的政策转变，从着重行政处罚到重视海岸带生态环境修复的政策转变。

（一）从以陆域资源开发为主到大力开发利用海洋资源的政策转变

在当今我国粮食、资源、能源供应紧张与人口迅速增长的矛盾日益突出的情况下，要实现经济的可持续发展，必须合理开发海洋资源，以改变对陆域资源过于依赖、开采过度的局面，同时带动海陆产业链的延伸和海陆产业关联度的提高。海岸带资源按其属性可分为海洋生物资源、海底矿产资源、海水资源、海洋能源与海洋空间资源等。

（1）在海洋能源的开发上，要重视近海，尤其是南海地区海洋油气的开发。采用优惠的产业政策，鼓励中石油、中石化、中海油等大型国有企业参与海上油气开采。同时，鼓励开发可燃冰、海洋潮汐能、波浪能、风能等新能源。

（2）在海岸带空间资源的开发利用方面，要改变目前以围填海造地为主的传统方式，支持建设海上人工岛、海上机场、海上城市、海底隧道、海底光缆等。

（3）在海水资源利用方面，要从单纯的海洋盐业转变为海水淡化和综合利用、海洋化工业等，以解决沿海地区即将面临的淡水危机。目前，我国海水淡化的成本是 10 元/吨，仍然高于自来水的价格。要大规模地推广海水淡化，还需要在产业政策上解决市政管网的接入问题。

（4）在海洋生物资源开发利用方面，要从单纯的渔业捕捞、渔业养殖逐步转移到以海洋生物育种和健康养殖、海洋医药和生物制品、海洋新材料等为主的利用方式。

（二）从着重污染防治到发展海陆低碳经济的政策转变

从目前被动治理海岸带污染转变到调整经济增长方式，发展低碳经济，主动减少并逐步治理海岸带环境污染。为推进节能减排及海岸带产业结构优化升级，必须抓紧开展海洋传统产业领域的低碳技术改造。以当前我国海洋经济中占比最大的海洋交通运输业为例，必须重视低碳港、低碳船舶的建设。

推广海岸带领域的碳中和技术。一方面发展海浪、潮汐、洋流、海风、海水温度差和盐度差等可再生海洋新能源，减少对石化能源的依赖。目前，石化能源在中国整体能源结构中占比过高的状况制约着陆海低碳经济发展。据估计，海底的天然气水合物的全球资源量相当于煤、天然气、石油三者资源量总和的 5 倍，中国预计在 2025 年实现海上试采，2030 年实现海上工业性开发。另一方面，开展海底封存二氧化碳工作。利用海洋生物（包括浮游生物、细菌、海草、盐沼植物和红树林）来捕获和储存二氧化碳，建立碳交易和补偿机制，推进低碳岛、低碳港和低碳区建设。

鼓励发展海岸带环保产业。海岸带环保产业指以防治海岸带环境污染、改善海岸带生态环境、保护海岸带资源可持续利用为目的所进行的技术开发、产品生产、商业流通、资源综合利用、信息服务等活动的总称，主要包括海岸带监测预警信息服务业，海岸带环保设备制造业，污水处理厂、垃圾处理厂、海上倾废场等海岸带污染物处理业，以及为预防海岸带环境污染而进行的资源再生利用等产业。

（三）从着重行政处罚到重视海岸带生态环境修复的政策转变

虽然《中华人民共和国海洋环境保护法》《海洋倾废管理条例》《防治海洋工程建设项目污染损害海洋环境管理条例》《中华人民共和国海岛保护法》等法律法规规定凡破坏海岸带生态环境的都要受到相应的惩罚，但对于海岸带生态环境的补偿却缺乏相应的法律规定。我国经济发展逐渐从陆地向海岸带过渡，在这个过程中难免会出现一些突发事件，从而加剧海岸带污染和生态破坏。由于缺乏相关法律和规定，海岸带生态损害如何赔偿或如何补偿一直处于空白中。长期以来，由于没有相关的赔偿、补偿办法和规定，海洋主管部门在代表国家主张赔偿和补偿要求时，往往难以执行。为此，需要在产业政策和法律层面出台海岸带生态修复的相关规定。

首先，明确补偿主体，包括受自然保护区建设影响的单位和个人，进行生态建设（如增殖放流、人工渔礁建设等）的区域、单位和个人。区域内进行影响生态的开发建设活动的单位和个人应该缴纳生态补偿费。

其次，明确海岸带生态环境的补偿模式。初步考虑，有3种类型。第一类是纵向的生态补偿，即中央对地方政府，地方政府按一定比例把钱部分支付给渔民，其余部分用于统筹本地区的生态建设。第二类是横向的生态补偿，即区域之间的生态补偿，如甲地污染了乙地，那么甲地按行政程序，可以和乙地协商补偿方案。第三类是区域内的生态补偿，即按海岸带开发产生的区域性生态问题缴纳生态补偿金，将补偿款用于生态修复、科学研究、应急处理和渔民的转产转业等。

练习思考题

1. 海岸带一体化建设的概念是什么？
2. 海岸带一体化建设的背景是什么？
3. 海岸带一体化建设的内涵是什么？
4. 海岸带一体化建设的相关理论有哪些？
5. 海岸带一体化建设的意义是什么？
6. 海岸带一体化建设的制约因素有哪些？
7. 海岸带一体化建设中产业结构政策调整方向有哪些？
8. 海岸带一体化建设中空间布局政策调整方向有哪些？
9. 海岸带一体化建设中可持续发展政策调整方向有哪些？

第七章　海岸带区域协调管理

本章学习目的：随着对海洋资源的开发利用，海洋逐渐成为世界经济发展的重要领域，为此对海岸带区域协调管理已成为实行区域经济统筹协调发展战略的重点，本章的学习目的是通过对海岸带区域协调管理的学习，了解到海岸带区域的协调管理有哪些内容，并且熟练掌握每节的重点内容。

本章内容提要：本章分为五节，包括海岸带内的区域协调，江河三角洲协调管理，半岛、海岛区域协调管理，大陆架协调管理，200海里专属经济区协调管理。通过对每节的学习，对海岸带区域协调管理有一个深刻的认识。

第一节　海岸带内的区域协调

一、海岸带的开发利用

我国的海岸带拥有着非常丰富的资源，如港湾、矿产、滨海旅游资源等等；而在近岸海域，还拥有丰富的生物资源、石油、天然气等。在充分利用这些海岸资源的前提下，海岸带最直接的开发利用方式是港口建设、滨海旅游和水产养殖等。

（一）港口建设

作为海洋与陆域的交接区域，海岸带是承载海洋经济与陆域经济统筹协调发展的重要枢纽。由于其特殊的地理区位，为了更好地综合利用海洋与陆域的资源，港口建设就成了海岸带最为普遍也是最为必要的开发利用方式。

当然，港口建设也有其选址考究，一般而言基岩海岸是建设港口的最佳选择。我国的山东半岛、辽东半岛及杭州湾以南的浙、闽、台、粤、桂、琼等省，基岩海岸广为分布。这些基岩海岸岸线曲折、岬湾相间，深入陆地的港湾众多，岸滩狭窄；沿岸岛屿常在沿岸和港口一带形成水深流急的通道，使许多港口和深水岸段得到一定程度的掩护；岸滩狭窄、坡度陡、水深大，许多岸段 5～10 米等深线逼近岸边。因此，这些基岩海岸及其相邻港湾就成为建设大、中型港址的最佳选择。

（二）滨海旅游

滨海旅游是充分发挥资源优势，把散落在数百千米海岸带上的沙滩、岛屿、港口、渔村及旅游服务设施进行优化组合，串点成线组成优势线路，以达到海上旅游和沿海陆域旅游资源的整合、自然景观和人文景观的整合、旅游功能和环境建设的整合。

我国东南沿海气候宜人，且具有独特的热带风光，如碧海、蓝天、金沙、奇礁等。尤其是我国南方热带、亚热带地区，生物对海岸的塑造起着重要作用，形成特殊的海岸类型，即珊瑚礁海岸和红树林海岸，从而为滨海旅游的开发提供了独特的资源，形成了特殊的旅游景点。因此，很多海岸都被开发成旅游景区，供游客休闲娱乐之用，成为海岸带经济的又一强有力的增长点。我国滨海旅游产业主要布局在渤海海滨，北黄海海滨，沪、浙、闽、粤海滨海岛及海南岛和北部湾等区域。在这些区域中，浩瀚的大海、连绵的沙滩、秀美的港湾、千姿百态的岛屿和纯朴自然的渔家风情，都为滨海旅游的发展做出了重要贡献。

（三）水产养殖

水产养殖分为淡水养殖和海水养殖。目前，海水养殖发展水平比淡水养殖发展水平相对要高。海岸带作为承接海水养殖的载体，对水产养殖业的发展有着举足轻重的作用。由于水产品不易保鲜，因此交通条件就显得极为重要。可以说，海岸带的通达性关系着水产品的价值，对水产养殖业的发展极为关键。另外，很多水产品加工企业会选址在海岸带区域，对于这一区域经济发展起了促进作用。

在海岸带进行水产养殖选址时，通常会在近海尚未用于海水养殖的区域，通过综合评价，选划潜在可养殖或可进行人工增殖放养的区域，而且会在研究海域水产生物养殖容量和环境的关系的基础上，选择重点示范区，制定合理的水产生物养殖容量。

二、海岸带区域协调管理

海岸带以其独特的区位优势，对海洋经济与陆域经济的统筹发展发挥着独特的关联效应。

（一）海岸的枢纽效应管理

"枢纽"一词，意为事物相互联系的中心环节，指重要的部分。海岸带是海洋与陆地相互联系的中心环节，是连接海洋与陆地的重要区域，因此，其是海洋与陆地的"枢纽"。使各类物质在其传输过程中得到时间差效益和距离差效益，并不断提高物质材料传输规模和传输频率，获得最佳经济效益，就是海岸带的枢纽效应。海岸带的这种枢纽效应是凭借海洋和陆地两个扇面进行扩散和辐合的，而完成这种枢纽效应的承接地就是港口。

（二）海岸的依托效应管理

海岸带产业的发展既离不开海域，也离不开陆地，其资源来自海洋，但其开发利用设备、人力、厂房都来源于陆地，可以说，海岸带产业是以陆地为其立足之地的，形象地说，其属于"两栖型"产业。如海底油气开发，油气资源深埋海底，钻井平台及其他设备在海上作业，但其后方服务基地及石油加工、销售均离不开陆地。海洋运输业，既要有合适的港湾和海水浮力的作用，又要有足够的码头港口，以及深入内地的运输线路，在这些条件均备的情况下，才能顺利地完成海洋运输。因此，海岸特有的区位优势，助其理所当然地成为海岸带产业及其相关产业的依托基地。通过这种依托，实现海陆资源、生产要素的流动、集聚，从而推动海岸带产业的发展，加强海陆产业的联系，带来独特而又强大的经济效应，产生良好的经济效益。

（三）海岸的集聚效应管理

海岸的集聚效应，表现最为明显的是其港口经济。经济的发展离不开各种资源，而资源空间分布的不平衡性决定了交通对区域经济发展有着重要影响。港口是海上货物运输与陆地货物运输的结合点，拥有着广阔的经济腹地，有利于各相关产业的集聚，形成生产企业、供应商、销售商、加工、物流等一系列相关企业的集聚，形成产业链，产生规模效应。另外，港口还是人流、物流等的中心，区域内外先进的技术、设备、人才在这一地区聚集，为企业提供了人力物力等方面的支持。

总之，由于港口经济的综合性和关联性及其与区域之间的特殊关系，其发展需要区域提供交通运输、仓储、加工、贸易、金融、信息、通信、保险等相关服务的协助，并带动这些产业发展。也就是说，在对港口经济发展进行投入时，不仅要考虑促进港口直接产业的发展，也要考虑促使港口关联产业、依存产业及派生产业等相关产业增加产出，从而得到投资的乘数效应，获得更大的经济效益。[①]

三、海岸带区域经济管理的实证分析

海岸带区域经济联系主要表现在其枢纽效应、依托效应和集聚效应上，为了更好地展现这些效应的作用，以上海港为例来具体分析海岸带区域经济联系。

---

① 谢英挺、王伟：《从"多规合一"到空间规划体系重构》，《城市规划学刊》2015 年第3 期。

（一）上海港的枢纽效应管理

上海港位于我国海洋与长江"黄金水道"交叉点，服务腹地主要是长江三角洲和长江流域。主业领域包括港口集装箱、大宗散货和杂货的装卸生产，与港口生产有关的引航、船舶拖带、理货、驳运、仓储、船货代理、集卡运输、国际邮轮服务等港口服务，以及港口物流业务。

2012年，上海国际航运中心建设各项工作全面推进，在优化航运集疏运体系、完善航运服务功能、建设国际航运发展综合试验区等方面取得了很大进展。随着国内经济企稳回升、欧美市场复苏、世博会对经济的拉动及相关政策效应显现，上海港集装箱和货物吞吐量增长显著。根据快报数据显示，到2013年上海港完成集装箱吞吐量2905万标准箱，超过新加坡港50万标准箱，首次成为世界第一大集装箱港；集装箱水水中转比例达37.7%；货物吞吐量完成6.5亿吨，继续保持世界第一。

到2018年，上海港集团已开辟遍布全球且国际直达的美洲、欧洲、大洋洲、非洲及东北亚、东南亚等地的班轮航线200多条，集装箱月航班密度达到2183班，是中国大陆集装箱航线最多、航班密度最高、覆盖面最广的港口。这些航线的开通，使港口与伸向内陆各地的运输线路联系起来：一方面，有利于将出口物资在海岸集中，再通过海岸港口经由广阔的海洋运往世界各地；另一方面，又有助于将来自各国的进口物资，以及在海洋环境所获得的水产、石油和矿产，在海岸港口集中起来，再输送到陆地各个地方。可以说，上海港作为全国最重要的港口之一，其枢纽效应下的经济效益是非常巨大的。

（二）上海港的依托效应管理

在表7-1中，港口直接产业和港口关联产业是港口经济的核心，这些产业主要聚集在港口附近，港口依存产业和港口派生产业则是港口经济的重要内容。随着港口的辐射带动，这两类产业发展越来越迅速，经济量越来越大，所以也成为港口经济重点发展的产业。它们分布的范围很广，既分布在港口周围地区，也分散在港口所在的城区。

表7-1　港口经济产业划分

分　类	内　容
港口直接产业	港口的装卸主业，如码头装卸搬运业等港口企业所经营的全部产业
港口关联产业	与港口主业有着前后联系的产业部门，如海运业、集疏运业、仓储物流业等
港口依存产业	以港口存在为选择主要依据而设立的产业部门，如造船业、贸易、钢铁、石化等
港口派生产业	与以上三种产业的经济活动有关的金融、保险、房地产、饮食、商业等服务业

（三）上海港的集聚效应管理

为了保证港口产业的持续发展，上海港推出了一系列的配套服务，派生了各种各样的现代服务业，包括海铁联运服务、集装箱物流服务、水上拖轮与大件吊装起运服务、外轮理货与集装箱装拆箱理货服务、近洋班轮航线服务、国际集装箱内支线运输服务、陆上集装箱货物运输服务、国际船舶公共代理服务、物流业应用系统软件服务、港口专业人才教育培训服务等。这些与海洋运输息息相关的现代海洋服务业的延伸吸引了大量相关企业，如相关的信息服务业、餐饮服务业、金融业及各种各样的加工企业等间接服务业纷纷在上海港集聚。这些企业的集中拉长了产业链，为产业发展提供了一体化服务，节约了生产成本，有力地提升了港口经济的发展。

此外，上海港的经济腹地辽阔，区域经济联系明显。其直接腹地主要是长江三角洲，包括上海、南京、镇江、常州、无锡、苏州、南通、扬州、泰州、盐城、淮安、杭州、宁波、嘉兴、湖州、绍兴、舟山等17个城市，土地面积10余万平方千米，人口近1亿；间接经济腹地主要有浙江南部、江苏北部、安徽、江西，以及湖北、湖南、四川等省。因此，在枢纽港的辐射、集聚效应下，上海港能带动相关区域经济一体化发展。

第二节　江河三角洲协调管理

一、长江三角洲区域协调管理

（一）长江三角洲区域社会经济发展概况

1. 自然条件和地理特征

长江三角洲位于太平洋西岸，紧邻东海，为我国最大的内河长江的出口处，位于我国大陆海洋岸线的中点，是世界与中国大陆联结的重要门户。经济地理意义上的长江三角洲包括江苏省南部 8 市（南京、扬州、泰州、南通、镇江、常州、无锡、苏州）、浙江北部 6 市（杭州、嘉兴、湖州、宁波、绍兴、舟山）和上海全市，总面积 10 万平方千米，总人口 8000 多万。其核心区域是苏锡常杭嘉湖沪 7 市。

2. 社会经济发展状况

长江三角洲是我国发展速度最快、城市化水平最高、经济内在素质最好的地区之一，城市体系比较完备，是我国最有条件成为世界上人口最多和规模最大的都市圈。这一地区人文荟萃，经济发达，城市密集，以占全国 1% 的土地面积容载了全国 6.2% 的人口，产出了 17% 的国内生产总值。长江三角洲经济的联动发展，使长江三角洲两省一市地区生产总值的增长速度保持了大体一致的发展趋势，充分表明中心城市集聚和辐射功能发挥与周边城市群联动发展存在相互依存关系。

（二）长江三角洲经济竞争与合作推动区域经济一体化

1. 长江三角洲经济竞争与合作态势

长江三角洲自然条件相似，产业分散开发，经济发展路线接近，发展水平相当，易形成竞争局面。首先，长江三角洲市场发育迅速，市场机制对资源配置作用日益加强。其次，长江三角洲工业行业门类齐全、技术基础雄厚，是我国最大的综合性工业基地，轻重工业都比较发达，拥有宝钢、上海大众、镇海石化、南京石化集团等一批企业，不少产品在全国占有相当重要的地位。再次，长江三角洲缺乏矿产资源，区内自然条件相似，各城市在经济发展过程中皆以加工工业为主，特别是苏南和浙北，由此使各城市之间在资源和市场方面展开激烈争夺。最后，20 世纪 90 年代以来，长江三角洲制造业结构的调整路线比较接近，交通运输设备制造业、电气机械及器材制造业、电子及通信设备制造业、服装及其他纤维品制造业和金属制品等行业都有不同程度的提高。结构调整线路的相互接近使地区的产业竞争进入更大规模和更激烈的阶段。

2. 长江三角洲区域经济分工与合作战略规划——"一核六带"

总体上讲，目前长江三角洲地区经济已初步呈现一体化发展态势。各地依托区位或资源比较优势，逐渐形成自己独特的产业优势，上海强化高层次现代服务业及资本技术密集型高新技术产业发展，江苏、浙江则突出先进制造业及其相关服务业发展，通过发达的交通通信和较为成熟的市场体系实现了区域整体产业分工协作与互动。

（1）上海定位为全球海洋中心城市。2020 年上海市城市发展总体规划新版（修改版）在城市规划布局上强调"一核六带"。"一核"就是强化上海这个核心的地位。上海充分发挥作为国内外交通枢纽、长三角地区要素资源配置中心和文化交流中心及创新源头的作用，整合利用周边地区的资源优势，增强集聚和组织引导能力，以促进区域整体优势的发挥和竞争力提升。

（2）"六带"各自发展方向。"六带"是指沿长江经济带、沿海岸经济带、沪宁－沪杭沿线经济带、高新技术产业带、国际贸易经济带、空港经济带。重点优化提升沪宁、沪杭沿线发展带，目标是建成具有世界发达水平的都市连绵区域。这一发展带主要包括沪宁杭交通沿线地区，将按照集约、创新、优化的原则，加快高技术产业集聚和现代服务业发展，优化城市功能，改善环境质量。另外，重点建设沿江、沿海发展带。根据规划，长江沿线的县市区将充分发挥"黄金水道"的优势，引导装备制造、化工、冶金、物流等产业向沿江地区集聚；建成特色鲜明、规模聚集、布局合理、生态良好的基础产业基地和城镇聚集带，并成为具有全球影响的长江三角洲产业带的核心组成部分。

二、珠江三角洲区域协调管理

（一）珠江三角洲区域社会经济发展概况

1. 自然条件和地理位置

珠江三角洲地处亚热带南部，气候温暖，雨量充沛，河流纵横，土地肥沃，物产丰富，人口稠密，文化发达，华侨众多，历来是广东省对外交往频繁的地区，当地人一直有经商的传统。珠江三角洲位于广东省中南部，毗邻港澳，面向南海，具体的地域范围有多种不同的划分和理解，素有"小珠江三角洲""大珠江三角洲"的概称，近年来又提出"泛珠江三角洲"的概念，这说明珠江三角洲的迅速崛起并有巨大的拓展空间，区域经济联系将在未来更加广泛。2003 年 7 月，广东省首先提出"泛珠三角"的新战略，得到了周围省区的热烈响应，泛珠三角包括广东、福建、江西、湖南、广西、海南、四川、贵州、云南等九个省区和香港、澳门两个特别行政区，简称"9 + 2"。这一新的发展战略，把"小珠三角""大珠三角"乃至中国的整个南部及西南部区域导入新的发展战略期，从而成为世界瞩目的特大经济区。

2. 社会经济发展状况

珠江三角洲位于太平洋西岸，面临南中国海，为西江、北江、东江的汇合处，即珠江的出口处，是中国沿海南部通向世界的重要门户地区，战略位置非常重要。改革开放之初，珠江三角洲得风气之先，享政策之惠，再加上地利之便（毗邻港澳），经济迅速发展，经济实力大大增强，珠江三角洲已成为我国最富裕的地区之一。珠江三角洲分布着 9 个大中型经济中心城市，城市发展已接近或基本达到现代化水平。这些城市分布集中，从一个城市到另一个城市只有一个多小时的路程，都有高速公路相连接。珠江三角洲的分工与专业化程度非常高，形成了一个相当成熟的经济区域。广州和深圳是珠江三角洲城市群的中心，提供该区域经济发展所需的金融、贸易、教育、咨询、科研等服务支持；其他城市以制造业、旅游、运输、房地产、港口贸易为主导产业。与各个城市相连接的是一个个"专业镇"，一镇生产一种或数种工业产品，产供销一条龙。改革开放至今，珠三角地区的人均收入水平、产业结构特征、外向型经济模式经历了逐步升级的历史过程。中国"入世"和经济全球化把珠三角推向了全球，使其不断参与全球经济贸易，提升自身国际竞争力。

（二）珠江三角洲区域经济合作与分工

区域经济合作与分工的实质就是相邻地域单位或城市之间的经济通过分工与合作，相互融合，形成合力，获得"1 + 1 > 2"的整合效应。珠江三角洲经济合作与分工的重点在形成产业集群，加强区域经济整合。

1. 产业聚集，打造集团品牌

珠江东岸是以深圳、东莞、惠州为主的电子信息产品产业群，西岸是以广州、佛山、江门、珠海为主的电器产品产业群，这两个产业群已经成为世界级的生产制造基地。

2. 经济整合，"前店后厂式"合作

珠江三角洲区域海岸带产业发展不仅得益于优惠的政策，也得益于粤港澳完美的陆海产业分工与合作。珠江三角洲制造业的规模、产业门类、国际竞争力、企业管理水平、劳动力素质、市场拓展能力、资本实力等不断提高，促进港澳地区经济转型和产业升级。因此，在经济全球化和数字经济的背景下，通过经济转型和产业升级促使粤港澳向更高层次的区域经济合作迈进。

（三）"9 + 2"泛珠三角洲经济发展战略

在经济全球化、区域经济一体化和社会信息化迅猛发展的 21 世纪初叶，泛珠三角区域合作应时代的迫切需求而生。"泛珠三角"区域合作包括广东、福建、江西、湖南、广西、海南、四川、贵州、云南等九个省区和香港、澳门两个特别行政区，简称"9 + 2"，是中华人民共和国成立以来规模最大、范围最广的区域合作，开了我国东中西部跨地域差异区域合作的先河，是"一国两制"区域合作的首次尝试。

一是加强在区域能源、交通、通信、水利管道等基础设施方面的合作与协调发展。二是加强区域产业合作与产业分工的统筹协调，大力发展区域特色优势产业。三是加强区域商务与贸易合作，加快建设区域一体化市场体系和联合对外开放；各方应当加快信用建设，共同建立健康、规范、有序的市场秩序；鼓励区域内贸易的合作和发展，统筹区域联合对外开放。四是加强区域教育、科技、文化、卫生、劳务和信息等方面的合作。尤其要以高新即使及产业化开发为主，逐步建立区域科技项目合作机制和成果转化平台，推进区域产业协作和战略合作联盟；加强文化和人才交流及劳务合作，促进各生产要素在区域内的自由流动。五是共建中国 – 东盟自由贸易区。泛珠三角区域处于中国 – 东盟自由贸易区的中心位置，地缘优势突出、产业基础良好、发展潜力巨大。

第三节 半岛协调管理（以山东半岛为例）

一、山东半岛社会经济发展的地理区位与资源优势

（一）山东半岛的自然地理特点

山东半岛是中国第一大半岛，位于山东省东部，包括青岛、烟台、威海三市的全部，以及潍坊、日照、东营三市的大部分或部分，突出于黄海、渤海之间，隔渤海与辽东半岛遥遥相对。由于所处地理位置，该地区与东北和韩国联系紧密。山东半岛地貌以丘陵为主，南北均为岩穹断块隆起地带，中部夹一地堑盆地断陷平原带，海岸带弯曲，多港湾岛屿，岸线总长约 2400 千米。气候属于暖温带季风气候，温暖湿润。山东半岛盛产粮、苹果、梨和花生，是我国著名的温带水果和花生产地。山东半岛行政单元涵盖威海、烟台、青岛、日照、潍坊等五市。济南、淄博和东营在自然地理上不属于山东半岛，但属于胶济、蓝烟铁路沿线城市带和邻近地区。按经济地理的划分，山东半岛重要城市包括济南、淄博、潍坊、青岛、烟台、威海、日照、东营等八市。

（二）山东半岛经济发展的区位优势

山东半岛地处黄河经济带与环渤海经济区的交会点，华北地区和华东地区的结合部，在全国经济格局中占有重要地位。

1. 处于亚欧大陆桥桥头堡的特殊地位

山东半岛地处欧亚大陆和太平洋交汇地带，沿海港口条件较好，海上运输业发达，以日照港、青岛港等为桥头港口，可比其他港口缩短大陆桥长度。此外，大（同）龙（口）铁路的建成进一步增加山东半岛与内陆省份的经济交往，扩大山东半岛沿海港口服务范围。山东半岛沿海各港口在欧亚大陆桥桥头堡功能中发挥重要作用。

2. 居于亚太经济圈西环带的重要位置

山东半岛与朝鲜、韩国、日本等周边国家仅一水相隔，来往方便。黄海周边各国在资源、技术、资金、劳动力等方面有明显的互补性，可以要求建立更广泛的联系，形成结构更为紧密的"东北亚经济圈"。20 世纪80 年代以来，山东半岛沿海地区先后对外开放，国际合作越来越多，与周

边各国的经济联系日益紧密，成为世界经济大格局的一个"生长点"。

（三）山东半岛经济发展的资源优势

1. 海岸带资源优势

山东半岛的海岸带长 3000 多千米，占全国的 1/6。全省有海湾 200 余处，2/3 以上为基岩质港湾式海岸，是我国长江口以北具有深水大港预选港址最多的岸段；海岸地貌类型多样，人文和自然景观较多；宜晒盐滩涂 2740 平方千米，占全国的 1/3；地下卤水资源丰富，含盐量高达 6.46 亿吨；海岸带矿产资源丰富，已探明储量的有 53 种，居全国前三位的 9 种；渤海沿岸石油地质预测储量 30 亿～35 亿吨，探明储量 2.29 亿吨，天然气探明地质储量为 110 亿立方米。龙口煤田是我国第一座滨海煤田，探明储量 11.8 亿吨。对滩涂、浅海、港址、盐田、旅游和砂矿等六种资源进行丰度评价，山东省位居沿海各省市之首。

2. 基础设施优势

山东半岛沿海港口达 24 处，其中二类以上开放港口 17 个。2018 年，沿海港口吞吐量超过 7.9 亿吨，其中集装箱吞吐量达 1350 万标箱，与 150 多个国家和地区建立了通航贸易关系。已建成济青、日竹、东港、东青、环胶州湾、烟栖、烟威、潍莱、烟台等 9 条疏港高速公路，沿海港口群的后方公路集疏运条件明显改善。

3. 科技优势

山东半岛是全国海岸带科技力量的富集区，是国家海岸带科技创新的重要基地。2018 年，已拥有海岸带科研、教学机构 55 所，拥有 1 万多名海岸带科技人员，占全国同类人员的 40% 以上，其中院士 22 名，博士研究生导师 300 多名，博士点 52 个，硕士点 133 个，另有近 2000 位具有高级职称的海岸带科技工作者。建立了 5 个国家级海岸带高技术产业化基地，5 个国家级科技兴海基地，20 多个重大项目实验示范基地，6 个省级以上海岸带工程技术研究中心，实施海岸带生物、海产品深加工、海岸带精细化工、海水淡化等领域的产业化示范工程 20 多项。

二、发展产业集群，推动海陆经济一体化

产业集群是区域内各城市联系的重要纽带，也是其协作的坚实基础。能否构建有效、合理的产业集群事关山东半岛发展的成败。当前，山东半岛正面临着制造业发展的重大历史机遇。从青岛、威海、烟台最近几年吸

引外资的方向来看，资金已由一般制造业向电子电器、光电显示、通信设备、生物技术等技术密集型制造业，以及重化工业、机械设备和汽车零部件等资本密集型制造业转移。这样的产业布局单单依靠一两个地市的承载能力显然是无法完成的，这就在客观上要求海岸带城市联手，从而共同发展。

（一）发展产业集群、建设制造业基地、打造区域品牌的战略选择

1. 在对接与协作中做大强势产业

建设山东半岛的产业基地，首要任务就是加大力度培育强势产业。壮大龙头产品，打造好青岛的电子、家电，烟台和青岛的汽车，烟台和威海的造船等品牌，主动对接日韩产业转移，加强与其电子、钢铁、汽车、造船等大公司的合资合作，有针对性开展招商，合力提高承载能力。一是拉长产业链。按照大项目—产业链—产业群—产业基地的发展方向，细化社会分工，提高加工水平，做大配套产业，形成产业集聚。推动石化、汽车、造船、橡胶、装备业中小企业参与国际分工和山东半岛制造业产业链建设。鼓励区域内的企业不断提升配套产业水平，提高主导产品在当地的配套率。二是提升产业层次。紧紧围绕主导产业，开发新技术，发展拥有自主知识产权产品，解决核心技术空心化的问题。

2. 以簇群经济推动产业发展和城市化进程

加快山东半岛产业发展，必须把簇群经济发展摆到更加突出的位置。一是加大力度发展专业镇和专业乡。鼓励当地各乡镇发扬工商业传统，发展劳动密集型特色产品。借鉴浙江发展小产品、大市场的经验，加速推进产业分工和专业化协作，形成成本、价格、信息、市场优势，打造区域品牌。鼓励强势镇借鉴东莞经验，发展产业链进而形成产业群，最终形成群聚效应和产业优势。鼓励簇群经济园区的发展，带动现有工业园的整合，发展外向型产业协作区。二是积极鼓励民营企业进入产业簇群。三是倡导建立特色交易市场。根据条件与可能，统筹市场布点，引导流通，加速特色产业群的发展。

（二）发展产业集群、建设制造业基地，打造山东半岛区域品牌的策略选择

1. 家用电器制造业

以海尔、海信、澳柯玛等大型家电企业为龙头，强化规模、技术和竞

争优势，放大名牌效应，让更多的中小企业参与家电零部件的配套生产，拉长产业链，强化集群效应，能够逐步将这一地区培育为世界范围内的家用电器制造业基地。

2. 装备制造业

以机车、造船、汽车、机械等为重点，推进机电一体化，提高设计制造水平，尽快形成规模和质量优势。

3. 纺织服装业

依托化纤、精纺布料等优势产业，努力向上游、下游产品延伸，重点发展毛毯制品、针织内外衣、高档面料和名优服装等，努力创建名牌，提高市场占有率，逐步形成具有地域特色的纺织服装产业链。

4. 农产品加工业

发挥山东半岛高新农业和特色农业的优势，大力发展农产品加工，形成以蔬菜加工、畜禽加工、果品加工、水产加工、饮料加工和粮油食品加工为主体的农产品加工体系。随着经济发展和市场需求变化，培育新的优势产业，引导产业集聚，产生新的产业集群。

三、加快蓝色经济区和"一区三带"建设

（一）山东半岛具有发展海岸带经济、建设蓝色经济区的诸多优势

首先，山东半岛作为中国最大的半岛，海洋优势突出，海洋资源丰富，海洋科技力量雄厚，海洋产业初具规模，发展蓝色经济有得天独厚的条件。其次，山东是全国的海洋大省，海岸线长达3000多千米，约占全国的1/6，港口资源优势明显。最后，山东是全国海岸带科技力量最为雄厚的地区，全国40%以上的海岸带科技人才汇集于此。青岛是我国著名的海岸带科技城，聚集了中国海洋大学、中科院海洋研究所、水科院黄海所等25个海洋科研教育机构。

（二）建设山东半岛蓝色经济区，形成"一区三带"的发展格局

1. 全面打造山东半岛蓝色经济区

海州湾重化工业集聚区的发展重点是巨大型港口、钢铁工业、石化工

业、国际物流业，功能定位是黄河流域出海大通道门户、临海重化工业集聚区。前岛机械制造业集聚区的发展重点是海岸整治、湿地修复、机械装备制造业、滨海旅游业、海洋高科技产业，功能定位是以机械制造为主的先进制造业集聚区。龙口湾海洋装备制造业集聚区的发展重点是海洋工程装备制造业、临港化工业、能源产业、物流业，功能定位是以海洋装备制造为主的先进制造业集聚区。滨州海洋化工业集聚区的发展重点是海洋化工业、海上风电产业、中小船舶制造业、物流业，功能定位是济南都市圈出海口、渤海湾南岸海洋化工产业集聚区。董家口海洋高新科技产业集聚区的发展重点是海洋装备制造、海洋精密仪器、海洋药物等海洋高新技术产业。

2. 依托沿海七市，优化涉海生产力布局，形成三个优势特色产业带

一是在黄河三角洲高效生态经济区着力打造沿海高效生态产业带。二是在山东半岛着力打造沿海高端产业带。以青岛为龙头，以烟台、潍坊、威海沿海城市为骨干，充分发挥地理区位优越、港口体系完备、经济外向度高、产业基础好、发展潜力大等优质资源富集的综合优势，以推进高端产业聚集区的建设、以建设现代海岸带产业体系为目标，积极承接国际产业转移，大力实施高端高质高效产业发展战略，全力打造高技术含量、高附加值、高成长性的高端产业集群。[1] 三是构建以日照精品钢基地为重点的鲁南临港产业带。按照走新型工业化道路的要求，以做大做强日照精品钢基地为重点，集中培植钢铁、电力、石化、木浆造纸、加工装配工业等运量大、外向型和港口依赖度高的临海工业。

四、依托港口经济推进现代物流业的发展

充分发挥港口经济集聚和辐射功能，大力发展物流、商流和贸易设施，培育现代物流、航运交易、船舶修造、物流增值服务等港口综合服务业。

1. 加快大型化、深水化海岸带港口建设

山东半岛城市群中拥有青岛、日照、威海、烟台、东营等五大港口，是我国拥有港口数量较多的省份之一，其中，除青岛港是国内第五大港口之一外，其他4个港口与山东半岛经济的发展和商业贸易的要求还不适应。因此，应在具有条件的港口大力发展深水港口，以便在世界航运市场的竞

---

① 宋南奇、王权明、黄杰、黄小露、张永：《东北亚主要沿海国家海洋环境管理比较研究》，《中国环境管理》2019 年第 6 期。

争中胜出，为港口经济的发展争取广阔的海上腹地，从而对现代物流的发展产生巨大的内在需求。

2. 开展海铁公联运，发挥港口经济对经济腹地辐射作用

作为华北地区重要的交通要塞，山东半岛城市群中五大港口的国际集装箱运输量必将猛增。因为这些港口与内陆的集疏运距离长，所以有必要采取措施加速建设内陆集装箱集疏运中心和以公路、铁路、水路支线为主的东西向运输通道，使之与港口迅速相配套，协调整个多式联运系统，发挥港口经济对经济腹地，特别是内陆腹地的辐射作用。

3. 建立以港口主业为依托，以保税功能为条件，以信息网络为手段的国际化综合物流运输体系

物流园区主要功能应包括装卸、运输、仓储、分拨、交易、加工、展示、信息处理、金融服务、货运代理、船舶代理等。① 建立专门机构负责协调港口物流产业的宏观管理，指导、协调物流产业在运输平台功能研究和相关信息平台的规划建设。因此，保税区的发展和升级及向自由贸易区转型必须坚持以高起点的规划为指导，以先行先试为动力，以国际物流园区为载体，以深水港、航空港和信息港为依托，健全物流服务体系，将保税园区建成跨国互联网销售企业的分销园区和国际集装箱多式联运的中转园区，形成保税转口特色的物流园区。

五、加快城际交通网络、金融和信息资源共享体系建设

从根本上来说，流通业是半岛城市群城市间实现相互协作、共同发展，实现半岛经济腾飞不可缺少的基础要素。

（1）在城际交通网络建设方面，要积极发展铁路，稳步发展高速公路，完善配套港口和机场；建设高速列车和城市轻轨及高等级公路，构建半岛区域交通大通道，形成 2 小时经济圈。

（2）在金融体系建设方面，应以资金融通多元化、多形式和信用手段多元化为目标，建设银行、信托、保险、证券、基金等体系健全、服务高效的发展格局。发挥金融保险业对外开放的优势，引进国外金融、保险公司，组建多种形式的互助担保机构，构建区域性金融中心。② 扩大直接融

① 周玲玲、鲍献文、余静、张宇、武文、冯若燕：《中国生态用海管理发展初探》，《中国海洋大学学报（社会科学版）》2017 年第 6 期。
② 国凤兰：《山东半岛蓝色经济区环境成本问题及对策研究》，载《第三届国际信息技术与管理科学学术研讨会》，泰山出版社，2011。

资，培育更多的上市企业。鼓励有条件的企业境外上市，加强与国外大券商合作，加速资本市场发育和完善。

（3）在信息网络体系建设方面，整合现有网络资源，加快信息服务基础设施升级改造，建设布局合理、互联互通的高速宽带网络，建成全国信息化示范区，构筑电子商务平台。健全覆盖社会经济生活各领域的信用体系，打造"诚信山东"品牌。

第四节　大陆架协调管理

一、大陆架海域的自然基础

中国在海岸带资源方面拥有得天独厚的区位及环境优势，为发展海岸带经济提供了优越的条件。大陆架是按照海洋区域法律地位的不同划分的海洋经济区之一。我国大陆架极为广阔，是大陆架宽度超 200 海里的 18 个国家之一。我国大陆周围分布着渤海、黄海、东海和南海。渤海属于我国的内海，全部为大陆架，完全处于我国主权的支配和管辖之下；黄海和东海是西太平洋边缘岛弧与亚洲大陆之间的边缘海，是世界最大的大陆架浅海之一；南海是世界第二大海，大陆架约占海域面积的一半，宽 180～250 千米。

我国的近海大陆架上有极为丰富的自然资源。中国海上油气勘探主要集中于渤海、黄海、东海及南海北部大陆架。根据 2010 年中国海洋地质调查调查局勘探预测，在渤海、黄海、东海及南海北部大陆架海域等 10 个近海主要含油气盆地的 97.3 万平方千米范围内，石油资源量就达到 319 亿吨，占全国石油资源量的 26%，石油资源丰度为 3.12 万吨/平方千米，高于全国石油资源丰度平均值；天然气资源量达到 19.3 万亿立方米，占全国天然气资源量的 27%，资源丰度为 2010 万立方米/平方千米，高于全国天然气资源丰度平均值。

二、大陆架的区域协调管理

（一）加强区域内分工与合作，促进大陆架油气勘探与开发

我国近海大陆架蕴藏着丰富的石油和天然气资源，为了提高社会劳动

生产率并加速大陆架区域经济发展，在对大陆架海域的油气勘测和开发的过程中，应实行合理的有效配置和地域分工，充分利用丰富的资源，扬长避短，发挥优势互补的作用。在大陆架各个区域内，根据其技术水平、运输能力、港口实力、地理位置等不同的特点，对黄海、渤海、东海和南海的大陆架实行合理的地域分工，开展最有利于经济增长的活动。

在黄海大陆架区域内，由于井深太浅和勘探方向的问题，除了在南黄海盆地有两口探井发现油气，均未获得重大发现。因此，对于黄海大陆架的油气资源开发，重点应放在勘探上，集中对南黄海盆地的南北两个坳陷继续做勘探工作，争取发现商业油气流。东海大陆架有我国沿海大陆最大的盆地，东海海域油气资源丰富，油气地质条件勘探潜力大、层系多，具备形成大中型油气田的条件，前景十分广阔。然而，东海海域不同地区的油气地质研究和勘探程度差别大，油气勘探潜力和前景不尽一致，必须加强油气勘探的战略选区与评价工作。由于大陆架划界的政治和经济因素的影响，对东海大陆架油气资源的开发应采用不同的开发方式。在无争议的地区，由中国自主开发或对外合作开发；而在有争议的区域内，本着"搁置争议、共同开发"的原则，由争议方按照协议进行联合勘探开发。在我国海域对外合作、利用外国资金和技术的同时，充分利用国内的资金和技术力量，加快渤海域油气资源勘探开发，加快渤海海域石油地质储量和原油产量的增长。[①]

（二）以沿海城市为依托，实现海陆共建，促进经济区域发展

我国经济发展是由海陆两大部分组成，沿海经济已从单纯的陆地区域开发逐步转到海陆共建的轨道上来。一方面，陆地区域经济要向海上延伸；另一方面，各种海洋资源的加工也必然要走向陆地化。因此，区域经济合则共赢、分则俱损的观念已经日益成为共识，而海陆共建也成为区域经济发展的一种必然趋势。

在大陆架区域内，海陆经济一体化进程无疑对区域经济发展具有全局性的促进作用，资金、技术、人才和资源等要素能得到合理优化配置和有效利用。

（1）调整大陆架油气产业结构，促进区域经济的发展。油气资源的开采使与之直接相关的产业将得到大的发展，油气上岸后也可产生一系列联

[①] 贾凯、蔡悦荫、王鹏、索安宁：《渤海开发利用问题分析与综合管理探讨》，《海洋开发与管理》2014 年第 12 期。

动效应，极大地促进其他间接产业的发展。比如，天然气上岸后的下游工程集中在工业用气、城市供气和生活民用等方面，它可以带动各方产业的发展。[①] 因此，要规划好大陆架区域内油气的下游工程，解决油气上岸后的消化问题。在海陆共建的沿海城市区域内，可兴建、改建天然气发电厂，改进现有的大型、中型石化工业企业，以及新建石化企业，以适应这一海洋新兴产业发展的需求，逐步形成海洋石油、天然气开发的产业群，不断提高海洋油气业的产值，增加它对海洋经济的贡献份额。

（2）海洋油气勘探开发的技术具有联动性。由于海洋油气勘探开发具有很高的技术含量，它的发展不仅会使海洋产业得到振兴，而且还将带动和促进诸如造船、平台建造、打捞深潜、水下机器人、海底管道、水下通信等技术的发展，从而加快形成我国海洋油气产业的科学技术和工程体系。因此，沿海城市高等院校内将不断增设海岸带工程、石油化工等专业，积极发展职业技术教育和成人教育，建立多层次、多渠道的工程技术培养体系，为加快海洋资源开发培养各类专业人才。

（3）大陆架资源产业的发展也会产生空间效益。在陆域资源开发利用高新技术进行扩散和传播时，复合用于海岸带资源的开发利用，必然推动陆域经济和海域经济获得双重效益，从而把资源开发和生态保护有机地结合起来，能够使二者相互促进、协调发展。

（三）大陆架油田群联合开发和区域经济创新

油田群联合开发，是指根据地理位置、流体性质及开发现状等条件，将相对比较靠近的几个油田共用一套生产储油轮装置和其他生产设施进行联合开发，以降低各油田的开发建设投资和生产操作费，提高整个油田群的经济效益。油田群联合开发可以提高整个油田群的经济效益，使一些独立开发没有经济效益或经济上处于边际的油田得以启动。同时，大陆架的油田在开发过程中，应当采取区域网络串联的开发模式，通过海底管道，将油田串联成网络体系。可将渤海油田划分为中部、西部和南部三个区域，并根据各个区域的特点进行产业分析和集群化管理。渤海油田中部的大油田铺设海底管道上岸，依托京唐港建陆地终端。在渤海西部区域内的油田为边际油田，油田的单个储量少，孤立开发毫无意义，因此须建立一个集输中心，利用海底管道连接网络输送上岸。此外，渤海南部各个油田的开

---

① 曲艳敏、杨翼、陶以军：《区域建设用海规划环境影响评价管理政策分析》，《海洋经济》2016 年第 5 期。

发时间不一样，老油田继续不断创新，正在进行的油田给予支持，新开发的油田得到重视。

在我国大陆架的油气产业集聚化的条件下，着重建立以大型、特大型油气资源开发企业为创新龙头的区域创新体系，通过龙头企业的技术外溢和技术关联效应的发挥，提升区域创新能力；通过构建完善的油气资源产业链条，提高油气资源附加值，大陆架油气资源和产业紧密联系结合，形成一个完成的产业链。

（四）大陆架油气产业开发对外合作

大陆架的油气田开发成本高，风险大，技术要求高，利润率受到多种经济因素的影响。为了抵御风险，更好地开发大陆架的石油，我国海洋油气开发可扩大与国外石油公司的联合经营，在经营理念上尽快与国际接轨。

自1979年以来，我国开始引进外资和国外勘探技术，加快了海上石油勘探和开发的进度。积极开展国际合作，对于我国海洋油气资源的开发和利用将起到重要作用。自营油气田开发和对外合作的实践，既培养了人才，锻炼了队伍，又实现了装备现代化，为今后加快中国近海油气田的开发提供了技术条件和宝贵经验。可采取技术转让、技术援助、咨询服务、成套设备进出口、技术培训、技术示范、交流技术情报、技术人才交流、合作研究开发等合作方式。可根据不同国家（地区）的不同情况从易处着手，逐步推向高层次的合作。同时，大陆架油气产业的建设应积极参与国际主要石油运输通道的建设，与其他国家和地区结成利益共同体，加强通过的安全性，从而确保我国石油运输安全畅通。

在对外合作过程中，通过积累资金，更新设备，引进、消化和吸收国外的先进技术和现代化的管理方法，利用国外先进的勘探和开发技术，借鉴国外先进的经验和理论进行联合开发，提高我国大陆架油气的开发进程，取得更大的效益。同时，国家制定特殊优惠政策，从资金、技术和人才等各个方面，为海岸带油气资源开发提供强有力的支持，尽快缩小我国海洋油气开发在水平与规模上与发达国家的差距。

（五）加强区域间环境保护合作和大陆架油气开采的可持续性

区域经济可持续发展是指以人类社会与自然和谐发展为宗旨，以经济社会与环境协调为途径，逐步实现人口、环境、资源与发展相协调的生态健康局面。对于大陆架的海岸带经济开发来说，同样要做到生态系统、经济效益和社会公平三者协调发展，做到人与海在地域经济系统发展上的和谐，使海岸带资源得以持续利用，使海岸带经济能够持续增长，使海陆经济在互动中步入一体化进程。

合理开发和利用海岸带资源便成为海岸带经济可持续发展的重要前提。为了大陆架各经济区域的经济持续性发展，应大力重视海洋生态环境的保护，把海洋经济开发与环境保护、资源保护同步规划，以确保资源的永续利用和海岸带生态环境的健康发展与平衡。

第五节　200海里专属经济区协调管理

一、200海里专属经济区的自然基础

200海里专属经济区，是指沿海国在其领海以外邻接其领海的海域所设立的一种专属管辖区。在此区域内沿海国以勘探、开发、养护和管理海床和底土及其上覆水域的自然资源的目的，拥有主权权利。此外，沿海国在专属经济区还有在海洋科学研究和海洋环境保护等方面的管辖权。专属经济区从测算领海宽度的基线量起，不应超过200海里。

沿海国在专属经济区内享有对渔业的专属管辖权。它可以规定专属经济区内生物资源的可捕量，以及其他管理和养护措施。专属经济区的设立，使沿海地区的自然资源有效地置于沿海国的管辖之下。在过去，一些海洋大国的渔船队在邻近其他国家的海域滥肆捕捞，严重危害这些国家的渔业利益。在专属经济区制度下，沿海国有权管理沿海渔业、采矿业及一切有关自然资源的开发和利用，有利于这些资源的合理开发和利用，并使其为沿海国人民的利益服务。

根据我国传统海域划分标准，我国的专属经济区可分为黄海专属经济区、东海专属经济区和南海专属经济区。在专属经济区内的生物资源开发以渔业为主。本节即以专属经济区内的渔业资源经济开发为研究对象，分析200海里专属经济区的区域经济联系。

二、200海里专属经济区的区域协调管理

海岸带是特殊的地理单元，海岸带经济事实上就是区域经济。伴随着区域经济一体化的发展和信息网络经济的纵深发展，海岸带经济日益繁荣。

（一）加强区域内分工与合作，促进资金，渔业科技人才等要素的流通

我国200海里专属经济区横跨37个纬度、3个气候带，形成了复杂的渔业区系组成，热带、亚热带、暖温带各种成分兼有。整个专属经济区内的营养物质丰富，是多种生物生长、培育和繁殖的优越场所。在水深200米以内的海域，80%的面积属于大陆架浅海，形成了资源丰富的渔场，这些渔场为我国提供了丰富的捕捞渔获量。由于东海、黄海和南海各个海域气候、地理环境等不同，应强调分工，在分工明确的条件下加强各海域之间的合作，并通过资金、渔业科技人才等要素的流通来增强200海里专属经济区的区域经济联系。

在我国整个200海里专属经济区内，为了开辟更多的渔场，开发远海渔业资源，同时兼顾渔业资源的可持续性和保护海洋环境，就必须大力加强资金的流通，努力开展渔业科研领域的合作。资金的流通有利于渔场规模的扩建和渔场环境的保护，吸引更多的渔业科技人才。加强各个海域间的渔业科技人才合作则是增强专属经济区区域经济联系的重要举措。所谓渔业科技人才合作，就是建立健全水产品产业联盟和科技成果共享机制，举办区域间水产品新品种、新技术的交流和推介，建立渔业技术人员培训合作机制，共同提升渔业的产业发展水平和提高渔业发展支撑能力。

（二）以沿海城市为依托，实现海陆经济区域共同发展

在我国200海里专属经济区，其渔业发展离不开沿海城市的支持。渔业可分为三个层次：第一层次是直接从事捕捞业、养殖业；第二层次是从属于渔业生产的后续生产层次，即水产品加工业等相关行业；第三层次为渔业生产服务部门，包括运输、维修、渔需物资和生活资料的供应及其他工业和相关部门。这三个层次紧密联系，把海域中渔业的开采、捕捞与大陆的加工运输等活动联系起来，在专属经济区的渔业经济发展过程中，沿海城市的依托作用非常重要。[①] 渔业产业链的延伸，就应该与沿海城市建立亲密的合作关系，努力加强大陆和专属经济区之间各种经济活动的区域联系，实现海陆经济区域的共同发展。

在专属经济区域内，海陆经济一体化进程无疑对区域经济发展具有全局性的促进作用，能够使资金、技术、人才和资源得到合理优化配置和有

---

① 薛冰、陈兴鹏、张伟伟、耿涌：《区域循环经济调控机制研究》，《软科学》2010年第8期。

效利用。特别是渔业的资源开发，必须以相应沿海城市为依托，将某一个小区发展作为区域经济合作的起点，形成"小圈域"的合作，为更大的区域经济合作打下基础。另外，在一个个"小圈域"之间加强区域水产品贸易往来，通过相互举办水产品推荐、展销会等形式，建立区域间水产品的交易平台，促进区域间渔业的发展，更为渔业经济贸易发展创造新的空间。这不仅可以减少专属经济区和沿海城市在经济发展合作当中出现的摩擦问题，更能加强彼此之间的协调关系，使区域经济发展的合作双方能够求同存异，相互促进，共同发展。

（三）渔业产业集群化与对外合作

渔业产业集群是一种新的渔业生产组织形式，渔业产业集群通过整合产业内各个经济主体的资源，实现资源的优化配置，达到生产效率和市场效率提高，从而实现竞争优势。

渔业产业集群促进了渔业流通优化。渔业产业集群具有生产成本优势、市场竞争优势和技术创新优势等，必然会吸引更多的经营主体。随着集群规模的不断扩大，专业化的渔业产品批发市场和加工基地随之形成，区域规模不断扩大，进一步强化产业的聚集功能，使区域、产业不断升级。[①] 此外，集群效应打造区域品牌，区位优势和品牌优势双管齐下，可大大扩大集群的知名度，吸引四面八方更多的客户和投资，促进渔业产业结构的优化。

在专属经济区内，渔业集群化发展必须以养殖业作为产业链的发展中心，通过产业的关联性和产业集群内部的竞争与协作，大力发展渔业养殖前后的相关产业，形成完整的渔业产业链，实现渔业经济发展的目标。此外，专属经济区的渔业经济发展也应积极地开展对外合作，与其他国家和地区相互交流和共同发展，积极学习国外先进的水产养殖技术，发展新的水产养殖品种，改良水产养殖结构。比如，在水产品加工方面，我国台湾企业加工原料比较缺乏，但是在加工技术和生产设备方面都具有一定的优势；我国大陆水产养殖广泛分布，水产品加工原材料充沛，但缺乏先进的加工技术，很多水产品无法进入国际市场。因此，海峡两岸在水产品加工方面呈现出优势互补局面，联合发展合作能促进两岸水产品加工业共同发展。因此，我国大陆可通过引进台湾渔业科技人才，或定期与台湾进行渔

---

① 马英杰、胡增祥、解新英：《海洋综合管理的理论与实践》，《海洋开发与管理》2001 年第2 期。

业技术交流活动，来提高大陆的渔业科技水平。总之，在渔业资源开发的过程中，在渔业技术和知识产权合作、渔业关联产业合作、渔业基础设施和渔业工程合作、海洋渔业环境的检测和环境保护等方面，我国都应坚持对外合作和交流，加强区域间的优势产业联系，以达到更高的水平。

（四）区域间加强环境保护合作，促进渔业经济可持续性发展

由于海水的流动性，整个海洋的环境影响度具有互动性。海洋环境的变化对海洋渔业的发展影响深远。为了渔业产业有一个更加适宜的发展环境，200海里专属经济区的各个海域应携手联合起来保护海洋环境，以促进渔业经济的可持续发展。

加强区域海洋环境的保护。东海、黄海、南海是我国渔业赖以发展的渔业资源区域。各个专属经济区域海域应达成环境保护共识，切实从源头上治理陆源污染，加强对入海河流向海洋排污管控，坚决依法制止围海、填海、破坏海洋生态环境和从事污染开发的行为。[1] 此外，渔业资源养护管理合作机制也应尽快建立，相关机构应着力对专属经济区各海域的渔场环境特征及主要经济品种的种群组成、生态特征、生长和数量变动规律、洄游分布等进行调研；渔业资源各区域联合起来，保护近海海域栖息地，并就海域污染、海洋赤潮灾害进行监测及预报；采取休渔、渔船监控等措施，建立良好的渔业生产秩序，有效地管理共同的渔业资源；合作进行各渔场养殖生产的管理，防止养殖自身污染。同时，在我国专属经济区域与其他临海国家之间，也应该达成各种环境保护共识，共同维护渔业开发环境，尽力维系海洋生物链，保护各种海洋生物的生存条件。

因此，要维护区域海洋经济的可持续发展，就必须从调整海洋渔业生产结构，坚持捕捞量低于渔业资源增长量的原则，积极推行限额捕捞制度，加强区域间渔业资源生存环境的保护，合理开发和利用海洋资源，构建海洋渔业资源养护与管理的对外合作机制，促进我国渔业资源对外执法的合作，实现渔业资源的可持续利用。

---

[1] 卢宁：《山东省海陆一体化发展战略研究》，博士学位论文，中国海洋大学，2009，第75－86页。

练习思考题

1. 海岸带区域协调管理包括哪些？

2. 海岸区域经济管理有哪些？

3. 长江三角洲区域社会经济发展有哪些主要内容？

4. 珠江三角洲区域社会经济发展有哪些主要内容？

5. 什么是"9+2"泛珠三角洲经济发展战略？包括哪些主要内容？

6. 推动山东半岛经济一体化经济发展的措施有哪些？

7. 简要描述海岸带区域协调管理中大陆架海域区域管理的发展策略。

8. 简要描述海岸带区域协调管理中 200 海里专属经济区的区域协调管理的发展策略。

第八章　海岸带保护管理

　　本章学习目的：海岸带是社会经济发展的重点区域，同时是生态类型多样、生态功能重要、生态系统脆弱的区域。随着我国社会经济的发展，海岸带地区成为经济增长极，但海岸带生态环境问题也逐渐显现。本章的学习目的是，深入了解到什么是海岸带保护，以及海岸带保护的重要性。

　　本章内容提要：本章分为五节，分别为海岸带保护管理的概念与内容、海岸带保护管理的现状与问题、海岸带保护管理的目标与原则、海岸带保护管理的基本任务，以及海岸带保护管理的主要策略。学生通过学习每节的内容，了解到海岸带保护的重点所在。

第一节 海岸带保护管理的概念与内容

一、海岸带保护管理的概念

随着社会经济建设的快速发展，海岸带承受的开发建设压力越来越大，生态环境所受破坏日益严重，对海岸带生态环境的战略性、整体性保护已迫在眉睫。

所谓海岸带保护，就是指通过确定海岸带的基本功能、开发利用方向和保护要求，调控海岸带开发的规划和强度，规范海岸带的开发秩序，既保证当前海岸带经济发展的合理用海需求，又最大限度地减少海岸资源浪费，切实保护海岸带生态环境的容量和资源承载力。

二、海岸带保护管理的内容

各国对海洋环境的保护与生态资源的可持续利用可以追溯到 20 世纪 70 年代。1970 年，于斯德哥尔摩召开的联合国人类环境大会前，人们就开始认识到海洋各种资源的开发与保护是相互联系的，需要注意和协调开发与保护之间的矛盾，用综合的观点对海洋进行综合性管理。同年，美国颁布了《海洋管理法》，对海洋的保护开始作为一种政府活动发展起来。接着，欧洲的发达国家也纷纷开始采取措施，对海洋地区的开发和环境保护进行协调管理。

到了 20 世纪 80 年代，海洋的保护与管理越来越受到重视。联合国理事会开始认为对海洋的保护是一项具有战略意义的措施，有助于协调海洋区域的资源和生态环境，有利于海洋地区经济社会的发展，因此倡导各国积极实施海洋的保护措施。1982 年，联合国经济及社会理事会的海洋经济技术处组织专家对世界 40 多个国家海洋和沿海地区的开发问题进行综合的管理与研究，形成了一个专题报告——《海洋管理与开发》，其目的是指导各国，尤其是发展中国家的计划制订者，如何在总的发展计划体制内使海洋的有效开发得到长远合理的实施。[1] 1982 年，斯里兰卡制定了《海洋综合管理计划》，对所有海洋区域的开发活动实施管理。法国于 1986 年制定了

---

[1] 李丹瑾：《发展蓝色债券保护海洋生态的机遇与挑战》，《当代金融家》2020 年第 12 期。

《关于海洋整治、保护以及开发》，明确提出了海洋是稀有的空间，要进行海洋研究，保护生物及生态的平衡，同时针对海岸侵蚀的状况制定了合理的对策，确定了负责海洋保护与管理的责任机构及分工。随后，泰国也实施了红树林和珊瑚礁资源管理计划。到20世纪80年代末，有40多个沿海国家开展了对海洋的保护工作。

中国对海洋环境的保护工作做了大量的尝试。1979—1986年开展了全国海洋和海涂资源综合调查工作，国务院在对这项工作的批示中，明确指出："调查工作要同海岸带立法工作结合起来"。我国在海洋管理单项立法、编制海洋功能区划和开发规划、环境保护等方面取得了一定成效，1982年颁布了《中华人民共和国海洋环境保护法》，1983年开始了《中华人民共和国海洋管理法》的起草，到1985年改为《海洋管理条例》。1985年底，江苏省率先颁布了《江苏省海洋管理暂行规定》。1989—1997年开展了全国海岛资源综合调查工作；1989—1995年开展了全国海洋（包括必要依托的陆地）功能区划工作；1990—1994年开展了全国海洋（包括必要依托的陆域）开发规划编制工作等。原国家计划委员会在这一时期为解决滩涂开发与保护中的严重问题，启动了《中华人民共和国海洋滩涂资源管理条例》的起草。1990年颁布了《中华人民共和国海洋石油勘探开发环境保护管理条例实施办法》和《中华人民共和国海洋倾废管理条例实施办法》；1992年由国家海洋局颁布了《海洋石油勘探开发化学消油剂使用规定》和《海上疏浚物分类标准和评价程序》；1993年颁布了《海洋环境预报与海洋灾害预报警报发布管理规定》，明确了工作分工，对海洋预报警报的方式做了具体的规定等；1994年联合国开发计划署和全球环境基金资助东亚流域海洋污染预防和管理项目，其中中国厦门海洋综合管理项目是三个示范项目之一。1997年，联合国开发计划署选择广东海陵湾、广西防城港、海南清澜湾三个示范区，重点协助当地政府建立必要的协调管理框架，达到防止环境污染和保护海岸的目的，为中国其他海域和海洋的环境治理和综合管理提供经验。1995年，颁布《海洋自然保护区管理办法》，对建区的选划、建设和管理等进行了规定。这些工作为我国海洋环境保护和管理确立了法制化、科学化的体制，作为海岸带保护与管理的前期工作，为海岸带环境的保护与管理的建设做了大量基础性的准备工作。

第二节　海岸带保护管理的现状与问题

一、海岸带保护管理的现状

我国拥有漫长的海岸线，政府部门一直非常重视海岸线的保护工作。建议自然资源部组织编制《海岸带规划》，作为国土空间规划体系下的专项规划，作为国土空间规划在海岸带区域针对特定问题的细化、深化和补充。《海岸带规划》将重点考虑陆海统筹视角下的资源节约集约利用、生态环境保护和空间合理性的相对关系，为海岸带地区资源保护与利用、生态保护与修复、灾害防御等提供管理依据，为海岸带产业布局与滨海人居环境优化提供空间指引，为海岸带实施用途管制提供基础。

坚持陆海统筹，编制"多规合一"的国土空间规划，是目前开展的国土空间规划改革的核心目标之一。自然资源部已经明确，"不再新编制和报批土地利用总体规划、海洋功能区划等空间类规划"。在广东、江苏、山东等沿海地区资源环境承载能力和国土空间开发适宜性试评价基础上，充分考虑陆海自然生态系统的整体性和系统性，编制《资源环境承载能力和国土空间开发适宜性评价技术指南》。目前，自然资源部和生态环境部正在按照各自职责，协同推进沿海省区市编制和实施"三线一单"（生态保护红线、环境质量底线、资源利用上线和环境准入负面清单），探索陆海统筹的国土空间用途管制和生态环境分区管控体系，明确禁止和限制发展的涉水涉海行业、生产工艺和产业目录。

（一）逐步完善海岸带环境保护的法律法规

进入 21 世纪以来，中国政府加大了海洋环境保护工作宏观政策和规划方面的制定。《海洋环境保护法》在 1999 年修订，专门增加了海洋生态保护的章节，并将海洋污染防治工作扩展到海洋工程。在该法的基础上，国务院还颁布实施了若干配套法规，具体规范海洋开发的环境保护问题。2002年国家颁布了《海域使用管理法》，依法建立了海洋功能区划制度和海域使用论证审批制度。与此同时，《渔业法》等涉及海洋环境保护的法规也已修订实施，形成了海洋环境保护和资源持续利用的法律体系，对保护海洋环境起到了重要作用。

2002 年国务院批准了《全国海洋功能区划》，将海域划分为不同类型的功能区，为海洋环境保护工作提供了科学依据，依据功能区划调整不符合的用海项目，实现重点海域开发利用基本符合海洋功能区划，将有效控制近岸海域环境质量进一步恶化的趋势。2003 年 5 月，国务院批准实施的《全国海洋经济发展规划纲要》明确了实施海洋功能区划，合理开发与保护海岸带资源，防止海洋污染和生态破坏，促进海洋经济可持续发展的基本政策和原则，对促进海洋经济与海洋环境协调发展起到了重要作用。2004 年，国务院印发了《关于进一步加强海洋管理工作若干问题的通知》，其中许多内容都直接或间接对海岸带环境保护工作提出了明确的要求。2005 年，国务院发布了《国务院关于落实科学发展观加强环境保护的决定》，把渤海等重点海域和河口地区作为海洋环保工作的重点，要求严禁向江河湖海排放超标工业污水。2006 年初，国务院印发了《中国水生生物资源养护行动纲要》，对海洋渔业资源和珍稀濒危物种制定了一系列保护措施。值得指出的是，在十届全国人大四次会议上批准的《国民经济和社会发展第十一个五年规划纲要》中，较历次规划不同的是专门增加了"合理利用海洋和气候资源"独立一章，其中包括"综合治理重点海域环境，遏制渤海、长江口和珠江口等近岸海域生态恶化趋势。恢复近海海洋生态功能，保护红树林、海滨湿地和珊瑚礁等海洋、海岸带生态系统，加强海岛保护和海洋自然保护区管理"等重要内容。这些都成为今后一段时期指导全国海岸带环境保护工作的宏观政策。

（二）加强对海岸带环境污染监控与整治的力度

国家海洋局作为中国海洋工作的主管部门，早在 20 世纪 60 年代就开始对中国的海岸带环境实施监测。从 20 世纪 70 年代起，中国开始逐步建立海洋环境监测业务体系，从国家、区域、沿海地方省市到基层单位的四级海洋环境监测机构逐步建立，并广泛开展了中国海域的环境监测工作。

针对中国沿海地区经济发达、区域人口密集，特别是临海工业快速发展给海岸带环境带来巨大压力的特点，政府通过加强沿海企业环境监督管理，实行污染物排放总量控制和排污许可证制度，将污染物排放总量削减指标落实到每一个直排海企业污染源，做到污染物排放总量有计划地稳定削减。

为减少农业活动对海岸带环境的影响，国家在加大治理的同时，沿海地区也在结合生态省（市）创建、全国农业地质环境调查等工作，积极建设生态农业示范区，推广生态农业。以环渤海地区为例，推行实施测土施肥、生物防治工作，加强农药、化肥的合理施用管理；集约化畜禽养殖场废水也全部按照有关畜禽养殖业污染物排放标准进行处理。针对海岸带渔业活动尤其是水产养殖活动对海岸带环境的影响，中国制定和实施了《渔业资源与生态环境保护工程规划》等规划和计划，强调渔业资源和渔业水域生态环境保护，实现渔业资源的逐步恢复及生态环境的逐步改善。

为了加大海岸带环境保护力度，中国开展了一系列推进海岸带保护的国家计划。三河（淮河、海河、辽河）、三湖（太湖、巢湖、滇池）、渤海污染防治工程是国家"十五"期间确定的重点流域、海域污染防治工程，旨在减少陆源污染、遏制海岸带环境进一步恶化、恢复和改善海洋生态系统。[1] 此外，中国还规定沿海所有港口必须配备油污水回收船等回收装备，港内禁止排放含油污水。符合条件的船舶必须安装经主管机关认可的生活污水处理装置，使船舶排放的生活污水达标。

二、海岸带保护管理存在的问题

造成海岸带环境问题固然有生产、生活和资源利用等方面的直接原因，但海岸带环境保护管理方面的不足同样是形成海岸带环境问题的重要因素。

（一）海岸带环境保护缺乏宏观规划和实施标准

海岸带环境保护缺乏宏观指导、协调和规划，导致海岸带的环境保护和整治无法开展，许多海岸带环境保护措施无法落实。目前，除国家海洋局以外，水产、交通、环保、海军等部门和行业及部分沿海省（区、市）都根据各自的利益和需要进行了海岸带环境监测工作。然而，国家尚未从法律上对海岸带环境监测活动进行规范，国家海洋管理部门难以进行统一的组织、协调和管理，使海洋环境监测不能更大地发挥作用，不仅造成海岸带环境监测与管理脱节，而且重复监测，造成人力、财力和物力的严重浪费。过去传统的海岸带环境保护工作主要是涉海各部门分工和执法，形成了沿海地方环境保护部门负责陆源污染物管理，其他几个部门负责海域环境管理的格局。海岸带环境保护缺乏综合协调和联合执法的机制和手段，致使许多跨行政区域、跨行政部门的海岸带环境保护问题难以解决。在海岸带环境管理中，区域利益、地方利益和部门利益还无法协调，加剧了环境保护监管的难度。

由于缺乏具体可操作性的海岸带环境保护法规及技术标准，在海岸带

---

① 吴恋：《保护海洋生态资源　守护平湖绿水青山》，《浙江林业》2020 年第 11 期。

环境保护上管理依据不足，监测和评估规范化不强，难以建立实施有效的海岸带环境监管、监测和评价体系。中国迄今为止还没有出台一部比较完整的海岸带环境保护工作管理条例或规定，对海岸带环境监测、评估工作中涉及的各个环节没有做到规范化管理，遇到问题临时应对，缺乏政策的连贯性和科学性，严重影响了海岸带环境保护工作的健康、有序发展。当前的海岸带环境监测依据的主要技术体系是水体、生物和沉积物中污染物或指标的监测技术，属于化学监测技术类型，不能全面客观地阐述和评价海岸带环境中存在的各种因子。另外，由于方法和标准的不统一，国内各部门间对海岸带环境监测方法、资料分析和评价结论上存在差异，降低了资料的可比性。

（二）海岸带环境监管执行不足，排放总量难以控制

因为当前对海岸带的监管标准存在问题，所以尽管绝大多数污染物排放单位都实现了达标排放，但是海岸带环境质量下降的趋势仍不能被完全遏制。因此，用浓度和总量两项标准共同控制污染物排放，实现污染物排海总量控制，是解决海岸带环境污染加剧问题的根本途径。国家海洋局每年承担常规海岸带环境监测，以及两次污染基线调查、陆源污染与重点排污调查、几个海湾的海岸带环境容量与总量控制调查，以对海岸带污染物排放总量进行控制。但是，目前海岸带环境容量的大小和污染源的对应关系仍不清楚，还不能有针对性地控制污染物质的排放以最大限度地减少污染。另外，在监测的空间和时间覆盖范围上也有执行不足的问题。

（三）海岸带环境保护资金、技术短缺

国家对海岸带环境保护的资金投入尽管逐年增加，但与海岸带环境保护实际需求相比仍存在较大差距，导致海岸带整治修复滞后，环境监测管理体系能力薄弱，用于海岸带生态建设的投资比例则更少。还缺乏先进适用的海岸带环境保护、监测和评估的科学体系，从事该领域的专业技术人员短缺。用生活垃圾填海、农业用药的不合理处置等使许多鱼类、贝类的产卵场、栖息地被破坏，海岸带环境也遭到严重的人为破坏和损害。

（四）近岸海域水质污染严重，海洋生物生存受到直接威胁，海洋生态灾害频发

海域水质常年处于劣四类，主要为无机氮和活性磷酸盐超标。① 除营养盐本底值相对较高外，水质污染严重的主要原因是陆源污染入海量大，超出了海域自净能力。珠三角城镇人口集聚带来大量生活污水的排放，工业特别制造业造成大量工业废水的排放，临海产业的布局及沿海养殖废水的排放造成近岸海域水质逐渐恶化，短期内难以改变。大亚湾赤潮爆发以春季居多，澳头港为多发地，有红色赤潮藻、赤潮异弯藻、球形棕囊藻和海洋卡盾藻等。② 赤潮的发生除受光照、水温、季风、降水、赤潮生物种类数等多种因素影响外，与海水水体常年氮磷超标、趋于富营养化有相关关系。

（五）中华白海豚等珍稀濒危野生动物呈减少趋势，栖息地保护亟须深化

珠江口是"水上大熊猫"中华白海豚最重要的世代栖息地之一。我国1999年批准成立珠江口国家级中华白海豚保护区，2003年江门中华白海豚市级自然保护区成立并于2007年晋升为省级，2017年出台了《中华白海豚保护行动计划（2017—2026年）》，以加强对白海豚的保护。珠江口东部伶仃洋海域自古以来是商船通航之地，广州港航道、铜鼓航道③均穿过珠江口白海豚保护地，船舶航行可能会误伤白海豚，且航道疏浚与拓宽、桥梁建设的需求日增；而珠江口西岸离岸3千米范围内的捕捞作业、填海造地对中华白海豚影响巨大，社会经济发展和白海豚保护之间的矛盾突出。数据显示，中华白海豚栖息种群数量总体呈下降趋势，1998年珠江口监测到中华白海豚3671头次，2018年仅监测到2381头次（广东省珠江口中华白海豚国家级保护区内）；香港大屿山西部海域是中华白海豚的聚居地，2009年监测到1062头次，2019年仅监测到524头次。近年来常有中华白海豚搁浅死亡的报道，水体污染、食物源减少、溢油、噪音、船只碰撞、沿岸发展与填海等是其非正常死亡的主要原因。珠江口的名优鱼种黄唇鱼，曾经是珠

---

① 生态环境部：《2018年中国海洋生态环境状况公报》，https：//www．mee．gov．cn/ywdt/tpxw/201905/t20190529_704840．shtml。

② 陈晓：《复杂流动中典型赤潮藻聚集的水动力机制研究》，博士学位论文，中国水利水电科学研究院，2019。

③ 戴明新、郭珊、周斌、李鸿明：《铜鼓航道工程建设对中华白海豚的影响分析》，《交通环保》2005年第3期。

江口虎门海域优势鱼种，20 世纪 60—70 年代年产量达 180 吨，目前已濒临灭绝，野生环境下罕见其踪迹。[①] 大湾区海域珍稀濒危野生动物的栖息地和洄游廊道的保护势在必行。

第三节　海岸带保护管理的目标与原则

一、海岸带保护管理的目标

海岸带环境保护的目标是：以改善海岸带生态和环境质量为核心，以海岸带可持续利用为目的，通过战略、政策、区划和监督等手段影响未来的海岸带资源生态环境演化进程，克服由于一系列非协调性的海岸带开发活动造成的资源和生态环境退化，坚持海岸带开发与海岸带资源保护相结合，保障海洋的可持续性及其生物的多样性，促进沿海经济发展和环境水平的提高，防御自然灾害，为实施中国 21 世纪发展战略提供有效的保障和服务，为全球沿海资源的保护和持续利用做出重要贡献。

全球海洋生态环境治理应当是国际社会应对海洋生态问题的解决方案与努力方向，但是，学界对全球海洋生态环境治理的相关认识尚不充分，基本的看法是将它视为全球治理在海洋生态领域内的回应。全球海洋生态环境治理要成为力促解决海洋生态问题的一种理论与行动并存的机制，就有必要厘清它的逻辑起点。与此同时，也有必要分析全球海洋生态环境治理的一些特性，从而力求达成理论上的基本共识，寻求全球层面的协调认知，以更好地开展全球海洋生态环境治理行动。

二、海岸带保护管理的原则

（一）公平性原则

对海洋而言，公平不仅指代际公平，还包括海洋资源分配的公平。代际公平涉及渔业资源、油气资源、岸线资源等的合理开发、利用与保护，公平体现在每代人之间衔接的问题，它不仅是经济问题，也是社会伦理问

---

① 杨志普、张琳玲、卢琦琦：《珠江口黄唇鱼自然保护区保护现状与管理对策》，《绿色科技》2016 年第 12 期。

题。资源分配的公平在《海洋法公约》中有具体体现，内陆国和地理不利国获得了进入某国专属经济区捕捞其可捕量的剩余部分的优先地位，并有权在公平的基础上参与开发同一区域的沿海国专属经济区的生物资源的适当剩余部分。

（二）持续性原则

海洋可持续发展不仅是沿海国家的发展目标，也是全球发展的总体目标。海岸带利用结构包括自然组成和社会组成，自然组成和社会组成相互作用，互为输入。在海岸带利用结构中，某些社会行为活动会对自然产生不利的影响，结果是加速生态环境的崩溃，进而危及人类社会自身的存在。海岸带的持续性发展就是通过一定的政策法规和经济手段，使海岸带利用结构合理化，各利用类型间有益化、协调化，即对海岸带资源的开发利用和对海岸带的环境影响、破坏程度与海岸带本身的恢复能力相适应。

（三）共同性原则

海陆系统是一个开放系统，它的物质能量交换是全球物质能量交换的重要组成部分。因此，污染的产生与扩散，损害的范围不一定与海岸带相邻，但远大于海岸带范围。共同性原则就是全球有共同的责任来保护现有的资源环境，提高整个人类的生活质量和追求世代社会进步。

（四）需求性原则

需求性原则即要满足所有人的基本需求，向所有人提供实现美好生活愿望的机会。其主要包括三种需求：①基本需求，维持正常的人类活动所必需的基本物质和生活资料；②环境需求，人类在基本需求满足后，为了使自己的身心健康、生活更和谐所需求的条件；③发展需求，基本需求得到满足后，人类为了使生活更充实和进一步向高层次发展所需要的条件。

第四节 海岸带保护管理的基本任务

一、保证健康的海岸带生态环境

海岸带的重要性毋庸置疑，它为人类提供贸易场所、娱乐场所、居住场所。如果对海岸带系统资源的开发利用不采取安全保障的措施，海岸带环境很容易被破坏，也影响人类的生存与生活。所以，维护高质量的海岸带环境成为海岸带环境保护的首要任务。

海岸带包括富饶的河口、遍布沿海的岛屿，以及与其临邻近的海滨陆地、三角洲。这些地区都是人类活动较为频繁的地区，保护这些地区的生境与人类生产生活密切相关。尤其是红树林、海草牧场、沙质海滩、海漫滩等生境。只有对它们进行保护，才能使人们的生活更加健康、社会的经济发展更加进步；相反，如果这些地区受到破坏，将会使物种减少，损害生态平衡，阻碍人类社会的发展。

二、保护海岸带的生物多样性

海岸带的海洋生物资源丰富，存活着许多珍稀物种。为保护海岸带的生态资源的丰富性，应积极采用自然环境保护区、保留地或国家公园等方式，为海洋生物的多样性提供专门的安全与保护措施，这同样是海洋环境保护的重要任务之一。

三、协调海岸带资源及空间的利用关系

海岸带是人类活动的集中区、环境变化的敏感区和生态交错的脆弱带。在城市化的驱动下，人口与经济活动在海岸带空间上快速集聚，由此引发了一系列土地资源利用的冲突问题。在实际的城市建设中必须更新观念，集约用地；在海岸带规划中首先构建土地支撑的区域安全格局；实行刚性与弹性结合的总量控制；空间布局中的功能限定与兼容；辅助沟通、参与、公平、多赢的机制政策。以可持续发展的理念进行统筹和协调，实现海洋环境保护。

四、抵御海岸带自然灾害

由自然过程引发的海岸带侵蚀、台风、潮水泛滥、滑坡等海岸带灾害，可能影响人类的生存发展，甚至破坏所有的开发建设，因此防御自然灾害成为海洋环境保护的重要任务。

五、恢复遭受破坏的海岸带生态环境

我国是世界上海岸带生态系统退化最严重的国家之一，对海岸带生态环境的修复是海岸带环境保护顺利进行的基础和前提。利用对人工河流水系的重新设计、人工鱼礁生物恢复、采用护滩技术和海岸带湿地生物恢复技术等一系列措施，从而使受到破坏的海岸带生态系统逐渐恢复到自然平衡状态。

六、提供海岸带规划和开发指导

要极力避免疏忽而造成的海岸带生态系统和保护地的破坏，海岸带环境保护要求相关经济社会发展规划、开发与保护规划等部门为海岸带管理部门提供专门指导和咨询服务。在基础设施的建设中，要尽可能避免与海岸带环境保护相矛盾的项目。

七、提高全民海岸带环保意识

树立海岸带环境保护的全民意识，对公众采取指导协商的行动，避免政府部门的决定和强制执行的方法；加强对海岸带环境保护的宣传，对公众做好疏通工作，提高公众参与的自觉性。

第五节 海岸带保护管理的主要策略

一、完善海岸带环境保护管理制度

（一）改革海岸带环境管理体制

所谓管理体制，是指一定社会经济与政治制度下的行政管理的组织形态，是关于国家机关、企事业单位或其他组织的机构设置、管理权限划分和工作活动运转机制等的制度。海岸带环境管理体制，即海岸带环境管理行政主体的组织制度和监督管理权限划分及工作运行机制。管理体制的确定是保证海岸带环境保护政策和措施得以顺利有效实施的重要基础。

中国涉及海岸带环境管理的部门和单位较多，这些部门根据自身的需求，在各自的领域中或多或少、或深或浅、或全面或单一地开展针对海岸带环境的管理活动。

2000年4月1日起实施的新《中华人民共和国海洋环境保护法》第五条规定"国家海洋行政主管部门负责海洋环境的监督管理，组织海洋环境的调查、监测、监视、评价和科学研究"。法律中将海洋环境监督管理作为国家海洋行政管理的一项内容，赋予了由国家海洋行政主管部门牵头联合各部门，组织实施跨部门、跨单位的海洋环境监测工作的职责。因此，新形势下的海岸带环境保护工作，应在国家宏观政策和法律法规制度调控下，根据国家资源和环境政策，以及国家安全的需要，结合中国海洋环境保护工作的现状和问题，参考发达国家跨部门建设和运行综合立体海洋环境管理网络的经验，由国家海洋行政主管部门负责，按照统筹规划、统一标准、自愿参加、协商一致、资源共享的原则，构建一个符合中国国情和发展需求的，布局合理、装备先进、功能齐全、全覆盖、立体化、全天候的海岸带环境管理网络。在全国范围内形成中央与地方结合、多部门参与合作的管理体制，将全国所有从事海岸带环境保护活动的机构和个人全部纳入该网络进行规划和管理，扩大海岸带环境保护的有效覆盖范围，增强海岸带环境的服务功能，实现管理有序、资源共享、协调互补。促进海洋环境保护工作的健康协调发展，最大限度地实现海洋环境保护资源的优化配置。

（二）建立健全法律法规体系，推进依法治海

依法治海，把海岸带开发纳入法制化、规范化管理轨道，是促进海岸带可持续发展的保障；海洋资源的可持续利用有赖于健全的海岸带法规和严格的执法管理。近年来，中国在涉及海洋权益、资源开发、海上活动等方面的法律法规建设不断加强，目前已经颁布实施的法律有：维护海洋权益的法律，包括领海与毗连区法、大陆架法、专署经济区法等；海洋资源开发利用管理的法律，包括海域使用法、渔业法、矿产资源法、海上交通安全法等；海洋环境保护方面的法律，包括海洋环境保护法、野生动物保护法、海洋自然保护区管理办法等；区域海洋管理方面的法律，包括海洋管理法、海岛开发与保护管理法等；部分海洋调查、勘测、研究方面的法律，如中外合作海洋科学调查研究管理办法等。

与中国其他海岸带活动领域相比，规范海岸带环境保护活动的法律法规的建立明显滞后。因此，有必要尽快建立健全海岸带环境保护工作规章制度，包括制定海岸带环境保护管理规定、海岸带环境保护资料信息管理

规定等，建立海岸带环境保护机构的资质认证制度、海岸带环境保护人员考核与持证上岗制度、保护质量控制与质量管理制度、海岸带环境保护数据报告制度、海岸带环境保护的有偿服务制度等一系列规章制度，用法律法规约束参与海岸带保护活动的机构和个人，规范管理海岸带保护工作，提高环境保护工作质量和服务能力。可先选择一些重要的河口海湾作为试点，通过"依法治海"，使海岸带环境保护管理工作进一步规范化、法制化，促进海岸带的可持续发展。进行海域环境、资源的评估定价，然后根据市场供求关系，将海岸带的环境和资源价格推向市场，解决海岸带环境资源在公平竞争基础上的合理分配，与完善的地方法律、法规和标准体系相结合，实现资源与环境的有偿使用制度与可持续发展。

（三）制订海岸带环境保护管理规划

海岸带环境保护规划的本质是规范在一定的历史时期开展的海岸带环境保护工作，立足于人力、物力和装备技术，预先做好安排，明确海岸带环境保护的总体发展思路、发展结构、发展阶段目标和措施，以及系统运行机制等，并在一定的发展目标指引下，有计划、分步骤地加以实现。海岸带环境保护规划是海岸带环境保护工作的重要基础和行动方案，制订海岸带环境保护规划有利于海岸带环境保护工作有计划、有目的地进行。坚持规划先行，加强海岸带环境保护，尽快制订海岸带资源总体利用开发和保护规划。合理地开发海岸带资源，实现海岸带资源可持续利用和海洋事业的协调发展。

（四）建立健全海岸带环境监测技术和标准

1. 建立海岸带环境监测指标体系和评价模式

海岸带环境监测指标是可以用于代表一个复杂海岸带生态系统或环境问题关键要素的物理、化学、生物学或社会经济的测量因子，具有清晰的解释和明确的指示意义，并能通过可比的技术方法进行测量。指标体系是实施海岸带环境监测的重要基础。

中国海岸带环境监测指标体系研究与发展比较缓慢。针对海岸带物理要素的监测，设置了用于海浪、潮汐、风暴潮等预报的基本指标；对于污染环境，设计的是主要污染物，包括近年来关注的重要的无机污染物、有机污染物和部分致病菌等指标。从总体上看，选择指标时缺乏充分的依据和深入的研究。在监测向生物、生态监测方向发展的今天，中国对于生态监测的指标研究没有突破性进展。此外，中国目前的评价预测仍然为单要素的和这种简单的统计模式。赤潮、水质等要素的预测预警刚刚起步，生态环境的预测仍较薄弱，缺乏针对性的预测预警产品，更缺乏高精度、高时空分辨率的预测预警业务化模式。发展赤潮、风暴潮、海冰、海浪、水质、水温、盐度、洋流的预报预测评价模式应是当前的重要任务。

2. 完善海岸带环境监测技术标准和规范

海岸带环境监测技术标准和规范是海岸带环境监测业务的技术纲领和指南，随着监测技术手段的不断更新和监测内容的不断拓展，监测技术标准和规范应同步加以更新。应在补充高新技术手段和方法的同时强调对海岸带要素进行监测、分析，补充难降解有机污染物监测、赤潮监测、生物监测、应急监测和功能区监测技术方法。进一步完善中国的海水水质标准、沉积物质量标准、生物残留量标准、入海污染源排放标准、近岸海域卫生标准、典型生态系统健康评价标准等。

3. 优化海岸带环境监测布局和功能

（1）优化监测站位。根据多年的监测和调查研究结果，对现有的监测站位进行优化，重新确定监测站位的时空指示意义和代表性。从海岸带科学发展、监督海域污染趋势、掌握生态环境变化、评估功能使用程度等多方面考虑，结合海岸带功能区划有关划分原则，针对各个功能海域不同的使用功能，设置固定站和监督站，形成点面结合、突出重点、有效监控的布局。

（2）优化监测网络功能。加强由岸基监测站、船舶、海基自动监测站（平台、锚泊浮标、潜标、海床基等）、航天航空遥感组成的全天候、立体化数据采集系统的能力建设，使污染监测、生态监测、灾害监测及海岸带自然环境监测结合为一体，建立错层次、多功能的监测结构，形成由卫星传送、无线传输、地面网络传输等多种技术和专业数据库组成的监测数据传输和监测信息整合系统。

（3）优化监测重点。第一，监测重点向沿岸转移。河口和沿岸海湾，特别是毗邻大工业城市的沿岸，其水质状况最能反映污染源的排污状况，其生物资源多样性和种群及其结构的变化最能反映海岸带污染的严重程度。它也会为修改排放标准和水质标准提供科学依据。因此，海岸带污染监测和研究的重点应当从近海转移到污染比较严重的河口、海湾，如辽东湾、渤海湾、胶州湾、长江口、杭州湾、珠江口等。第二，重视对生物资源影响的监测。重视对海岸带生物资源影响的监测和研究，重点开展以生物学为基础的生物种类监测、以生物响应或效应为基础的生物效应监测、以病虫害与外来种入侵为主的有害生物监测等，同时，开展细菌类和卫生指标监测、赤潮灾害监测等。第三，重视营养盐和有机质的监测。近年来，中国海岸带赤潮频发，主要是海域的富营养化所致。但是，营养盐来自何处，扩散范围多大，何时浓度最高，营养盐中哪种成分与赤潮的发生最有直接关系，等等，这些问题都要求我们重视污染物中营养盐和有机质的监测，并适当增加测站的密度和监测频率。[1]

4. 加强质量监督和管理

监测的主要目的之一是评价海岸带环境的变化，这种变化可能来自海岸带自身，也可能来自采样技术。因此，海岸带环境监测的代表性和真实性决定了评价海岸带变化的可信度。对于海岸带环境监测的代表性，在监测站位和项目的确定中加以控制；对于监测的真实性，主要是通过质量保证加以控制，质量保证主要由质量控制和质量评价两部分组成。

监测中的质量包括样品及其质量、采样方法的质量、分析方法的质量、检测仪器的质量、人员的质量等。质量控制的目的之一是使这些质量参数维持和控制在某一预期的水平上。目前在监测系统中，采取的主要是实验室间的相互校准和实验室内的质量控制，对于现场监测的质量控制、质量等级的确定、数据质量评价及质量控制系统等缺乏深入的研究，从而使监测质量出现许多疑问，也直接影响到监测的真实性。

因此，必须将质量控制与质量保证制度化。要尽快建立监测全程质量控制和质量保证体系，开展监测方案设计质量评价、采样质量保证、现场测量质量控制、实验室分析质量控制与保证、监测数据评价、监测报告质量评价等。

二、加强海岸带科技攻关

海岸带产业总体上讲属于高新技术，海岸带开发的高水平持续发展，取决于科技进步。在组织好海洋科技攻关的同时，要加快海洋科技成果向现实生产力的转化。

（一）加强基础科学研究

目前在业务化的海岸带环境保护工作中所采用的一些分析方法，是已经沿用多年的老方法，很大程度上降低了海岸带保护本身应发挥的作用。

---

[1] 付战勇、马一丁、罗明、陆兆华：《生态保护与修复理论和技术国外研究进展》，《生态学报》2019年第23期。

我们应加强海岸带环境保护基础理论的研究，探讨新的方法和结论，特别是有关海岸带生态环境、海岸带灾害评估、海岸带环境质量动态监测等指标体系、检测分析方法和评估模型的研究和应用等。

（二）推进关键应用技术的开发研究

中国海岸带科技具有一定的优势力量，要通过市场机制和政策引导，把科研队伍组织起来，围绕当前海岸带科技面临的重大问题，组织海岸带科技人员进行科技攻关，有重点地解决海岸带资源开发利用中的关键技术，提高海岸带科技产业化程度和对海岸带环境的保护能力。要开展海岸带资源利用技术研究，特别是加强对养殖容量与优化技术、海岸带环境污染监测技术研究，进一步提高海洋资源可持续利用的能力。同时，积极发展细胞工程、基因工程育种育苗技术、海洋活性物质提取技术，促进海洋养殖业向高新技术产业转化，提高海洋生物的开发深度；进行遥感和自动监测等高新技术的研究，大面、高效、长期、连续获取海岸带环境资料，科学、有针对地分析海岸带生态环境状况。

（三）加速科技成果转化和应用

中国的海岸带环境保护技术在近年内取得较大的进展，但如何将新技术纳入业务化的海岸带环境保护工作之中，需要我们进行认真研究和探讨。近年来，国家科技攻关计划、高技术计划、高技术应用发展计划等均列有海洋环境保护各方面的技术方法和产品开发，而且取得了大量成果。中国的高技术计划中的主题之一是海洋环境监测技术，其重点在于开发监测的高技术产品，包括各种自动探测系统、新型软件系统、快速测量系统等，在"九五"期间已有大批产品试样可以进行推广。中国的科技攻关计划，在"九五"期间完成了"海洋资源环境利用关键技术"，在近岸海域污染监测技术、污染预测技术、突发性海洋环境污损事件应急监测技术及生物学、生化响应监测技术等方面取得了重大突破；在"十五"计划中又开展了海洋环境预报业务化关键技术攻关研究，涉及主要海洋灾害的预报技术及赤潮预测预报技术等。但是通常情况下，这些成果一经结题，并没有迅速转化成为业务化运行的海洋监测技术，在一定程度上造成了浪费，也难以迅速提升海岸带环境保护的技术水平和科技含量。[①]

---

① 李丹：《粤港澳大湾区湿地保护的协同治理法制化——以生态系统功能和服务的提升为目标》，《华南师范大学学报（社会科学版）》2020年第2期。

因此，在推进海岸带环境监测工作发展的同时，需要有一个明确的思路，确定监测技术开发和能力建设的规划，同时确定业务化转化基地，以尽快将已有的成果转化成生产力，形成科研和业务有机结合、科研成果迅速转化进入业务化应用的机制。同时，要建立各种形式的海岸带科技市场，健全科研成果转化的中介机构，提高海岸带科技成果的转化率。

（四）加强国际海岸带科技合作

中国海岸带科技尽管在某些方面已经赶上世界先进水平，但总体来说，同发达国家相比还有相当大的差距。海上调查研究花费巨大，经费问题也一直是制约中国海岸带科技发展的一个重要因素。通过对外交流与合作，我们能够学到外国先进的海岸带管理经验，引进先进的海岸带技术设备，获得大量宝贵的海岸带资料和信息，弥补中国海岸带科技发展的不足。同时，通过对外合作，可以扩大中国在国际上的影响，展示中国海岸带科技发展的成果，增强在世界海岸带界的话语权。

三、推进海岸带信息化建设

海岸带环境监测资料既是海岸带监测工作的重要成果，又是海岸带环境保护、海岸带资源开发和海上活动的出发点和基础。通过实施海岸带信息化工程，加强海岸带资料的开发与共享，充分发挥海岸带资料在海岸带环境保护中的价值。

（一）建立海岸带污染数据库

自1972年中国开始进行海洋污染调查以来，就有"一个数据，一两黄金"之说，即海洋污染调查得到一个数据，就要用去一两黄金对应价格的经费。具有站位、水文、气象等项目的各项数据对海洋环境保护的研究是十分重要的。今后，应当将海岸带污染监测网的所有监测项目的原始数据汇编成册，或建立数据库，变成公益财富，促进海岸带事业的发展。

（二）加强海岸带环境资料使用、共享力度

利用信息化和高技术优势，深化对海岸带环境信息产品加工，加强与国际接轨，使花费了巨大人力、物力和财力获得的资料尽可能得到广泛的使用。制定相应政策，建立资料共享机制，促进海岸带资料的共享。通过有关规定，给予资料提供者一定的优惠条件，让资料的拥有者将手中的资料贡献出来。

四、加强海岸带人才培养

(一) 构建海岸带环境保护专业化队伍

中国目前的海岸带环境保护专业性的队伍存在着专业结构不全、年龄结构偏大、知识结构陈旧和技能结构偏低等问题。目前的人才队伍结构，与海岸带环境保护工作本身具有的专业性强、危险性高和体力消耗大的特殊性质不相匹配，与海岸带环境保护工作当前形势不相适应，也难以适应今后进一步发展的需求。因此，应针对海岸带环境保护工作不同层次业务的需要，根据涉及的物理、化学、生物、生态、地质、评价、信息、环境经济、环境管理、环境规划、自然地理等各学科专业，按照合理的结构比例，重新调整和构建海岸带环境保护专业化队伍。

(二) 制定吸引人才的政策

海岸带环境保护队伍不仅是数据的生产者，也是数据产品的制作者和支持经济建设的服务者。专业队伍的素质决定了海岸带环境保护服务功能的发挥。另外，海岸带环境保护又是非常辛苦、高风险的特殊性工作。因此，通过制定合理人才政策、提高海岸带环境保护人员待遇、建立补助和奖励机制、提供更多发展机会等，引进高级人才，控制人才流失，稳定监测队伍，就很有必要。

(三) 加强人才培养，提高从业者的素质

在积极引进人才的同时，建立有效的人才培养机制。根据环境管理中的问题和工作的发展需要，每年定期对环境保护相关人员进行技术培训和新技术方法的推广。加强多层次海岸带环境保护和管理人才培养，以适应海岸带开发利用和管理不同岗位的需要。广泛普及海岸带知识和基本技能，提高海岸带劳动者的素质。

五、推行海岸带环境保护管理的经济调控手段

（一）调整海岸带产业结构，推动海岸带产业结构优化升级

当前中国海岸带经济发展水平较低，产业结构仍处于低级发展阶段，可持续发展综合协调度还处于较弱水平并且地区差异明显。目前美国、日本等发达国家海洋产业呈现出以第二产业为主体、以第三产业为支柱的高层化结构。因此，在优化区域经济布局，加快海岸带经济结构调整，促进传统产业的技术升级的同时，要积极发展海岸带循环经济；坚持整体推进、突出重点，促进海岸带开发由粗放型向集约型转变；着力构建高效的蓝色产业带和发达的黄金海岸经济带；优化海岸带经济发展的战略布局，结合各区的资源优势和经济发展水平，实施中心区域带动的海岸带综合开发战略，加强区域间资源整合和产业互动，构建分工合理、优势互补、协调发展的海岸带经济新格局。

鼓励各种经济组织在投资兴办海水养殖基地和发展海岸带捕捞业的同时，引进先进生产线，兴建精深加工基地，建立起种苗培育、养殖、产品加工、包装、储运、饲料及供应、产品经销等相互配套、综合经营的"一条龙"体系，以实现海洋第二、第三产业增加值的迅速提高。要大力发展以海洋生物等为资源的海洋工业。例如，以盐卤为原料生产烧碱氯化钾等化工产品，在沿海藻类养殖业发达的地区发展制碘、褐藻胶等化工生产，利用海洋生物发展营养滋补食品开发海洋药物等，并迅速形成规模生产能力，率先占领市场。加快海岸带资源的综合开发和利用，建立海岸带可持续发展的生态产业系统。

（二）加大海岸带环境保护资金投入

海岸带的特殊环境和条件，使一切工作都需要借助适当的载体和手段才能进行。海岸带环境保护、监测装备，如船舶、浮标、平台、岸滨站等的建造需要巨大经费投入。维护这些装备的运转和业务化运行，投入则更大，加上所需的各种保障条件，使海岸带环境保护的开支要比陆地上同类工作的开支高得多。因此，长期的、可持续的资金投入机制是保障海岸带环境保护工作持续健康发展的基础。

开展海岸带环境保护，需要从以下三个方面考虑资金的来源问题：①对于国家和地方公益服务性的保护工作，需要国家和地方财政的支持及

社会团体的捐助；②对于经济支撑性的保护工作，需要与企业或应用部门建立服务和支撑关系，建立有偿服务的机制；③对于国际义务性的保护工作，需要广泛深入地开拓国际市场，争取相关组织的资助。另外，海洋管理部门在实施海洋环境保护法、海域使用管理法等法律法规的过程中，应将有关的收费投入海洋环境和资源保护及整治的过程中。力争在国家层次和地方层次上形成良性的、可持续的资金投入机制，促使海洋环境保护工作进入良性发展的轨道。

（三）进行海岸带排污权交易

海岸带排污权交易的思想来源于科斯定理。科斯定理在环境问题上最典型的应用就是排污权交易。排污权交易是当前受到世界各国普遍关注的环境经济政策之一。海洋排污权交易的法律基础是《中华人民共和国海洋环境保护法》中"国家建立并实施重点海域排污总量控制制度，确定主要污染物排海总量控制指标，并对主要污染源分配排放控制数量"的总量控制制度。针对排污权交易，政府首先应该确定出一定区域内的环境质量目标，并据此评估该区域的环境容量，然后给出污染物的最大允许排放量，并将最大允许排放量分割成若干规定的排放量，即若干排污权，通过不同的方式分配这些权利，如公开竞价拍卖、定价出售或无偿分配等，并通过建立排污权交易市场使这种权利能合法地进行买卖。

六、提高社会公众对海岸带保护的意识

（一）提高公众对海岸带保护和可持续发展的意识

海岸带与人类的生存发展密切相关，保护需要公众的参与和监督。应利用电视、广播和报纸等新闻媒体，加大对海岸带保护法规和政策的宣传，用典型的事实和例子教育公众和引导公众的关心，提高公众的环保意识，从而增强全民保护海洋资源和生态环境的自觉性。

可持续发展是一种全新的发展模式，实现海岸带的可持续发展，当务之急是提高全社会对海岸带保护和可持续发展战略的认识，增强可持续发展观念。海岸带开发过程中出现的种种破坏资源、环境的行为，最根本的原因是没有正确认识海岸带开发与保护的关系，没有树立可持续发展的思想，导致行为的盲目性。大力宣传海岸带资源、环境面临的严峻形势，使全社会充分认识到实施海岸带可持续发展战略的重要意义。不断提高管理

决策者执行可持续发展战略的自觉性，并将其贯彻到各级政府的规划、决策和行动中去。通过宣传提高公众的海洋可持续发展意识和素养，使人们认识到海洋环境和海洋资源是人类赖以生存的重要条件。尤其是在人口不断增长、陆地资源日益枯竭的情况下，如何合理利用海洋资源关系到每个人的切身利益，从长远利益着眼，为子孙后代着想，必须提高全民的海洋资源和海洋环境的保护意识，树立"海洋资源可持续利用"观念。

（二）树立海岸带"绿色 GDP"观念，走可持续发展道路

保护海岸带环境，重视海洋经济的"绿色 GDP"增长。所谓"绿色GDP"，是对现有海洋地区生产总值核算方法进行改革，使过去体现生态、自然、环保等的绿色要素未被统计进去的做法得以纠正。在计算海洋地区生产总值数据的同时，将海洋资源、环境和生态等变化计算出来，由此可以看出人们为实现海洋经济增长而在这些方面付出的代价。

中国科学院可持续发展战略研究所的科学家认为，中国的国内生产总值数字里有相当一部分是靠牺牲后代的机会获得的。1985—2000 年是中国经济的高速增长期，国内生产总值年均增长率为 8.7%。但如果扣除损失成本和生态赤字，即自然和人文部分的虚数，其间中国的"真实国民财富"仅为其名义财富的 78.2%。这种明显差异清楚地说明了国内生产总值在很大程度上是以自然资源的消耗换来高增长速度。这样的经济增长不是可持续的。而调整后的海洋"绿色GDP"与海洋地区生产总值的明显差异，清楚地说明了过去海洋地区生产总值的高速增长在很大程度上是以海洋自然资源消耗来换取的，即有一部分海洋经济增长不是可持续的。海洋"绿色GDP"的核心思想是将海洋自然资源存量与人类活动所造成的海洋自然资源损耗及环境损失，通过评估测算的方法用经济价值量进行计量，并对简单的海洋地区生产总值进行必要的调整和修正。

随着经济的逐年增长，应特别关注海洋的环境质量和环境承载能力，坚持可持续发展的原则，即满足当代人需求且不损害后代人满足其需求能力，满足一个地区或一个国家人群需求又不损害别的地区或国家人群其需求能力的发展。改善社会质量是目的，发展经济是可持续的前提，自然保护是基础。新时期树立新的海洋价值观念，将海洋经济发展由过去只单纯重视海洋地区生产总值增长，发展到现在重视海洋"绿色GDP"增长，推动中国海洋经济由不可持续发展向可持续发展。

练习思考题

1. 海岸带保护管理的概念和内涵是什么？

2. 海岸带保护管理的目标和原则是什么？

3. 简述我国海岸带保护管理的现状和问题。

4. 简述我国海岸带保护管理的主要任务和策略有哪些。

5. 如何完善我国海岸带管理环境保护制度？

6. 推行海岸带环境保护管理的经济调控手段有哪些？

第九章　海岸带综合管理的社会变迁

　　本章学习目的：本章旨在学习海岸带的社会变迁，从沿海地区的人口变迁、海岸带区域发展的历史演进和社会整体结构变迁三条主线进行学习，需要掌握沿海地区人口变迁特征、人口变迁方式和原因，以及不同时期海岸带区域发展的历史演变和沿海地区区域重构形成的原因，为以后的学习打下良好的基础。

　　本章内容提要：社会变迁是指一切社会现象发生变化的动态过程及其结果。在社会学中，社会变迁这一概念比社会发展、社会进化具有更广泛的含义，包括一切方面和各种意义上的变化。人口分布和人口变化是一种极为复杂的社会经济现象，受生产力布局、区域环境、区域经济发展等多种因素的影响。本章分为三节：沿海地区的人口变迁，海岸带区域发展的历史演进，海岸带社会整体结构变迁。

第一节 沿海地区的人口变迁

一、沿海地区人口变迁概述

（一）我国沿海区域划分

按照《中国海洋统计年鉴》给沿海地区下的定义，即有海岸线（大陆岸线和岛屿岸线）的地区。目前我国的沿海地区包括辽宁、天津、河北、山东、江苏、上海、浙江、台湾、福建、广东、海南、广西，香港特别行政区和澳门特别行政区也同属沿海地区。考虑到数据的可得性，本章的研究区域仅涵盖10个省、自治区、直辖市。我国沿海地区大致可划分为三大部分，分别为东北沿海地区、东部沿海地区、南部沿海地区，见表9-1。

表9-1 我国沿海三大区域划分情况

区域名称	沿海省市名称	人口总量/万人	土地面积/平方千米	经济概况
东北沿海地区	辽宁、天津、河北、山东	18127	370000	地理位置优越，交通便捷，科技教育文化事业发达，在对外开放中成绩显著
东部沿海地区	上海、江苏、浙江	13582	210000	现代化起步早，历史上对外经济联系密切，在改革开放的许多领域先行一步，人力资本丰富，发展优势明显
南部沿海地区	福建、广东、海南	12019	330000	毗邻港、澳、台，海外社会资源丰富，对外开放程度高

（二）沿海地区人口规模与人口密度

1952年，占全国土地面积13.5%的沿海地区居住着全国总人口的40.6%；到了1977年，沿海地区人口占全国总人口的比重仍然为40.0%。这表明，25年中沿海地区人口比重的变化不到1个百分点。1978年之后，全国总人口规模和沿海地区总人口规模都在增加，但是前者增加的速度却快于后者。如1991—2010年，全国总人口规模的增加为28.6%，而沿海地区总人口规模的增加为26.3%。尽管如此，沿海地区占全国总人口的比重并没有发生大的改变。这表明，沿海地区和内陆地区人口地域分布的不平衡性仍然存在。

与内陆地区相比，沿海地区人口高度集聚。上海、北京、天津、山东和江苏是人口密度最高的地区，平均每平方千米居住500人以上，除北京以外，其他均为沿海地区。人口密度为每平方千米200～500人的包括辽宁、河北、浙江、福建、广东和海南等6个沿海地区。广西是沿海地区人口密度最少的，但人口密度为每平方千米100～200人。不过，需要说明的是，2000—2020年，由于各地的社会、经济、自然条件的明显差异，沿海地区人口密度的增长速度并不相同，其中广东、福建、上海、广西、天津和河北人口密度的增加水平超过了20%，其主要原因是这些地区的迁入人口总量远远高于其他地区。[1]

（三）沿海地区人口迁移与流动

近年来，沿海地区人口迁移与流动频繁，沿海地区在改革开放后吸引了许多迁移者。由于缺少完整动态的迁移数据，我们选择个别年份来反映沿海地区和全国净迁移率的不同（表10-2）。毋庸置疑，改革开放以来，沿海地区对于迁移者有着巨大的吸引力，这尤其反映在改革初期，如1980年沿海地区平均净迁移率高出全国1.35个千分点。事实上，在现实生活中，沿海地区城市对众多迁移者而言有着更大的吸引力。例如，1993年，深圳、珠海、威海、北海和秦皇岛的净迁移率分别为90.94‰、45.12‰、48.19‰、45.26‰和29.26‰。

表9-2　沿海地区平均净迁移率水平与全国的对比

单位:‰

时间	1978年	1980年	1984年	1987年	1993年
沿海地区	1.95	2.33	1.9	2.8	2.09
全国	1.06	0.98	1.35	2.84	1.43

资料来源：庄亚儿，《中国人口迁移数据集》，中国人口出版社，1995年。

---

① 刘兰：《劳动力区域流动、就业与地区经济协调发展》，《江汉大学学报（社会科学版）》2006年第2期。

除了迁移之外，人口流动也成为改革开放以来我国人口变化的一个特有现象。特别值得注意的是，流动者的流向区域多为沿海经济较发达地区。以深圳为例，自 1979 年以来，该城市的流动人口数量已增加 1600 多倍。1995 年，深圳市流动人口在总人口中的比重高达 71.3%。随着户籍管理的松动及社会、经济等方面的优势，流向沿海地区的人口势必会大幅度增加。[①]

二、沿海地区人口变迁的特征

（一）人口跨区域大规模流动

这不仅表现为人口在沿海各省、区、市范围内的流动，更表现为人口从中部、西部地区向东部沿海地区的大范围流动。

（二）农村人口向城市大规模转移

这不仅表现为沿海地区农村人口就近向城镇转移，也表现为内陆、边远地区农村人口向沿海大中城市转移。

（三）从短期流动向真正意义上的人口迁移转变

在初始阶段，人口流动以短期的外出务工经商为主。随着时间的推移和发展的需要，这种人口流动由短期向常年转变，其中一部分在沿海地区的流动人员在就业地有了比较固定的职业和住所，将转向真正意义上的迁移。

（四）沿海省市流动人口数量相差悬殊

2010—2020 年，广东省省外流动人口的规模位居全国第一，占全国省际流动人口的 35.5%，是排第二位的浙江省的 4 倍。从流动人口省际流动的地区偏好指数来看，省际流动人口对广东省的偏好指数为 6.37，远远超过对其他省、区、市的偏好指数。

（五）迁移流动人口素质总体不高且差异明显

2010—2020 年，广东省、上海市、浙江省流动人口的受教育程度以初

---

① 李袁园：《中国省际人口迁移和区域经济发展研究》，博士学位论文，吉林大学，2013。

中为主，占 45.17%；流动人口平均受教育年限为 9.87 年，略高于初中三年级水平。广东省和浙江省的省内、省外流动人口的文化素质相差比较大，省内流动人口的文化素质总体上高于省外流动人口。从各个受教育程度的人数比例来看，省内流动人口高中及以上文化程度的比例占 41.84%，而省外流动人口只占 21.38%，两者相差 20.46 个百分点。

三、沿海地区人口变迁的原因和变迁的方式

（一）改革开放的大环境是人口大规模迁移流动的前提

20 世纪 80 年代以前，沿海地区人口迁移流动的主要原因是计划性迁移、企业临时用工，以及知识青年"上山下乡"、干部下放、投靠亲友、谋生定居。大规模的人口迁移流动是改革开放以来尤其是 20 世纪 90 年代才出现的。随着市场经济的快速发展，管理体制的变革为人口迁移流动提供了条件，迁移流动人口大量增加已经成为人口发展的显著特征。

（二）区域经济的差异是人口迁移流动的驱动力

人们进行主动迁移的目的是要利用地区之间的各种差异来实现自己利益的最大化。由此可见，地区之间的差异对于潜在人口迁移向实际人口迁移转化具有重要意义。为适应沿海经济建设的需要，国家放宽沿海地区人口迁移流动政策。沿海地区经济发展水平、资源利用程度、社会进步和环境质量程度与内地的差异，是人口趋海移动的主要原因。[①]

1. 从省际差异来看

改革开放以后，东部沿海地区的兴起和发展使其成为我国经济增长的中心，为大量劳动力提供了较多就业机会，产生了较强的吸引力。从中西部地区各省迁往外省的人口看，绝大部分迁往沿海地区，其中增长速度最快的是广东省。这说明随着经济社会的发展，经济保持旺盛活力的地区吸引了大量的外来人口。

2. 从省内差异来看

沿海各省的省内迁移流动是从经济落后的市县迁移到经济发达的市县。经济较为发达的地区成为人口的净迁入地，而经济比较落后的地区则成为

---

① 王桂新、毛新雅、张伊娜：《中国东部地区三大都市圈人口迁移与经济增长极化研究》，《华东师范大学学报（哲学社会科学版）》2006 年第 5 期。

人口净迁出地。

（三）寻找就业机会、寻找较高期望收入是迁移的主要原因

随着改革开放的逐步深入，我国人口迁移原因也发生了显著变化。继20世纪80年代前半期知青和下放干部的返城迁移潮之后，1984年起自发迁移人口开始迅速增加，但1987年前，在跨省迁移人口中，仍以户口迁移及社会原因为主。20世纪80年代后半期，是指向经济特区和支边干部返乡调动为主的自发迁移至东南沿海城市。90年代学习培训、毕业分配和工作调动是户口迁入沿海大中城市的主要原因，入户逐渐成为吸引高层次人才和投资的政策工具。户口迁移占迁移人口的比重虽迅速下降，却仍是迁移者实现定居性迁移，尤其是迁入大中城市，并融入其社会生活的主要途径。以务工经商为主的自发迁移已成为迁移流的主体，且在迁入地的滞留期日趋延长。研究指出，我国地域广阔，相对于农业可利用土地，特别是可耕地资源的人口压力沉重，我国东部、中部、西部三大地带之间及地带内部、省区之间及省区内部的自然和区位条件、经济结构等都有很大差异，导致了就业机会的差异。自20世纪80年代中期可自由迁移流动以来，寻找就业机会是劳动力迁移的首位原因，其次才是寻求较高的收入、较好的工作环境和发挥个人才干的机会。迁移率主要与区域经济发展水平（如人均地区生产总值）、经济结构的差异（如第三产业比重）呈正相关，与迁移距离呈负相关。户口迁移以学习培训、毕业分配、调动工作为主，暂住人口以务工经商为主，均以大中城市为主要迁入地，以省内迁移为主，跨省迁移以地带内为主。远距离迁移主要指向东部沿海地区迁移，并形成不同规模的迁移圈。

（四）变迁者有强烈的个体选择性，并以自组织的链式迁移为主

各种调查和普查资料的分析结果表明，我国的迁移人口有很强的个体选择性，各类组织和机构对人口迁移有重要影响。第一，表现在年轻人、未婚者有更强的迁移倾向，16～40岁是迁移人口的主体。与户籍管理迁移人口相比，女性人口群体的迁移具有明显的自发性。第二，迁移倾向与受教育程度成正比，迁移人口的平均受教育程度高于非迁移人口的，户口迁移人口的又高于自发迁移人口的。第三，关系网络和累积效应使有的地区、有的职业具有更强的迁移倾向，或形成婚姻迁移链。第四，在各种组织形式中，建于移民关系网络基础上的自组织对迁移的影响最大，政府的劳务

交流机构、市场化或半市场化的人才交流中心、职业介绍所等也发挥重要作用。第五，省际人口迁移量及迁移目的地主要受移民关系网络的影响，经济因素只是前提条件而非决定因素。①

四、沿海地区人口变迁产生的影响

1978 年改革开放以来，国家不断对经济资源配置和区域发展政策做出相应调整。在全国综合平衡的指导下，着重形成和发挥各地区优势，尤其是沿海地区优势。国家投资大幅度向沿海地区倾斜，首先开放沿海地区，鼓励沿海地区积极引进国外资金和先进技术，国家从财政、税收、信贷、投资及收入分配方面提供优惠政策，大大加快了沿海地区经济的发展。生产力布局的改变，需要通过资金投入来实现，但是，仅仅有资金、技术和政策扶植还不行，还要有人力资源的配合。沿海地区人力资源的补充，靠自然增长远远不够，所以必然要吸收外来劳动力和人才。根据调查资料，在沿海 11 个省、直辖市、自治区中，居住在本地半年以上而户口在外地的人口有 2664.7 万，这还不包括在沿海不满半年的、没有固定户口的、在国外工作学习的。这近 3000 万的迁移和流动人口对沿海地区优势的形成和发挥有着不可磨灭的贡献。这种空间迁移流动的人口不仅使人力资源本身得到充分利用，而且通过趋海性迁移满足了沿海地区经济发展对各类人才的极大需求，弥补了由于产业结构与就业结构的错位而形成的空缺，促进了沿海地区经济更好、更快的发展。

沿海地区经济优势形成，外来人口做出了一定的贡献。与此同时，沿海地区耕地面积减少，能源、交通、原材料紧张，环境污染加重，社会治安难以管理，外来人口增多也有部分责任。总之，今后沿海地区要充分利用有利条件和相对优势，实现更高水平的发展，率先实现现代化。积极鼓励沿海地区在体制创新、产业升级、扩大开放和人力资源开发等方面继续走在前面，发挥对全国主要是中西部地区的示范、带动和辐射作用。

---

① 王云娜、孙海娟：《从区域经济差异角度看我国的人口流动》，《经济研究导刊》2007 年第 7 期。

第二节　海岸带区域发展的历史演进

一、均衡发展时期沿海地区的经济演变

（一）均衡发展时期沿海地区的经济演变进程

中华人民共和国成立之初，工农业基础相当薄弱，社会生产力水平极端落后，且工业布局极不平衡，工业生产地与原材料地严重错位。从国民经济的综合指标看，1952 年占国土面积 13.5% 的沿海地区的生产总值占全国的 45%。在这种情况下，基于经济发展及国家安全的考虑，1949—1978 年，中国政府地区经济发展和区域经济布局的基本方针是利用计划经济体制集中调动资源的能力，重点投资和开发建设内陆地区。[①]

在"一五"计划期间，工业投资的重点是东北和内地，主要包括包头、太原、兰州、西安、武汉、洛阳、成都等城市，对上海、鞍山、沈阳等城市适当改建、扩建；对南京、济南等非重点建设的大行政都市，在财力允许的情况下给予维修；其他中小城市暂时无力顾及。当时，以苏联帮助建设的 156 个重点项目为主体的 694 个投资 1000 万元以上的工业项目，有 472 个分布在内地，其余分布在沿海地区的 222 个项目又有相当数量在辽宁省。在这种政治环境的影响下，沿海地区投资在沿海与内地投资总和中的比重逐年下降：1953 年为 51%，1954 年为 46%，1955 年为 44%，1956 年为 40%。

这导致以上海为中心的长江三角洲和华北沿海地区的工业作用及其潜力都未能得到发挥，工业增长速度远低于内陆地区。1952—1957 年，全国工业平均增长 15.5%，其中内地为 17.8%，沿海地区为 14.4%。针对这种情况，毛泽东同志在 1956 年《论十大关系》一文中总结："好好地利用和发展沿海工业老底子，可以使我们更有力量来发展和支持内地工业厂。"为此，"二五"计划期间，在保证内地工业大发展的同时，适当加强了对沿海地区的投资，尤其是更新改造投资。1957 年和 1958 年，沿海地区投资在沿海与内地投资总和中的比重由 1956 年的 40% 上升至 43% 和 42%，此后一直

---

① 王力年：《区域经济系统协同发展理论研究》，博士学位论文，东北师范大学，2012。

到 1964 年，沿海地区的比重都在 40% 以上。[①]

　　20 世纪 60 年代，鉴于我国周边形势的严峻，特别是中苏关系的恶化，"三五"计划做出了集中力量建设"三线"战略大后方的决定，重点建设四川、贵州、云南、陕西、甘肃五省和山西南部、湖北西部、湖南西部等地区。在这一阶段，经济建设着重为备战服务，许多沿海重工业企业直接进行了整体搬迁，甚至迁到交通非常不便的地区，沿海地区的经济发展基本处于停滞状态。这种抽肥补瘦的做法抑制了东部沿海地区的发展。"四五"前期，国家区域经济布局仍以战备为中心，但投资偏集于"大三线"的强度有所减缓，而华北地区一些油田的开发，使沿海地区投资开始有所回升。从 1965 年开始，沿海地区投资在沿海与内地投资总和中的比重大幅度下降，由 1964 年的 41% 猛降至 1965 年的 33%，1966 年又降至 28%。此后至 1971 年，始终在 30% 上下。到 1972 年上升到 35%。总体来看，1965—1972 年，沿海地区投资在沿海与内地投资总和中的比重为 31%，内地的比重为 69%。

　　20 世纪 70 年代初，国际环境发生了重大变化，我国对外关系开始改善，提出在重点建设内地战略后方的同时，必须充分发挥和适当发展沿海工业基地的生产能力，沿海一些省份的投资有所回升。沿海地区投资在沿海与内地投资总和中的比重继 1972 年有较大幅度上升后，1973 年开始超过 40%，1974 年为 43%，1975 年达到 47%。从总体看，1973—1978 年沿海地区投资在沿海与内地投资总和中的比重从 1965—1972 年的 31% 上升到 44.4%，内地基本建设投资比重从 69% 下降到 55.6%。"五五"计划时期开始了区域经济发展战略布局由内地向沿海的逐步转移，国家区域战略逐渐过渡到非均衡的发展战略。但是，总体而言，1949—1978 年，在区域均衡发展战略的指导下，政策投入和资源的分配都采取了平均主义的做法，将投资重点放在了内地。

（二）均衡发展思想对我国海岸带地区的影响

　　均衡发展思想是当时国内外大环境的必然产物，对中华人民共和国成立初期的经济、社会的发展产生了一定的作用。由于在内地建立了一批初具规模、行业较为齐全的工业基地，还将一批工厂、科研单位和大专院校向内地进行搬迁，一定程度上缓解了当时生产力布局极端不平衡的状况，基本上改变经济偏向于沿海的畸形格局。据不完全统计，从 1964 年下半年

---

① 田野、马庆国：《沿海三大经济圈产业结构现状与协同发展初探》，《科学学研究》2008 年第 5 期。

到 1965 年，在西南、西北三线部署的大中型项目达 300 余项，由"一线"迁入"三线"的工厂有 49 个；1956 年以来，通过改建、扩建、新建、迁建等方式，国家在两个五年计划期间在西部兴建了 2000 多个大中型骨干企业，形成了 45 个大型生产基地和 30 多个各具特色的新兴工业中心。但是，经过 20 多年的发展，这种忽视效率的"公平优先"的均衡发展战略并没有实现真正的公平。因为，这种在计划经济体制下完全依靠政府的作用来调节生产，欲实现生产力的平衡配置，违背了经济规律，其政策结果不但没有强化内地优势，反而削弱沿海地区的优势。内地投资效率明显低于沿海地区，许多"三线"企业由于交通、基础设施等的限制，并没有得到很好发展，而这一时期东部沿海地区的投资力度又明显不够，最终造成社会公平和经济发展同时受到影响。此外，内地和东部沿海地区的差距依然很大，并没有达到均衡发展的效果。总而言之，在"一五"到"五五"计划期间，我国海岸带地区的发展受政治大环境的影响，且一些工厂和技术人员的转移导致沿海地区区域结构的重构，经济发展滞后。

二、非均衡发展时期沿海地区的经济演变

（一）非均衡发展时期沿海地区的经济演变进程

总结中华人民共和国成立以来经济建设的经验教训，邓小平指出："过去搞平均主义，吃'大锅饭'，实际上是共同落后，共同贫穷，我们就是吃了这个亏。改革首先要打破平均主义，打破'大锅饭'。"在实事求是地分析了我国面临的新的国际形势及三大经济地带存在的内部差异，邓小平提出了"非均衡发展战略"，开始了发展重点的转移。[①]

我国在 1978—1990 年实施了以东部沿海地区为重点的非均衡区域经济发展战略。从"六五"计划开始，我国的区域政策重心开始向东部沿海地区倾斜，并以提高国家经济综合实力、追求经济整体增长效率为目标，形成了以东部沿海地区为主的对外开放格局，以及沿海经济特区—沿海开放城市—沿海经济技术开发区—内地的梯度开放布局。"六五"规划纲要提出积极利用沿海地区的现有基础，带动内地经济进一步发展，继续积极支持和切实帮助少数民族地区发展生产，繁荣经济。在这一期间，国家基本建

---

① 义旭东：《论邓小平的区域非均衡发展战略》，《西华大学学报（哲学社会科学版）》2004年第 3 期。

设投资中沿海地区的比重由"五五"时期的42.2%提高到47.7%，内地则由50%下降到了46.5%。

"七五"规划纲要提出，要加速东部沿海地带的发展，同时把能源、原材料建设的重点放到中部，并积极做好进一步开发西部地带的准备。在这一期间，一些具体的区域经济政策（包括对外开放和投资政策）也相继出台。1979年，中央政府决定率先在广东、福建实行灵活的经济政策，紧接着又设立了4个经济特区，分别为深圳、珠海、厦门和汕头；1984年，中央政府决定进一步开放沿海14个港口城市，分别为大连、秦皇岛、天津、烟台、青岛、连云港、南通、上海、宁波、温州、福州、广州、湛江和北海；1985—1987年，中央政府又划定珠江三角洲、长江三角洲、闽南三角洲地区及山东半岛、辽东半岛为经济开放区；1990年6月，中央政府批准了上海开发浦东新区；1989—1992年，中央政府又批准在厦门、福州成立几个台商投资区。这一时期，中央政府投资进一步向东部沿海地区倾斜，1985—1988年，全国基本建设投资中沿海地区的比重提高到53.2%，内地则进一步下降到39.9%。[①]

这些扩大开放及投资政策的出台，使经济发展的重心又落到了沿海地区，为东部沿海地区的发展创造了极为有利的条件。这一时期，为了寻求更多的就业机会及更好的发展前景，大量内陆及农村人口向沿海地区流动，引发了一阵移民浪潮，引起了沿海地区重要的社会变迁。

（二）非均衡发展思想对海岸带地区发展的影响

1978年以来，非均衡区域经济发展战略是当时我国迫切改变落后状态的必然选择，这一时期主要秉承"效率优先"原则，使沿海地区先发展起来，继而带动内地经济的发展和促进整个国民经济宏观效率的快速提高。

这一战略的实施发挥了沿海地区的比较优势，有力地推动了沿海地区社会经济的快速增长，使其进一步发展成为我国重要的工业基地和对外开放的窗口，加强了中国与世界的联系。1989年5个经济特区的工业总产值达到240亿元，外贸出口值达38.5亿元，占全国出口总额的8.9%；经济特区自产业工业品出口率接近40%，深圳达到58.4%；实际吸引外资累计达42亿元，占全国的1/4以上[②]。

---

① 于刃刚、戴宏伟：《生产要素流动与区域经济一体化的形成及启示》，《世界经济》1999年第6期。

② 周加来、李刚：《区域经济发展差距：新经济地理、要素流动与经济政策团》，《经济理论与经济管理》2008年第9期。

但是，在沿海地区快速发展的同时，我国区域经济发展也出现了新问题，主要表现为区域经济差距的不断扩大。非均衡区域经济发展战略的美好蓝图是在优先发展沿海地区经济之后，带动内地经济共同发展，其最终目标是实现共同富裕。但事实上，沿海地区优先发展并不等于必然能够带动内地经济的发展，而且由于政策倾斜，东部地区各项生产要素集中，更加助推其快速发展，这在一定程度上进一步扩大了东西部地区的差距、沿海与内地的差距。1978 年，东部地区生产总值在国内生产总值中的比重为43.4%，而 1998 年则达到 53.6%；相反，中部地区、西部地区和东北地区生产总值在国内生产总值中的比重则由 1978 年的 21.7%、20.9%、14.1%分别下降至 20.3%、18.4%、7.7%。这种比重的变化说明了东部地区的发展速度远远快于其他地区，反映出区域之间的经济差距在进一步拉大。总之，这种"效率优先"的发展战略没有很好地兼顾公平，造成了两极分化，没有达到共同富裕的目标。

三、区域经济协调发展时期沿海地区的经济演变

（一）区域经济协调发展时期沿海地区的经济演变进程

20 世纪 90 年代中期以来，东部沿海地区与中部、西部地区之间的发展差距进一步拉大，区际差距和区际公平成了社会各界特别是内地省份关注的焦点。围绕解决区际差距，1995 年党的十四届五中全会把"坚持区域经济发展，逐步缩小地区发展差距"作为今后 15 年中国经济和社会发展必须贯彻的一条方针。"九五"计划强调按照市场经济规律、区域内在联系和自然地理的特点，以交通要道和中心城市为依托，逐步形成长江三角洲、环渤海地区、东南沿海地区、西南和华南部分省区、东北地区、中部五省区和西北地区等 7 个跨省区市的经济区域，并就缩小地区差距问题出台了具体措施。

"十五"计划纲要提出"实施西部大开发战略，促进地区经济协调发展"。实施西部大开发战略的目的是进行国家经济结构的战略性调整，加快中西部地区发展，缩小地区差距，促进并深化地区经济协调发展。而"十一五"规划纲要则对促进区域协调发展做了全面的阐述，明确了促进区域协调发展的内涵：根据资源环境承载能力、发展基础和潜力，按照发挥比较优势、加强薄弱环节、享受均等化基本公共服务的要求，逐步形成主体功能定位清晰，东中西良性互动，公共服务和人民生活水平差距趋向缩小

的区域协调发展格局。在这一阶段，我国沿海地区依旧是率先发展，但是更加注重各区域的协调互动，实现公共服务均等化，引导生产要素跨区域合理流动。对沿海地区强大的经济实力、先进的设备及技术要素同内地的劳动力资源、基本原材料等要素进行重构组合，实现优势互补，缩小区域发展差距。

（二）区域经济协调发展战略思想对海岸带地区发展的影响

区域经济协调发展战略与均衡发展思想有着很大的区别。在区域经济均衡发展战略实施过程中，国家一直运用计划经济的方式，采用超强的行政手段对区域经济发展进行直接调控，取得了一定的成效。但是，受制于计划调节的弊端，在特定时期造成了巨大的效率损失。因此，为了实施区域协调发展战略，必须要正确运用市场调节机制和政府宏观调控双重调节手段，按照市场化的要求，加强东西合作，实现区域经济的联动发展。这是我国区域经济发展战略制定与实施必须重点解决的问题。①

协调发展战略并不是要抑制沿海地区发展，而是沿海地区率先发展的同时加强对中西部内陆地区的扶持，加强东西合作，实现区域经济的联动共赢发展。这种统筹兼顾的思想，对于改善当今我国区域经济发展不平衡的现状有所助益。但是必须明确的一点是，区域经济发展不平衡是不可避免的现象，没有绝对的公平。适度的不平衡对一国经济的持续发展是有利的，它能促进不同区域在合理分工的基础上实现优势互补，使资源在各区域间有效流动，从而提高全社会的宏观经济效率。

我国地域广大，各地区资源禀赋千差万别，由区域经济发展不平衡走向区域经济协调发展，必须采取必要的调控措施，建立一定的调节机制。当前，应该按照市场经济的要求，利用市场调节的扩散效应和回波效应，对区域间各种经济和社会资源进行合理配置。一方面必须消除地区间的市场壁垒，建立全国统一的市场体系，实现全国范围内的商品、人员、资金、科技等自由流通，以提高资源配置的合理性和效率，加快我国经济建设步伐。另一方面，也应该看到市场的作用一般倾向于增加而非减少地区间的不平等。如果只由市场力量发挥作用，那么只会加剧市场的"聚集效应"，区际差距将会进一步拉大。所以，必须加强政府对区域经济发展的宏观调控，"中央要有权威"，要有所为、有所不为，通过区域规划和产业政策，

---

① 朱永达、张永贞、刘思峰：《区域经济的协调性》，《农业工程学报》1993年第2期。

促进各经济区域间的合理分工与协调发展。[1]

第三节 海岸带社会整体结构变迁

一、沿海地区区域重构

(一) 沿海地区区域重构概况

从核心地域和与其相邻的外围地域、边缘地域等的空间组合关系看，中国东部沿海地区出现了珠三角地区、长三角地区和京津冀地区三大城市群，辽宁中南部地区、山东半岛地区、福建沿海地区三大城镇密集地区，辽西地区、冀西-冀北地区、冀东南-鲁西、鲁北、淮海地区、浙西南地区、闽西-粤东地区、广西等经济低谷地区。从核心地域、外围地域、边缘地域的经济结构类型来看，沿海地区，除了个别特大城市，其地域类型基本上都是第二产业主导，尤其是长三角地区、珠三角地区和青岛周边地区，这说明中国发达地区的经济驱动力量还主要是工业。内陆地区基本上都是以服务业、采掘业为主，工业驱动较不显著。这反映了中国东部地区的沿海-内陆二元特性。

东部地区的这种区域结构，包括经济结构、空间结构，反映了当前阶段全球层面核心-边缘效应对中国东部地区的作用。就东部地区内部而言，核心-外围-边缘的格局也基本形成，一个重要表现是外围地区的人流流向核心地区，外围地区经济发展增长缓慢。同时，服务业和制造业对于人流的作用更为显著，农业、行政职能则相对较弱。[2]

(二) 沿海地区区域重构概况分析

在全球化、区域化的驱动之下，东部沿海地区城市和区域经济发展进入显著的转型期，许多城市明确提出城市转型的相关战略，如上海的城市转型，阜新等资源型城市转型等。2000年以来这种转型进程加快。与此同时，以批发和零售贸易餐饮业为代表的商贸流通业和生产者服务业则有了显著的提升，这些初步反映了东部地区的去工业化或者后工业化进程。

---

① 杜肯堂、戴士根：《区域经济管理学》，高等教育出版社，2005。
② 朱厚伦：《中国区域经济发展战略》，社会科学文献出版社，2004。

对于东部沿海地区内部各省份而言，2000—2004 年，上海、浙江、广东等经济发展水平较高的地区的工业比重下降非常显著；天津、河北、辽宁、山东、福建、广西的工业比重却在持续上升，反映了其工业化进程情况。从商贸服务流通业来看，除了浙江、福建、广东等市场经济较为发达的地区其就业比重有所下降，其他地区均呈现明显的上升态势。公共管理和社会组织方面，几乎所有地区的就业比重都呈现下降态势。这些都反映近几年东部地区区域重构和功能转型的基本迹象。[①]

综上所述，我国沿海地区的社会重构主要表现在以下三个方面：第一，在空间上，由于社会空间的非均衡性，形成了核心区域、外围区域和边缘区域；第二，在经济结构上，沿海发达地区表现出去工业化或后工业化进程；第三，在人口变迁上，受城乡二元结构的影响，为了寻求更大的发展前景，大量农村、欠发达地区的人口向城市和发达地区转移，形成新一轮的移民人口迁移浪潮。

二、沿海地区区域重构的主要影响因素

（一）经济市场化

在传统的计划经济体制下中国经济发展处于封闭状态，没有自由性。正如在上一节内容中提到的，在均衡区域经济发展战略中，国家为了平衡东部、西部的经济发展，强制性抑制沿海地区的发展进程，在内地则大力发展其工业。这种计划经济违背了经济规律，最终未能达到目标。改革开放后，中国经济体制最根本的改革，就是用社会主义市场经济体制取代原先指令性的计划经济体制。在市场经济的作用下，中国经济尤其是沿海地区的经济得到了高速发展。在市场的调节下，为了适应世界经济的发展趋势，大力发展服务业、高新技术产业等，进入后工业化进程。此外，在市场经济体制下，各生产要素可自由流通，实现资源的优势互补，其中，劳动力的自由流动便是市场经济体制的产物。遵循着市场经济的一般法则，中国在建立市场经济体制过程中也逐渐形成了两类竞争性的劳动力市场，即以技术人员或管理人员为主体的人才市场和以简单体力劳动者为主体的劳务市场。初级劳务市场实际上就是农村的劳动力市场或农民工市场。这些农村劳动力几乎没有专门知识和技能，其最大的优势是价格低廉。中国

---

① 孙翠兰：《区域经济与新时期空间经济发展战略》，中国经济出版社，2006。

在改革开放初期，最先发展的是劳动密集型产业，大量需要的正是这些价格低廉的简单劳动力。此外，中国的城乡二元体制造成了城乡居民较大的收入差距，这是众多中国农民向城镇迁移、从经济落后地区向经济发达地区流动的基本原因之一。关于这一点将在后面的移民浪潮中进行具体阐述。

越到后工业化时期，人的专业化需求就越强。全世界范围内现代服务业的竞争力最强的还是纽约、伦敦、东京等大城市，现代服务业的核心竞争力是知识和信息。城市越大，信息越密集越多样，人与人的交流越频繁。所以，全世界一流的医生、艺术家、设计师，还有律师和金融家大多生活在大城市。同时，在大城市里还有一个好处，就是业务量大，可以积累经验和提高专业水平。在现代服务业里，如医生、教授、设计师和艺术家，经验非常重要，一般干得越多，干得越好。很多大学生毕业以后首先想到留在北京、上海、深圳这样的城市，原因之一就是"机会多"，能够积累经验和获取信息。这也是人力资源流向大城市的重要因素之一。①

（二）全球化

对于一个大国来说，区域间的平衡发展始终是重要的目标。在农业文明时代，由于土地在自然属性上的不可移动性，因此，平衡发展就必须通过人口和财政资源的均匀分布来实现。一直到改革开放之前，中国区域经济布局仍然笼罩在很强的封闭经济和农业文明的色彩之下。

对于中国区域经济发展而言，最近一轮的全球化是一场从未有过的冲击。中国经济重新加入全球制造业分工体系中，中国的工业化和城市化进程均从属于全球化进程。于是，决定中国城市体系的关键要素从不可移动的土地变成了可移动的资本。

在中国，现代经济的发展首先是工业化的发展过程，服务业的发展是近些年才被国家所重视，其滞后于制造业等工业的发展。而要促进一国工业发展，势必要在技术、设备上有所精进，这很重要的一点就是要吸收国外先进的技术、设备、方法等，因此，必须打开国门，加入全球化的进程中，积极面对全球竞争的挑战和全球分工体系的整合。沿海地区作为中国对外开放最早的区域，其优越的地理位置和良好的经济基础起了重要作用。在经济发展的战略选择上，历史上曾经有过所谓"出口导向型"还是"进口替代型"的争论。"进口替代型"战略就是对于国外生产的产品，哪怕自

---

① 董楠楠、钟昌标：《宁波市陆域经济与海域经济协调发展研究》，《海洋开发与管理》2008年第5期。

己国内生产成本高一点也自己生产；"出口导向型"发展战略就是参与国际分工体系，只发展相对有优势的产业。中国有大量的劳动力供给，比较优势就在发展劳动密集型产业。对于中国的区域经济发展和城市体系演化，全球化实际上就是中国从"进口替代型"向"出口导向型"转变的过程。改革开放前后的中国发展道路，就是在用融入全球化和比较优势的发展战略，替代封闭的、不按照比较优势来发展经济的那条道路①。

中国在改革开放以后，尤其是在20世纪90年代中期以后，加入全球化的进程显著加速了，这对于中国经济的区域格局是一个巨大的冲击。在改革开放以前，中国基本上是个前现代经济，农业比重仍然很高，改革开放之初，农业人口占80%左右。再加上当时经济不开放，大量的经济资源通过政府力量往内地布局，其中还有一部分布局在内地的工业是出于战备的考虑。当时搞"大三线"建设，很多人在支援内地建设的过程中从东部迁移到内地。改革开放以后，要加入全球制造业分工体系，客观需要是节省运输成本和发挥集聚效应，要靠近港口，所以，生产要素在地理上的配置重新集中到了接近港口的地方。

在参与全球化的过程中，有两个机制使沿海地区地理区位在经济发展过程中越来越重要。第一，出口导向的制造业布局在靠近港口的地区能够节省运输成本。中国在加入全球化的进程中，要发展出口导向型的制造业，真正有优势的其实就是东部。在全球贸易中，至今为止份额最大的仍然是美国、日本和欧洲三大市场。改革开放以后，中国首先发展起来的是沿海地区，还有沿长江的城市。部分人士指出，中国沿海地区的发展是由于它获得了优惠政策。正如在前文谈到的在非均衡区域经济发展战略和协调发展战略中都提出要优先发展沿海地区，可以说，当时的政策倾斜的确是沿海地区迅速发展的重要原因，但对比均衡区域经济发展战略中抑制沿海地区而大力发展内地的政策，也没有使内地经济得到高速增长，因此，可以说当时所实施的优先发展东部的政策只是适应了中国经济参与全球化的进程。影响区域经济格局的实际上还是市场机制和全球化进程。第二，促使沿海地区特殊的地理区位更为重要的机制就是规模经济和集聚效应。在理解中国区域经济发展和城市格局的时候必须把节省运输成本和规模效应、集聚效应结合起来。中国在20世纪80年代开始搞经济开放，20世纪90年代中期经济开放程度进一步提高，在沿海地区已经形成了完整的制造业体系，再加上规模效应和集聚效应，强化了沿海地区在发展制造业过程中的

---

① 吴航：《经济全球化中的东亚经济一体化研究》，博士学位论文，西北大学，2004。

优势，是其他地区难以比拟的。

（三）移民浪潮

沿海发达地区，在其人口变迁上，受城乡二元结构的影响，大量农村、欠发达地区的人口向沿海发达地区流动，形成移民浪潮，甚至在经济发达的广东、福建、浙江和江苏等南部沿海地区，一些城市新移民人口甚至超过了原居民，出现了引人注目的移民城市。[①]

移民就是人口的大规模迁徙，与人类历史相伴随。移民活动是人类社会变迁的重要内容，既是社会变迁的直接动因，也是社会变迁的重要后果。从历史文献的明确记载来看，中国历史上曾经发生过多次移民浪潮，其中最大的移民运动则是三次南迁大潮，它们分别是源于西晋"八王之乱"的"永嘉南渡"（开始于公元311年）、源于唐中期"安史之乱"的南迁（开始于公元755年）和源于北宋"靖康之难"的南迁（开始于1126年）。从迁徙的人口规模及其社会后果来看，发生于20世纪80年代后的移民浪潮，可能是中国历史上第四次具有深远影响的移民运动。移民有不同的类别，若按移民行为和移民现象的性质来进行分类，可分为工程性移民、灾害性移民、战争性移民、政治性移民和经济性移民。中国历史上三次最大规模的移民运动，主要属于战争和灾难移民。与此不同，改革开放以来的这次移民浪潮，主要是工程移民和经济移民。

始于1978年的改革开放，是中国历史上最重要的社会变迁之一。改革开放以来中国社会的变迁过程不仅是一个经济快速发展的过程，而且是一个包括经济、政治、文化和社会生活在内的整体进步过程。社会领域的重大变迁之一，便是大规模的新一轮移民运动的发生。截至2008年底，离开家乡外出打工的农民工就高达14041万，超过全国总人口的1/10。

这些自愿性的经济移民大体可分为两类。第一类是进入城市经商和开办企业的工商业者。改革开放后，随着从计划经济体制逐渐转向市场经济体制，原先受到遏制的商业贸易得到政府的鼓励，城镇作为商业贸易的集散中心吸引了大批外来的商人、摊贩和企业家。这些人成为改革开放以后最早的城镇新移民。他们在新移民中的人数比例不高，但在加速移民进程中所起的作用极大。第二类是为了增加经济收入而自愿进城打工的农民工，他们不是城镇的长久居住者，而是"流而不迁"的暂时居住者。这部分

---

① 王黎明、关庆锋、冯仁国、郑景云：《全球变化视角下人地系统研究面临的几个问题探讨》，《地理科学》2003年第4期。

"流动移民"的总数到底有多少，并没有统一的口径，但一般认为已超过全国总人口的1/10。

众多的研究表明，改革开放后以农民工进城为主流的新一轮移民浪潮的直接动因，是农民为了增加收入、改善其物质生活条件和社会地位。中国在改革开放初期，最先发展的是劳动密集型产业，大量需要的正是这些价格低廉的简单劳动力。此外，中国的城乡二元体制造成了城乡居民较大的收入差距。可见，市场化条件下农村劳动力的低成本优势仍然极其明显，这是众多中国农民向城镇迁移、从经济落后地区向经济发达地区流动的基本原因之一。

1. 流动人口为流入城市的经济做出了重要贡献

中科院国情研究中心的研究表明，大量农村劳动力进城能够促进我国经济持续高速增长。据世界银行1997年的研究，由于农业劳动力向非农业转移，对改革以来我国经济增长率的贡献大约为1%。大量农村劳动力进城也已成为农民脱贫致富的一个途径。从产业部门看，流动人口拉动了中国市场扩张与产业结构升级。这种拉动可以分为直接拉动和间接拉动。直接拉动是指城市人口增加所带来的消费品市场需求扩张。以2002年城乡消费性支出差距为4217元计算，城市化水平每年提高1个百分点，即有1284万农村居民进入城市，可以拉动538.8亿元的消费品市场，相当于每年为1万个500万销售额的新企业提供市场空间。间接拉动是指由于城市人口增加对城市和区域公共基础设施物品的需求增加。农村人口从进入城市的一刻起，就不断地消耗交通、能源、房地产、上下水管道、绿化、学校、广场、城市安全系统等城市基础设施。根据国家发改委产业司计算，每增加1个城镇人口需基础设施投资6万元（包括国家投资、企业投资和个人投资）。如果每年进入城市人口1284万，可以拉动基础设施投资7700亿元。此外，人口流动拉动的新增市场是一个不断升级的商品和劳务市场，将为新型工业化时期产业结构升级提供相应的市场基础。据测算，流动人口对经济的贡献在3%以上。①

2. 农民工进城后也为整个社会的和谐发展起了一定的促进作用

流动人口中的农村劳动力进城，对于从根本解决长期以来城乡隔绝和不公平、不平等的局面有积极意义。同时，流动人口加速了城乡结构的转化。人口大规模流动实际上是思想观念的流动与融合，是城市文明与乡村文明的升华，同时也促进了意识理念的变化和信息的交流。人口流动对陈

---

① 段成荣、谢东虹、吕利丹：《中国人口的迁移转变》，《人口研究》2019年第2期。

旧的发展和布局观念就是一种冲破。在我国的城市发展政策中，长期以来城市布局和城市发展的均衡论思想受到挑战，以人为本、和谐发展的理念成为追求的目标。流动人口对区域和社会的影响体现在对流入区与流出区两个方面。人口流入数量处于全国前十位的省份主要为沿海新兴工业省份和中西部地区人口大省。在我国主要的人口流入区中，沿海新兴工业化省份表现出了省内迁移和省外迁移人口并重的特征；而中西部少数省份成为人口主要流入区的原因，主要在于省内迁移人口数量较大。① 流动人口对主要流入区区域发展的影响，其积极的主要表现为：推动了流入区的区域经济发展和消费增长，为流入区的产业发展提供了大量的劳动力资源，促进产业效率不断提高。据测算，我国省外流入人口大省，流动人口每年为其创造的第二、三产业产值 1000 亿～6000 亿元。西部地区是中国人口流入第二重要区域。主要原因是：政府启动了大量的工程建设，工程用工大量来自中部和沿海；西部城乡商业贸易的发展，地方居民经商办企业的竞争力不足，大量的商人和中小企业主以及其雇员来自其他区域。但是，西部地区资源环境承载力较低，长期大量迁入人口将不利于西部地区的资源环境保护。

3. 随着流动人口大量进入城市，流动人口与城市社会的融合与冲突问题凸现，公共安全隐患也将愈加复杂和日趋严重

主要表现在以下方面：①公共产品难以满足日益增长的人口的相应需要。各等级规模城市的快速成长，城市资源承受能力普遍不足，环境建设不能满足需要，城市公共产品供不应求，尤其是超大城市承受人口继续膨胀的巨大压力，教育、卫生等设施缺口扩大，公共服务不足现象已经十分严重。②城市社会问题愈加突出。主要表现在城市贫困、治安、社会保障等方面。城市贫困既包括当地城市户籍人口贫困，也包括外来的流动人口贫困。全国总工会 2002 年的一项调查表明：我国东部地区的城市贫困人口占全国城市贫困总人口的 21.9%，中部地区占 52.9%，西部地区占 25.2%；而对于流动人口的社会保障等制度的建设还很薄弱。③城市管理难度增加。流动人口快速增长，打破了原有体制和资源条件的限制。流动人口对城市规划、城市规模结构体系的冲击剧烈，大量流动人口涌入带来了"大城市病"；给城市人口的统计、教育、文化和管理工作带来挑战。比如，人户分离人员增多，管理难度增大。人户分离对人口迁出区、迁入区的管理、建

---

① 张耀军、岑俏：《中国人口空间流动格局与省际流动影响因素研究》，《人口研究》2014 年第 5 期。

设、治安等方面都是不利的。另外，婚育期流动人口比重大，导致流入区人口迅猛增长，并对当地的教育基础设施带来较大挑战。④引发城市快速膨胀和不良郊区化。诸如：城市核心区产业"空心化"，人口消费力下降导致中心城区的深度衰退；教育、医疗卫生等设施布局的重新规划调整，人口郊区化带来的人口分布变动，对教育、医疗卫生等设施建设布局影响很大；道路交通负荷增大，市民通勤成本上升。此外，郊区化难以避免地蚕食城郊绿化带与耕地，破坏人们赖以生存的自然生态环境，而且还会产生环境污染、能源过度浪费等许多发达国家都深受其害的城市问题。⑤对主要流出区的区域发展产生负面影响。第一，大量青壮年劳动力的外流，对流出区农村产业与经济发展不利，特别是具有一定文化基础和技能的人口外流，使流出区失去了良好的创业与从业群体。与此同时，还导致人口流出区老龄化趋势日趋明显，在农村养老保险等社会保障体系还不十分健全的情况下，这将产生一系列社会问题；第二，流动人口家庭的子女教育问题会受到消极影响，并可能对社会构成一定的危害。第三，在我国户籍制度尚没有完全放开的情况下，流动人口中仍然有很大一部分人没有放弃在流出地的居住场所、田地甚至是工作岗位，这对流出地是一种资源浪费。①

综上，中国的东部沿海地区参与经济全球化的程度显著高于其他地区，是农民工的主要迁入地；相反，中西部地区参与经济全球化的程度较低，它们就成为农民工的主要输出地。农民工进入城市后，成为流动人口，这些流动人口对城市的发展既有利也有弊，而且目前城市化进程目前亦在快速发展中，还会有更多的农民工流入城市。因此，为了协调好城市的发展，必须正确对待这些流动人口，处理好其引发的一系列弊端，引导其所带来的社会变迁朝向好的一方面发展。

练习思考题

1. 沿海地区人口变迁的特征是什么？
2. 均衡发展思想对我国海岸带地区发展的影响有哪些？
3. 沿海地区区域重构的主要影响因素有哪些？
4. 沿海地区人口变迁的方式是什么？

---

① 左晓斯、张桂金：《改革开放四十年中国社会变迁大趋势：以广东省为例》，《中国矿业大学学报（社会科学版）》，2018年第6期。

5. 非均衡发展思想和均衡发展思想的区别有哪些?

6. 非均衡发展思想对我国海岸带地区发展的影响有哪些?

7. 试述区域经济协调发展战略思想对海岸带地区发展的影响。

8. 试述全球化对我国经济发展的主要影响。

9. 移民浪潮形成的原因是什么?

10. 流动人口大量进入城市,流动人口与城市社会的融合与冲突问题凸现,公共安全隐患将愈加复杂和日趋严重,其主要表现在哪些方面?

第十章　主要发达国家海岸带综合管理经验

本章学习目的：20世纪90年代以来，在联合国相关组织的倡导下，在世界银行、联合国开发计划署（UNDP）和发达国家对外援助机构的支持和推动下，沿海各国的海岸带管理工作取得了较快的发展。目前已有95个沿海国家在385个地区开展了海岸带综合管理工作。海岸带综合管理在不同的地区发展并不平衡，美洲发展最好，其次是亚洲、欧洲、大洋洲，非洲最差。各大洲实施海岸带综合管理的比例大致如下：北美地区的加拿大、美国和墨西哥三个国家，100%的海岸进行了海岸带综合管理。其他地区，如加勒比海和大西洋岛屿地区为31%；中美洲为57%；南美洲为45%；亚洲为57%；欧洲和北大西洋地区为32%；非洲最低，为13%。本章旨在通过对美国、英国、澳大利亚等发达国家海岸管理模式、运作机构、立法管理等进行分析，掌握其发展的要领，为我国海岸带管理提供借鉴。

本章内容提要：本章分为三节，主要介绍美国海岸带管理、英国海岸带管理和澳大利亚海岸带管理。

第一节　美国海岸带管理

美国是一个海陆兼备的国家,东临大西洋,西濒太平洋,包括阿拉斯加、夏威夷、大西洋的 4 个群岛和太平洋的 9 个群岛在内,海岸线全长22680 千米。在美国 50 个州之中,有 39 个州是沿海州,沿海地区占全国面积的 10%。海岸带为美国带来了巨大的经济价值:在 2007 年,海岸带县的就业人数占全国就业人数的 42%,地区生产总值占国内生产总值的 48%;美国近 80% 的进出口货物通过海港运输;全国 80% 以上的经济是由沿海州支持的;美国 50% 以上的人口和经济活动都发生在沿海县。因此,海岸带管理计划涉及全国一半的经济活动。①

美国是世界上海洋经济最发达的国家之一,也是世界上最早实行海洋管理的国家。早在 20 世纪 30 年代,美国学者就曾提出对延伸到大陆架外部边缘的海洋空间和海洋资源区域采用综合管理方法,把某一特定空间内的资源、海况及人类活动加以统筹考虑。这种管理方法可以看作特殊区域管理的一种发展,即提出把整个海洋或其中的某一重要部分作为一个需要予以关注的特别区域。20 世纪 70 年代后,美国的海岸带地区出现了人口压力大、开发利用程度高,以及生态环境破坏、环境污染、各种冲突加剧等问题。1972 年 10 月 27 日,美国国会颁布了《海岸带管理法》,使海岸带综合管理(integrated coastal zone management,ICZM)作为一种正式的政府活动首先得到实施,标志着美国海岸带管理掀开了新的一页,从此也推动了世界各国 ICZM 的发展。

一、海岸带管理机构

美国的海岸带管理实行的是集中与分散结合的管理体制。海岸带事务管理分布于联邦政府的有关部门,而海上执法集中在一个部门。在国家一级上,美国海洋管理职能分散在多个议会和行政部门中,还没有一个总的部门负责协调和管理全国的海洋工作。海岸带管理,包括规划和实施,都是由各州进行的,在一些情况下是由当地政府进行的。与海洋有关的全部

---

① Zann L. P., "A new (old) approach to inshore resources management in Samoa," *Ocean & Coastal* 42, no. 6 (1999): 569 – 590.

立法权由众议院 12 个常设委员会中的 39 个小组委员会和参议院 10 个常设委员会中的 36 个小组委员会承担；50 多个与海洋事务有关的行政机构，按照各自的职能进行有关的政策研究与规划拟定；总统办公厅也是制定海洋政策的重要机构。3 海里范围之内的海域由沿海各州制定管理规划，实施管理；3～200 海里海域专属经济区由联邦制定规划，由各联邦行政机构执行。

现美国主要的海洋管理机构有商务部国家海洋与大气管理局、运输部美国海岸警备队、内政部、能源部、国务院、国防部、海事管理局等。此外，国家科学基金、环境保护局的水质局、国家航空与航天局、卫生教育与福利部、能源研究与发展局，都以不同方式参与海洋管理工作与活动。

在实施海岸带管理规划和计划中，国家级管理机构的主要职能是监督、调查和协调。例如，每年制定和推行国会批准的规划和计划；国家级管理机构对各州政府所制定执行联邦规划的计划（州一级的计划）进行审查，并提供技术信息和标准、监督和资金，并对涉及海洋保护的部门的职能权力行使及海洋生态与资源危害进行监督、协调与调查。州级和地方级机构具体执行、实施有关计划。

在管理方面，主要分界线是邻接陆地一侧 3 海里之内水域及其海床、底土归各州；3 海里以外归联邦政府管理。在管理权限方面，联邦政府主要控制所有海域的国防、跨州商业贸易、海上交通等事务。而其他事项一般归各州政府。美国各州之间根据其立法，协商划分各自边界线，但是须经联邦政府批准，因为管理海域面积大小与联邦政府管理边界的经费有关。只有符合立法规定，联邦政府才给拨款。目前，美国 39 个沿海州中已有 29 个州申请并获得了国家拨款，在州政府的监督下，环保、渔业、光口、林业、海岸警备队等部门密切配合实施管理规划和计划，从而形成了美国海洋管理机构从上至下，联邦政府的三级机构与行业机构相结合，以政府机构为主导的机构运行机制。

二、海岸带立法与执法管理

（一）立法

1953 年的《外大陆架土地法》和《水下土地法》明确规定了沿海各州对距离海岸 3 海里的领海范围内的水下土地及其资源拥有管理、支配、租赁、开发和利用的权利，联邦政府拥有 3 海里以外大陆架的管辖权和控制权。沿海州的权利应服从联邦政府在领海内的防卫、航行、贸易及外交方面所担负的责任。《海岸带管理法》于 1972 年 10 月由美国国会通过，这是世界上第一部综合性海岸带法，旨在鼓励沿岸各州与联邦政府及私人利益集团合作，以制订领海和毗邻滨陆水土利用的规划。美国在《海岸带管理法》中提出了以下四项国家海岸带管理政策。

（1）保全、保护、开发海岸带资源。随着美国海岸带环境质量的下降，重要的生境，尤其是湿地，以惊人的速度消失，渔业资源量下降。沿岸地区开发在加速，海岸带利用上存在着各种相互竞争的需求，对于迫切需要保护和高度重视的海岸带自然系统，只靠当前州和地方机构对海岸带水陆利用做出规划及管理上的安排是不够的。为了这一代和子孙后代的利益，要保全、保护、开发，并在可能的条件下改善、恢复海岸带资源。①

（2）鼓励和帮助各州制订和实施海岸带管理规划。有效履行其海岸带职责，以便在充分考虑到海岸带生态、文化、历史、美学价值及其经济发展需要的情况下，明智地利用海岸带的水陆资源。

（3）鼓励公众、联邦政府、州和地方政府及地区机构共同参与制订海岸带管理规划。执行这类国家政策是鼓励各州同地区机构合作，其中包括达成州际和区域性协议，制定合作程序，并在特别的环境问题上采取联合行动。为了鼓励各州制订海岸带管理规划，联邦政府提供经济和政策支持。对于那些联邦政府批准的海岸带管理规划，联邦政府将通过补助金予以支持。

（4）所有从事有关海岸带工作的联邦机构，要为实现《海岸带管理法》的宗旨而与州和地方政府及地区机构通力合作，并参与它们的工作。《海岸带管理法》为各州制定管理条例和规划提供了基础。据此，各州还可制定本州的管理条例，如加利福尼亚州和佛罗里达州分别于 1976 年和 1978 年通过了州的海岸带管理法。最初的《海岸带管理法》重点是环境保护，此后该法于 1975 年、1976 年、1978 年、1980 年和 2004 年做了修改。2004 年修正的《海岸带管理法》基本上体现了海岸带资源开发利用和保护管理两方面均衡的原则，最后修订的版本更加突出了海岸带开发在沿海经济建设中的重要性。该法经过多年的实行，在对海洋资源的开发和保护、对减灾和防灾、对港口和码头建设等方面都取得了重大成就；设置了 18 个国家级河口研究养护区，使 26.2 万公顷以上生物生产力较高的河口受到保护；建立

① B. Von Bodungen and R. K. Turner, *Science and Integrated Coastal Management* (Berlin: Dahlem University Press, 2001), p. 378.

和形成了政府间海岸带管理的有效网络，覆盖了全国94%的海岸线上的29个州。

（二）执法管理

美国的海上执法管理由国家专门机构——海岸警备队统一管理，海岸警备队按海区负责执法。海岸警备队是美国海上执法管理的主要机构，也是美国最早组建的海上执法队伍，创建于1790年，1967年划归运输部领导。各海区警备队都配有远程巡航飞机、武装快艇和综合性海岸警备设施，海上执法的主要任务是禁毒、渔业执法管理、环境保护和防止非法移民进出境等。各海区的快艇和飞机日常在海区上巡逻，确保法规和管理条例的实施。

在海岸带管理执法中，有的以联邦政府为主，有的以州政府为主。执法监察一靠先进的设备，二靠管理人员，三靠发动志愿人员监视举报。若发现违法事件，海岸带管理部门负责取证和起诉工作，上交法院。法院依照联邦海岸带管理法和本地区法规等进行审理，依法惩处违法人员或单位。在海岸带日常执法管理上，不同地区行使方式不一样，但主要是多部门的密切合作。例如，有的州聘请州政府警察负责执法检查工作，并配备有快艇和通讯取证设备，还备有手枪，他们在执法过程中首先注重宣传教育，让人们懂得如何遵守有关规定和如何保护海洋环境资源。但对于使环境遭到破坏的事件，法律的执行是很严格的。如在1994年，法拉荣湾保护区内发生的油船溢油事件，法院根据保护区法律，对当事人处以640美元的罚款，而根据州的法律，罚款数额将只能在75美元以下。此案的判决，说明联邦政府对海岸带环境资源的保护是相当重视的，执行法律是决不留情的。

三、海岸带规划管理

为恢复和促进海洋和海岸资源，美国联邦政府授权国家海洋大气局海洋和海岸带资源办公室，通过制订计划实施各项任务。

海岸带管理的目的是保护海岸带资源，减少海岸带地区土地和水使用的冲突。其宗旨是通过开发一些预警系统，减少沿海风暴和海浸对海岸带地区的威胁，保护作为防御风暴的第一道防线沙丘，对影响水质的土地利用进行管理，保证依靠海岸带的产业，合理使用海岸带，使一些不是必须依靠海岸带的工业远离海岸带，解决在海岸带土地使用决策中的机构间的冲突。①

在美国海岸带管理规划中，要求各州政府与联邦和地方政府合作制订和实施针对各自海岸带的管理规划（计划），这一规划是自愿的。目前全美39个沿海州中已有29个参加了，部分是由于联邦政府采取的鼓励措施。这些鼓励措施包括联邦政府为制订和实施规划提供财政资助，并通过联邦的一致性原则规定，承诺联邦政府的行动将与批准的州的规划保持一致。另外，《海岸带管理法》还要求各州的海岸带管理规划中所包含的海岸带政策应是可实施的并适用于州和地方的行动。

美国每年把5500万美元的联邦经费投资到海岸带管理规划上，并由沿海各州提供大量的配套资金。目前已经参加的29个州申请并获得了国家拨款，这些州都设置了海岸带规划办公室并在联邦政府的监督下实施规划管理。

1997年的海岸带管理规划的核心是对海岸带资源开发与保护的发展进行管理，以平衡国家计划下保护与开发之间的关系。主要内容是：以鼓励的方式形成一个跨越国家政府、州政府和地方政府的海岸带政策联盟；处理各种美国海岸带地区地理和管理方面的问题；避免新的国家管理政策干扰现有海岸带综合管理规划的民主参与方法。

进入21世纪，美国的海岸带管理规划集中到诸如沿海灾害（风暴和飓风）、湿地保护、城市滨水区恢复、非点源污染（流入沿海小河、河流及河口的城乡径流）等的管理问题上。

经过多年实践证明，美国海岸带管理规划是行之有效的，其成功之处在于政府间的合作是建立在联邦资助和监督、各州的自愿参与及与各州的计划协调一致的基础上。各州参与此项规划完全是为了资源而不是因为被要求才去做的。各州为满足他们各自需要而制定各种政策。参与制定海岸带政策和管理规划的各州的重视，增强了其责任心。当然，联邦的资助是一个主要动力。可以说，美国海岸带管理规划的制订和实施是建立在合作与能力建设的基础上的。

---

① Susie Westmacott， "Where Should the Focus be in tropical Integrated Coastal Management?" *Coastal Management* 30，no. 1（2002）：67 – 84.

第二节　英国海岸带管理

一、海岸带管理机构

英国海岸带管理主要有国家和地方两级管理。英国政府制订沿海规划、政策方针，为地方当局和其他机构提供沿海政策和规划系统运作方面的指导。地方政府负责制定当地海岸战略和规划，统一协调当地海洋开发与保护、海洋开发中的问题。为了协调各部门之间的行动，英国政府成立了跨部门协调组织——海岸政策部门间小组，以协调和统一有关海岸带的政策，研究属战略一级的海岸政策。[①]

英国海岸带管理机构主要有：下议院环境特别委员会，海岸带指导委员会，海岸线问题常设联合会，环境、运输和地区部，国家自然保护局，海岸带管理常设论坛，朴次茅斯大学海岸带管理机构。此外，还有一些非政府组织和其他机构，如国际自然保护联合会、世界自然基金会、野生生物托拉斯、海洋环境问题论坛、东北大西洋联络组、皇家鸟类保护协会、国家托拉斯和郡野生生物托拉斯等。

二、海岸带区划管理和管理政策

（一）海岸带区划管理

为了合理地利用海岸带土地资源，自 20 世纪 60 年代后期起，英国先后对英格兰、威尔士、苏格兰及北爱尔兰的沿海地区进行了综合调查。在此基础上，有关部门向政府建议将环境优美的未开发海岸地区作为遗产永久留给后代，并将约占未开发地区海岸线总长度的 40%（约 1300 千米）的 42 个海岸带地区规划为保护区，目前已划定了 34 个海岸保护区，大约保护了 1000 千米长的海岸及 81000 平方千米的海岸带地区。英国自 1977 年开始将海岸区划成 44 个区域，逐步建成海岸保护区。英国对海岸地区进行区划管理，确立了建立优先开发和保护地带的各种准则，其目的是保护海岸带、

---

① Ratana Chuenpagdee, Daniel Pauly, "Improving the State of Coastal Areas in the Asia-Pacific Region," *Coastal Management* 32, no. 1 (2004): 3 – 15.

海域环境和资源，以及陆上资源。英国非常注重海洋自然环境保护，将自然保护区分为 8 类：国家公园、国家风景区、自然遗产区、自然风景名胜区、遗产海岸、坏境敏感区、特殊科学意义区、国家自然保护区。

（二）海岸带管理政策

英国于 1993 年夏季出台的《沿海规划的政策指导说明草案》划分出四类与规划有关的海岸：风景优美的未开发海岸，因它们的景观价值及其自然保护利益而基本得到保护；其他未开发海岸区，往往属低地，它们因其高度的自然保护价值而受到保护；可能适合开发的部分海岸区，因其沿海位置重要而留待开发；通常易都市化的但仍含有重大开发价值的海岸线。这些地方的进一步开发，可能有助于改进环境，同时制定了三类政策。[①]

1. 保护政策

景观区和自然保护区都是以特别标识反映出来的。例如，11 个国家公园，有 5 个在沿海区；39 个突出自然景观区，沿海占 21 处。除这些风景标识点之外，大部分海岸也有保护标识。这些保护标识有国际级的，如特别保护区、特别科学兴趣场所，还有列入海洋开发规划的地方标识保护的场区。此外，还有许多被指定为绿化带的沿海区。是河口的那些湿地区，对于排泄、陆地改造非常敏感。在这些区域，需要评定的不光是直接的影响，还包括更广泛的影响。

2. 开发政策

如果当局制定了适用于非沿海区的相应条款，那么由于海岸带仅仅是大多数地方规划领域的一部分，抵制在海岸带开发的政策将得到支持。在规划政策研究中确定的特定开发类型为旅游和娱乐。

3. 风险政策

规划政策指导说明中确定的界限是把海岸侵蚀区和陆地不稳定地区的开发风险降至最低限度，而且只有在进行了有效开发的区域才采取防侵蚀的决定。规划政策给予特别注意的特定区域是那些沿海低地，特别是低于 5 米等高线的那些区域，靠近岸线冲刷区的陆地和沿海区不稳定的陆地。

由于自然过程中作用的规模宏大，并且往往跨越地区或地方当局的界线，各沿海地方在沿海规划方面须采取密切合作的政策，在相邻地区之间需要统一四个问题：①开发可能引起下游污染，损害生境或娱乐资源；

① Rijn L. C. V., "Coastal erosion and control," *Ocean & Coastal Management* 54, no. 12 (2011): 867 - 887.

②某一地区盲目的开发可能降低另一沿海地区的景观价值；③盲目的潮间带的围垦可能会损害和侵蚀自然保护区；④某些港口的海岸堤坝可能会改变泥沙运移路线，加剧海岸侵蚀过程。

三、海岸带立法和执法管理

（一）立法

英国在海域使用管理方面的法律制度还是比较完善的。其特点是，并非依靠一部综合性法规来涵盖并制约各类海洋资源的开发利用行为，而是采用分门别类、缜密且交叉的法规系统来限定开发行为。从级别上划分：涉及200海里专属经济区的海洋权益问题，英国遵守欧共体海域邻接原则，即以中间为界。行业法规、地方性法规及政府各部委发布的法规章程，在英国也被称为次级法规。这些共同构成了英国资源开发管理的法规类别，形成了完整的法规系统，为依法管理海洋资源的开发利用提供了法律保障。

在英国，海岸线不仅是陆地和海洋的分界线，而且是划分海陆管理部门职权的界线，海陆管理机构各负其责，从不跨越海陆之间的分界线进行管理。在英国，许可证和有偿使用制度是海域使用管理的基本制度，并按地理区域和资源种类的不同由不同的机构发放许可证，收取使用费。在英国，调整海域使用活动的主要法规主要有《皇室地产法》《海岸保护法》《大陆架石油规则》等，其中，《海岸保护法》规定，与土地有关，通过开展工程而受益的人员须向当局缴纳海岸保护费，并具体规定了海岸保护费，以及海岸保护费的覆盖范围。

（二）执法管理

英国是近代世界海洋强国，海洋管理部门较多，海上执法队伍比较分散，主要海上执法队伍有四支：皇家海岸警卫队，属交通部下属机构，承担管辖海域的海滩救助，保护各海区的浴场和游泳区的安全与秩序，救助海上失事的飞机，等等；皇家海军，在英国海上执法活动中一直起着重要作用，曾长期领导管理海岸警卫队；皇家救生船协会；其他海上执法机构，负责海洋环境保护、海上交通安全等。就海上执法管理体制来看，英国属于分散管理型。一是国家海上执法队伍并不是集中统一的，二是主管海上执法力量的国家部门不是单一的。

四、管理信息系统

20 世纪 90 年代初，英国研制成功海洋渔业管理信息系统，由地球观测卫星、导航卫星和通信卫星组成，既能指导渔船生产，加强海上生产作业渔船之间的通信联络，还能对非法进入禁渔区的渔船实施监控，防止滥捕，有效地保护渔业资源。[①]

英国已开始利用海洋地理信息系统来掌握海洋环境变化对生物资源的影响。英国的海岸管理体制由输入、信息管理系统和管理战略三部分组成。输入部分包括现存、常规监测或预报资料。为使处理程序易于管理，需要适当编目。对于相对短的海岸，大量的信息可以简便的报告或表格形式提供。研究范围广或比较复杂的可用相应的计算机数据库进行管理和处理资料。在这种情况下，都需提供详尽的沿海特征（形态学、生态学、用途等）、海岸压力（波浪、潮汐等）及海岸的反应（侵蚀、堆积），以用于海岸分类。这就是海岸管理信息系统。该信息系统包括数据库地理信息系统、分析设备和分类系统。关于沿海综合管理系统，已经提出了各种模式。

五、海岸带管理模式

（一）"三维管理模式"

目前，英国将海洋资源的开发活动纳入商业性管理范畴。在宏观上，既要求海洋资源性资产的保值、增值和盈利，又强调资源的可持续利用，注意环境保护和生态平衡。在微观上，坚持开发商的利益与责任对等原则，将有偿使用海洋资源的费用列入开发商的开发成本。海洋资源管理模式是松散型多头共管。以海洋资源产权界定清晰为基础，用经济杠杆调整和制约各类开发行为，再用健全的法律体系来保障管理行为，辅之以政府职能部门之间的协调原则的"三维管理模式"，英国有限的海洋资源得到了合理、有序的开发利用。[②]

---

① 严恺、周家苞：《中国海岸带开发利用中的问题和对策》，《水利学报》1991 年第 4 期。

② 朱坚真、杨义勇：《我国海岸带综合管理政策目标初探》，《海洋环境科学》，2012 年第 5 期。

（二）行政措施

在海岸带管理方面，英国主要是通过规划、公众参与进行协调；通过制定方针、政策、海洋经济发展目标，以及各种标准，引导或影响各海洋产业实现国家的目标；为确保海洋产业稳定、安全、协调的发展，为海洋产业提供大量服务，包括加强有关海洋科学技术的研究、提供预报等。

英国从20世纪50年代起的"突出自然景观区"的界定和20世纪70年代初期的"遗产海岸"概念的引进，使原始的单纯保护转为重要环境区域的开发保护。号称世界第二大天然港口的普尔海港，是一个繁忙的商港和横渡海峡的轮渡港，是一个拥有6000艘游艇的基地，是一个被指定为特别科学兴趣场所的国际上重要的湿地区。按照Ramsar的提议需要进一步予以保护，是计划中的特别保护区。其高度开发的北部海滨与已经证明有成为欧洲最大近岸油田可能的港口南部海岸的无人居住"荒地"特征形成鲜明对照。不寻常的是，该港区（作业之外）虽然属于地方当局的计划管理，但他们拥有的权力不足以解决商业利益、娱乐利益和环境利益之间的矛盾。为此，郡自治会与区自治会和有特权的自治城市自治会、港口专员、NRA、英国自然组织和非法定组织合作制订了一项可供接受的管理计划。经1991年考察修订，通过分区制政策和管理，这项计划现在不仅包括海港滨岸区，还包括海域本身。虽然普尔港管理计划是相对小的区域制订的，但是却为更广泛的应用和具有开发潜力的海岸带管理提供了一个有意义的模式。

第三节　澳大利亚海岸带管理

澳大利亚位于大洋洲西南，由澳大利亚大陆、塔斯马尼亚岛等岛屿组成。它北临帝汶海和阿拉佛拉海，东濒珊瑚海和塔斯曼海，西部和南部由印度洋环抱。海岸线总长37500千米，海域面积1100万平方千米，大陆架面积590万平方千米，200海里专属经济区面积890万平方千米。澳大利亚对12海里以内海域拥有主权，有直接管辖权的海域可达1600万平方千米，是澳大利亚大陆陆地面积的2倍多。这不仅为澳大利亚的海洋科学研究和海洋开发利用提供浩瀚广袤的空间和资源，也为海洋和海岸带的管理带来新的机遇和挑战。①

---

① 约翰 R. 克拉克：《海岸带管理手册》，吴克勤，杨德全，盖明举译，海洋出版社，2000。

一、管理机构

澳大利亚的海洋和海岸带综合管理的事务涉及宪法赋予权力的管理体制和根据承担任务的性质而设立的管理机构。

（一）管理体制

澳大利亚在海洋和海岸带管理方面的行政安排依据两个基本因素：一是宪法规定的职责分工，即联邦政府和州政府之间的权力分工，这是最基本的，也是最重要的；二是所规定的一系列政府间协议，这些协议通过行政安排补充，延伸了管辖权的问题，或使之付诸实施。海洋和海岸带管理涉及联邦政府、州政府和地方政府三级政府。联邦政府拥有有限的与海洋和海岸带管理有关的特定权力，如只有联邦政府拥有唯一签订国际条约的权力，并对州政府行使的权力有巨大影响力；州政府负责实施大部分的海岸带政策，并对其下的地方政府起监督作用；地方政府负责管理土地利用规划、开发项目审批及沿岸土地的养护和港口控制，并在溢油、减灾和污染治理方面发挥重要作用。通常这三级政府并不存在纵向领导关系，但是它们之间有较为密切的协作，形成自己的一套海洋管理体制。①

1. 联邦政府

近年来，联邦政府宣布澳大利亚 200 海里专属经济区及批准《联合国海洋法公约》的行动，极大地加强了联邦各大海洋机构间的协作。外交、国防、海关、移民等有关海洋和海岸带管理方面的事务，均由联邦政府统一管理，并负责管理 3 海里以外的海域，以及立法和有关管理。

2. 州政府

澳大利亚联邦由 6 个州和 2 个地区组成，其中，新南威尔士州、维多利亚州、西澳大利亚州、南澳大利亚州、昆士兰州、塔斯马尼亚州、北部地区等位于沿海区域。各州和地区政府对海洋和海岸带管理负有重大的责任，对 3 海里以内的海域及联邦政府统一管理以外的海域负有职责。现有的负责协调州一级海岸带管理的体制有其局限性，致使人们普遍感到不满，这种现状加速了各州对海洋和海岸带管理进行重大改革的进程。澳大利亚州各州和地区在检查现有的法规、政策和具体做法后，都宣布了海岸带政策和

---

① GIBSON J. , "Integrated coastal zone management law in the European Union," *Constal Management* 131 （2003）：127 – 136.

策略，并根据近海问题的宪法解决办法，各州都获得对其毗邻的 3 海里领海的海底的权力，以及其管辖海域内享有的立法权。

3. 地方政府

作为澳大利亚联邦的第三级政府，地方政府在海洋和海岸带管理方面发挥着重要的但常常被忽略的作用。其主要职责是负责管理土地利用规划、开发项目审批，以及沿岸土地的养护和控制港口，并在溢油减灾和污染治理方面发挥重要作用。

（二）管理机构

目前，澳大利亚在海洋和海岸带管理方面的机构基本上集中在联邦政府和州政府、大学和学术界及企业界等三大系统内。联邦和州一级的典型管理机构主要有澳大利亚联邦工业与资源部海洋研究所、工业与资源部渔业研究所、澳大利亚海洋资料中心、海岸监视局；大学和学术界的机构约 10 个，主要有悉尼大学海洋机构研究中心、北部湾渔业研究委员会等，它们承担着海洋和海岸带的教学研究及咨询培训工作；企业界的机构是重要组成部分，有大堡礁海洋公园管理局、东海岸金枪鱼管理咨询委员会等，它们鼓励并支持在相关政府机构、产业团体之内或者之间的协调。①

二、管理政策

（一）联邦政府的管理政策

1.《近海问题的宪法解决办法》

这涉及海上油气、海底其他矿产资源、海洋渔业、大堡礁海洋公园、其他海洋公园、历史性沉船、船舶污染、海运和航海、海上犯罪等领域，包括联邦一系列与海洋资源管理有关的政策。

2.《澳大利亚政府间环境协定》

该协定负责保护海洋环境、河口和淡水的质量及与有害废物有关的环境影响，并同意在环境决策中采用与海洋和海岸带管理有直接关系的预防原则。对涉及财务问题的条款，其规定"联邦和州将负责实现和维护商定

---

① Wescott G. "The long and winding road: the development of a comprehensive adequate and representative system of highly protected marine protected areas in victoria, Australia," *Ocean & Constal Management* 49, no. 12 (2006): 905–922.

的国家标准或目标，并在各自的管辖范围内遵循国家指导方针"。

3. 生态可持续发展的原则

生态可持续发展是澳大利亚海岸带行动计划建议的基础之一。由州和联邦一级官员组成的一个与海岸带管理有利害关系的小组，把生态可持续发展用于海岸带管理工作中，促进了澳大利亚政府与不同机构间的联系。

4. 联邦海岸政策

首次提出了联邦政府在海岸带管理上的作用和职能，其中"海岸带行动计划"是海岸带综合管理办法中的关键因素，确认了澳大利亚海岸带管理的基本内容，提高了政府内部或政府之间对海岸带一体化管理的水平，并提出为实施该计划而制定的海岸带管理配套措施：制定海岸带保护计划，组建全国海岸带咨询委员会，成立联邦政府间技术协调委员会，建立海岸带网。

（二）州政府或地区的管理政策

州政府一级管理政策包括新南威尔士州、塔斯马尼亚州、维多利亚州等各州的海岸带政策，维多利亚州海岸带战略，南澳大利亚州海洋和河口战略等。澳大利亚各州政府和北部地区对海洋和海岸带管理承担着重大责任，因此实施各项管理政策对各海区综合管理计划和行动是很重要的。[1]

三、立法和执法管理

（一）国际法框架

澳大利亚被海洋所环抱，所以十分重视海洋立法和执法管理。目前，澳大利亚的海洋和海岸带管理的法律体制，是依据国际法和澳大利亚宪法建立的。1994 年，澳大利亚批准了《联合国海洋法公约》，并首次宣布了毗连区和专属经济区。缔结《联合国海洋公约》后，澳大利亚重新审议基线、领海、毗连区、专属经济区及大陆架。[2]

---

① 郭振仁：《海岸带空间规划与综合管理——面向潜在问题的创新方法》，科学出版社，2013。

② 罗伯特·凯、杰奎琳·奥德：《海岸带规划与管理（第二版）》，高健、张效莉等译，上海财经大学出版社，2010。

（二） 宪法框架

1979 年，澳大利亚联邦政府通过联邦、州际地区之间共享近海资源、共同分担行政管理责任来满足各州和北部地区利益的方法及《近海问题的宪法解决办法》。为此，联邦政府颁布了 14 项单独法规，其中，《1980 年沿海水域法（州所有权）》把州的立法管辖范围延伸到某些近海区域，即把有关沿海水域中的所有活动及沿海水域外的立法管辖权授予各州。

《近海问题的宪法解决办法》不仅保证澳大利亚各州和北部地区对其近海区域拥有某种形式的主权和管辖权，而且确保了澳大利亚的近海管理将继续采取一种联邦合作的做法。《近海问题的宪法解决方法》包含油气、海底其他矿物、渔业、大堡礁海洋公园、海运和航海等海洋资源管理方面的一系列支配联邦与州之间关系的议定安排，以及支配这些领域的联邦法规的修正，以确保议定的安排不会失效。例如，《1987 年海洋设施法》是在《近海问题的宪法解决方法》框架内制定的，该法使州机构在 3 海里界线以外实施联邦法规，并负责管理低潮线至 3 海里以内的活动。1992 年，联邦政府颁布《国家生态可持续发展战略》，确立了生态可持续发展原则，成为后来制定海岸带和海洋法律政策的基石。1998 年，联邦政府颁布《澳大利亚海洋政策》，由海洋政策和具体的部门实施两部分组成，涉及约 20 个领域，包括养护海洋生物多样性、航运、海洋污染、渔业和海事执法等。目前，澳大利亚已建立比较健全的海岸带和海洋法律体系，有 600 余部与海洋有关的法律，使海岸带管理有法可依。习惯法上承认国际海洋法的许多条款，并履行《联合国海洋法公约》。在法律制定中，联邦政府十分重视海岸带的生物多样性保护，在海岸带生态环境保护领域进行专门立法，保护物种的栖息地。例如，1999 年制定的《环境与生物多样性保护案》与 2000 年制定的《环境与生物多样性保护规则》，法案中规定了为减少生物面临的威胁所要采取的措施，以及支持物种恢复直到可以从该法案受威胁物种名录中删去，保护了受威胁的洄游海洋生物。

（三） 州或地区的海岸带管理法规

为更好地实施海洋和海岸带管理，澳大利亚各州或地区就不同的问题制定了滨海保护、海岸湿地、河口污染、浅海滩采矿及港口等海岸带管理方面的有关法规。

（四）监视和执法管理

目前，对澳大利亚海域的警戒，由海岸观察组织基于伙伴关系和共担责任的原则分配任务。海岸观察组织还负责管理和协调民用海岸和海上监视规划的实施。通过该组织，联邦政府将一些竞争性的部门要求作为监测和执法的重点。在渔业监测和执法方面，各州和北方地区也具有某些管辖权和能力。海岸观察组织通过使用签约的民用飞行器、澳大利亚防御力量的巡逻艇及海关船队的沿海船只进行海上监视和执法任务。此外，在澳大利亚周围还有许多小型船队，用于各种目的的监视和执法。

四、计划和区划管理

（一）计划管理

20 世纪 60 年代以来，海岸侵蚀、污染和生境丧失等问题越发严重，各州从 20 世纪 70 年代开始就制订海岸带管理计划。到 20 世纪 80 年代末，除了塔斯马尼亚州和北部地区，其余各州都相继制订了海岸带管理计划。目前，各州的海岸带管理计划是在海岸带的陆地部分和离岸 3 海里的海域实施。联邦政府在 20 世纪 90 年代相继制订了《联邦海岸带行动计划》《2000 年海洋拯救计划》《海洋综合规划》和《海洋科学技术发展规划》。①

（二）区划管理

在进行计划管理的同时，还实施了海洋区域和海洋保护区建立等方面的管理。

1. 海洋区域

目前澳大利亚在其大陆和塔斯马尼亚州周围 200 米等深线的中尺度范围内确认了 60 个区域。这些区域大至 24000 平方千米，小至 3000～5000 平方千米。这是一种以生态系统为基础的海洋水域分类法，为海洋生态规划提供了大框架，有助于各区域和整个区域的决策；利用有关海底和上覆水域的生物、物理及化学变化的资料信息，对 100～1000 平方千米（中尺度）和 1000 平方千米以上（大尺度）的海域进行描述，有助于对海洋环境变化

---

① 王东宇、刘泉、王忠杰、高飞：《国际海岸带规划管制研究与山东半岛的实践》，《城市规划》2005 年第 12 期。

的认识和了解，能在不同空间尺度做出重点投入的规划决策。

2. 国家海洋保护区系统

目前正致力于专属经济区内建立海洋保护区的重点区域，以管理可能影响海洋环境的人类活动，以节制的方式利用海洋，从确保最低限度干扰海域的管理转变为适应与保护目标一致的多种利用海域的管理。

五、建立海岸带管理和研究机构，协调冲突矛盾

（一）海岸带管理机构

1998 年的《澳大利亚海洋政策》决定，联邦有关部门（包括环境、渔业、旅游业部门等）部长组成国家海洋部长级委员会，其主要任务是监督区域的海岸带综合管理政策措施执行情况，海洋管理委员会、国家海洋咨询小组都要对其负责。国家海洋部长级委员会每年都要向总理汇报海洋管理的目标和进展情况。由于政策变化，2005 年国家海洋部长级委员会解体，海岸带及海洋事务归并到自然资源部长委员会。自然资源部长委员会成立于 2001 年，由工业、科学和资源部，农业、渔业和林业部，环境部，墨累－达令盆地水资源委员会组成，形成了澳大利亚自然资源的管理体系。将海岸带和海洋事务归并到自然资源部长委员会能够有效协调与海岸带有关部门的冲突矛盾，有利于海岸带的统筹管理。2006 年，自然资源管理部长委员会发布《综合海岸带管理国家协作途径——框架与执行计划》，重点开展流域－海岸－海洋交叉集成、陆地和海洋的海洋污染源、海岸带与气候变化、海岸带有害动植物、人口变化与海岸带、海岸带环境与经济长期监测等方面的研究。将流域－海岸－海洋视为一个交叉连续的生态统一体，对于澳大利亚此后开展基于生态系统的管理具有重要意义。州政府也成立海岸带管理机构来加强对海岸带的管理，如维多利亚州政府就设立了"维多利亚公园"。维多利亚公园是一个法定机构，负责管理 70% 的维多利亚海岸线和维多利亚海洋保护区，根据《2018 维多利亚公园法案》创建，根据能源、环境和气候变化部长任命的委员会管理，向部长报告。维多利亚公园的规划框架包括 10 年的战略计划、3 年的事务计划和每年的商业计划和预算，在政府的领导下与社区、企业和个人合作。①

---

① VICTORIA P., "Parks Victoria Corporate Plan 2018—21," 2018.

（二）海岸带科技研究机构

澳大利亚政府建立海岸带综合管理的调查研究机构，如澳大利亚海洋科学研究所、澳大利亚地质调查组织、资源科学局等，有利于迅速获得海岸带的信息，为海岸带管理提供科学的方法和依据。目前，海洋管理委员会下属的海洋科学委员会致力于发展澳大利亚的高质量海洋科学和蓝色经济，承担国家海洋科技计划的制订，在2015年8月11日发布了国家海洋科学计划（2015年—2025年）。① 海洋科学委员会为研究机构、大学、澳大利亚政府部门、州政府和更广泛的澳大利亚海洋科学共同体提供协调和信息共享。海洋科学委员会由29个在澳大利亚进行海洋研究的组织代表及国家海洋科学企业的利益相关者（如能源公司、港口当局、旅游经营者、商业和娱乐渔民等）组成，旨在确保海洋科学有助于解决澳大利亚作为海洋国家面临的"重大挑战"，通过整合社会和经济因素的前沿研究，完成工业、政府和社会利益相关者所要求的时间与空间组合，向国家海洋科学共同体提供有关计划和其他有关事项的更新及新闻项目，国家海洋科学委员会每季度举行一次会议，会议结果在官方网站公布。

六、澳大利亚大堡礁：多样化利用的管理

（一）背景

大堡礁海洋公园管理局是一个独立的法定实体，负责澳大利亚大堡礁的管理。海洋公园沿澳大利亚东北海岸线占地约62万平方千米，拥有2900个礁群和大约1000个岛屿，构成地球上最多样化生态系统之一。旅游业是获利最丰的商业活动，目前有24个岛礁已全部或部分开展旅游。与旅游有关的岛礁活动有潜水、鱼钓和划船，还支撑着许多产业，包括历史悠久的捕捞业、东海岸航运业等。

（二）问题

在20世纪60年代末到70年代初，对大堡礁利用强度的变化已引起广泛社会关注。今天有关珊瑚礁的商业活动已将人类利用扩大到所有的珊瑚礁，游客每年超220万人。现代渔猎活动包括游乐鱼钓、叉鱼、拾贝、捕捞

---

① 袁蓓：《澳大利亚海洋科技计划比较分析》，《全球科技经济瞭望》2019年第2期。

观赏鱼类、拖网等网具捕捞、延绳钓等。2021 年，仅商业性捕捞业的年产值就达到 1.59 亿澳元，直接雇用人员超 4000 人。这种持续增长利用的形势引起公众的关注，如果不采取保护措施，澳大利业最大的财富之一，世界上最大的珊瑚礁——大堡礁可能迅速退化。

（三）解决办法

1975 年联邦政府宣布大堡礁为海洋公园，包括整个大堡礁生态系统。确立多样化利用的保护机制是海洋公园的一大特色。授权独立的法定管理局管理整个大堡礁区，事实证明，这是大堡礁海洋公园取得成功的关键因素。

大堡礁海洋公园是根据联邦会议法案成立的，它覆盖大堡礁及其沿岸水域。议会法案特殊的一点是，它规定了海洋公园的管理责任人由 1 名常务主席、1 名昆士兰州代表和 1 名具有科学背景的指定人员组成，并且规定正式的区划系统的决策要有广泛的公众参与，为管理局的行政决策提供反映意见的体制。

海洋公园有利于多样化利用，而多样化利用的管理则与自然保护的规定保持一致。议会法案还禁止在海洋公园钻探石油和采矿，因为这两种活动对珊瑚礁构成了太大的危害。其他大量活动的管理有极复杂的平衡法规。① 区划计划为法制机构提供了具体内容。区划计划形成了包括下列内容的管理框架：

（1）作为动植物庇护所和科研示范区，建立保护生境的典型区。

（2）保护受到人类活动威胁的关键生境和物种。

（3）对新的利用活动开展环境影响评价，针对利用程度高且敏感的场地制订的详尽管理计划，并制订受威胁物种的保护策略。

大堡礁海洋公园管理局采取的管理办法之所以成功，是因为得到昆士兰州州政府的支持。昆士兰州政府规定：覆盖本州潮间带水域的海洋公园及按管理协议管辖的岛屿公园，均在管理局管辖范围。尽管管理局自身的业务经费主要由联邦政府拨款，但是公园的日常管理经费则由联邦政府和州政府公平分摊。

公众参与是海洋公园的基石。按照法律正式任命的咨询委员会，负责向管理局和联邦与州责任部提供咨询。法律还规定，管理局区划计划的制

---

① Wescott G., "Reforming coastal management to improvecommunity participation and intcgration in Vietoria: Australia," *Coastal Management* 26, no. 1 (1998): 3 – 15.

订要征询公众的意见，例如，在适当时机可以成立专家咨询委员会，就有关监测和研究计划提供咨询。

练习思考题

1. 英国海岸带管理模式分为几种？具体模式是什么？

2. 澳大利亚海岸带管理机构有哪些？

3. 发达海洋国家的海岸带管理经验很充足，是否就意味着我们可以照抄发达国家的管理经验？

4. 美国在《海岸带管理法》中提出了四项国家海岸带管理政策，是什么？

5. 美国在海岸带管理方面主要集中在哪些方面？优先进行的是什么？

6. 英国海岸带管理机构主要有哪几个？

7. 澳大利亚与英国在海岸带管理立法方面的侧重点有何不同？为什么？

8. 澳大利亚区划管理的成效有哪些？

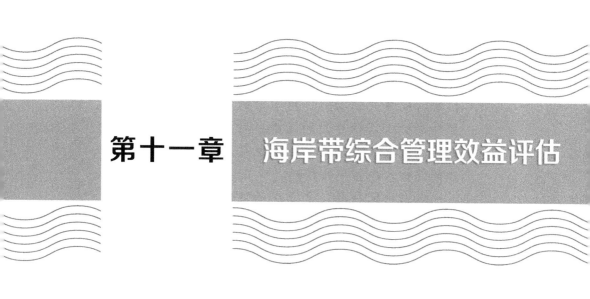

第十一章　海岸带综合管理效益评估

本章学习目的：海岸带集海域和陆域的要素资源于一体，为沿海经济的快速发展提供了坚实的基础。随着沿海经济的发展，海岸带面临的问题愈加复杂，资源利用的冲突也日益明显。为了实现海岸带的持续合理利用，须对海岸带的开发活动进行效益评估。盲目的海岸带经济活动只会破坏生态环境，使经济发展失去动力。对本章的学习是为了深入了解和分析海岸带开发的活动，对海岸带活动的经济效益、生态环境效益及社会效益进行评估，掌握相应的评估方法和评估指标。

本章内容提要：本章分为四节，第一节对海岸带经济活动进行概括，第二节是用市场价值法、机会成本法、影子价格法、能值分析法等方法，以及综合考虑海岸带的保护面积，植被覆盖率，生产、生活有害气体、粉尘、废物处理率，"三废"的综合利用效果等指标对海岸带生态与环境等效益进行综合评估。第三节是运用对比分析法、逻辑框架法、综合评估法等方法，以及综合考虑海岸带能源利用效率、海岸带区域社会劳动生产率、海岸带经济的带动率等指标对海岸带社会效益进行综合评估。

第一节 海岸带经济活动概述

一、海岸带发展地位

海岸带是人类赖以生存发展的重要的居住地和经济资源开发利用强度非常大的区域。海岸带的定义因研究目的不同，有很大的差异，从管理实践的角度来看，可以定义为一条仅有几百米宽的陆海相互作用区，也可以定义为宽到几十千米的陆海相互作用区，甚至从海淡水分水岭的内陆区域到国家管辖的外海海域。

中国拥有 18000 多千米的大陆海岸线、21770 平方千米的海涂、6500 多个岛屿和 140000 平方千米可供养殖的浅水（15 米等深线）等海洋国土资源。从改革开放以来，经过 40 多年高速发展，沿海地区已形成 3 个中国经济最发达的经济圈和城市群。海岸带聚集着山水林田湖草生命共同体的几乎所有重要生态系统类型，是科学协调发展与保护关系的战略要地，[①] 既要承载"从山顶到海洋"经济社会发展的资源供给需求，又要消纳人为活动带来的生态环境压力，还要防范和抵御来自海洋和陆域的各类生态灾害和环境风险。自党的十八大以来，中国经济发展步入新常态，海洋经济呈现稳中有进的发展态势。全国海洋生产总值年均增速达到 7.4%（2012—2017年），高于同期国民经济增速 0.2 个百分点。其中，2017 年沿海地区海洋生产总值达到 7.8 万亿元，比 2016 年增长 6.9%，海洋生产总值占国内生产总值 9.4%。海洋经济作为国民经济重要组成部分和稳定增长点的地位进一步稳固。

二、我国海岸带经济发展中存在的问题

中国海岸带大开发、大建设取得了显著成就，但由于缺乏严格的管理和规划，长期存在的"公"海概念仍在作祟，导致无序、无度、无偿开发方式未能得到有效遏制（尽管《国家海域使用法》出台后得以改善），致使出现岸段和海域使用不合理，以及湿地破坏、环境污染、生物多样性减少、

---

① 王奎旗、韩立民：《试论我国海岸带经济开发的问题与前景》《中国渔业经济》2006 年第2 期。

渔业资源衰退等诸多矛盾与问题，制约着海岸带经济的可持续发展。①

（一）港口开发和利用不合理

由中国陆棚浅海性质所致，相对缺乏建造深水大港的选址，这与国际主要发达国家注重建设深水海港并形成以港口为中心的产业带不同。相比之下，当前中国海港的吞吐能力远不能满足货物增长的需求，尽管政府已规划在大连、天津、秦皇岛、青岛及长三角和珠三角经济区修建、扩建20个中心港，但与国际化水准相比差距甚大。同时，就产业码头而言，中国虽有约4300处产业码头，但大型船舶，特别是油轮、煤炭和集装箱能靠驳的码头，尚不到10%，这已成为海上运输的"瓶颈"。这也是国家花巨资在秦皇岛港与京唐港之间，再建一个离陆地20千米的曹妃甸大港的主要原因。即使这样，中国的港口业还存在集群能力与分工安排上的缺陷。如青岛港是集矿石、煤炭、石油、粮食、集装箱和海上交通于一体的大型综合性海港，有限的岸段上安排如此众多大型船舶靠泊，几乎达到运力极限。但附近的石臼港却吞吐不足，其深水码头甚宜大型集装箱靠泊，只因体制关系未能实现合理分流，导致出现港口紧张与利用不足的双重矛盾。

（二）湿地消亡与环境污染

中国海岸带有广袤的潮间带和众多河口湿地，它们是"地球之肺"，这本来是海洋生态作用最活跃的部分，一边消解大量陆源有机物，一边形成高额初级生产力。人口增长和工农业发展大量吞噬了海岸带、河口湿地，致使生态消解、净化能力极大降低。如20世纪80年代掀起"对虾养殖"热潮，围垦13.3万亩海涂，而如今大量虾塘荒废，已变成陆域，无返海的可能。同样，依大沽河、墨水河等湿地而存在的青岛水源区、胶州湾初级生产之源，如今已成胶州湾污染之源，鱼虾产卵场消失，何来渔业资源？仅几十年间，水域面积从560平方千米缩减至362平方千米。水交换减弱，生物多样性降低。长此以往，情况堪忧。全国其他海湾、海涂的情况也大同小异。伴随工农业发展，工业"三废"，农业施肥、农药施用产生的陆源污染和近年海水养殖发展，也带来点、面源污染，致使大部分近海内湾原来的一类水质不见了，而在一些水交换较差、临海工业比较集中的海湾已变为4类或5类水质的"死湾"。如锦西塔山区、辽河口的局部区域皆成重

---

① 蔡程瑛：《海岸带综合管理的原动力——东亚海岸带可持续发展的实践应用》，海洋出版社，2010，第80-81页。

污染水域，岸滩底栖生物几尽绝迹，近年经大力污染治理，才略有好转。就全国而言，近岸水域恶化的主要特征仍是水域的富营养化，赤潮频发，年均次数增多，发展面积越来越广，已严重危害着渔业生产和沿岸人民的生活质量。尽管政府已重视防治，但仍未见改善迹象。[1]

（三）渔业资源衰退加剧

近岸渔业生产困难重重，中国的海洋渔业资源是以陆源径流为基础的渔业生产力，依靠每年近 2 万亿立方米径流的输入，已不能产生丰厚的渔业资源量，仅处于世界中下等水平。随着陆上人口的增长、工农业生产的过度开发和不合理利用，入海径流锐减，如海河水系已达"零"径流，黄河也降到原来径流的 25%，在 20 世纪 90 年代后期甚至创下 272 天断流的记录。近年虽通过人工调流，做到不断流，但渔业生物繁殖期流量太小，不仅难以形成丰富的初级生产力，更重要的是环境盐度偏高，致使产卵场偏移以至消失，溯河性鱼类（如黄河刀鲚、银鱼）更无处繁殖。同样原因致使昔日经济鱼类的产卵、索饵场（如乳山口渔场、五垒岛）等传统渔场消失，无法形成鱼汛。渔业资源日益衰竭，形势严峻，在创造发展奇迹的背后，也导致水域过度开发，湿地被侵占，养殖自污染，加剧了水域的富营养化进程。

（四）滨海旅游业有待改善

近些年，国际旅游业发展大趋势和国内人民生活水平的提高促成旅游业的迅猛发展，广东、山东青岛等省市的滨海旅游产值已超过渔业，成为海洋产业的支柱产业之一，形势喜人。但由于各方面准备不足，各地发展不平衡。总体而言，旅游设施配套不足，特别是服务软件、文化品位及旅游产品开发严重不足，导致旅游层次偏低，各地多满足于一次性旅游观光，缺乏休闲度假、特色旅游、会展经济、邮轮经济等高品位、高消费的旅游项目。所以，尽管青岛一个"黄金周"可接待 200 万游客，但来去匆匆，仅创下 10 亿元的收入，无奈之下靠提高门票价格增加收入，这无疑是"杀鸠饮血"。[2]

---

① 周达军、崔旺来：《浙江海洋产业发展研究》，海洋出版社，2011，第 251－260 页。
② 熊永柱：《海岸带可持续发展研究评述》，《海洋地质动态》2010 年第 2 期。

（五）海岸带区域无序开发

为了修建道路、堤坝、港口、滨海旅游度假区及酒店设施，许多海岸线被截断、改变。随着我国经济快速持续增长，特别是在第二次工业化浪潮和土地紧缩的情势下，我国正掀起新一轮的大规模围填海热潮。这次热潮波及的造陆区域大，从辽宁到广西，我国东部、南部沿海省市甚至包括县、乡一级行政区均在积极推行围填海工程。违背客观自然规律的无序围填海必将给沿海地区带来严重的、永久的负面影响。大规模的围填海工程不仅直接产生大量的工程垃圾，加剧海洋污染，而且使海岸线发生变化，海岸水动力系统和环境容量发生急剧变化，大大减弱了海洋的环境承载力，减少了海洋环境容量。《中国海洋环境监测公报》显示，2014年，赤潮和绿潮灾害影响面积较2013年有所增大。全海域共发现赤潮56次，累计面积7290平方千米，赤潮次数和累计面积均较2013年有所增加；黄海沿岸海域浒苔绿潮影响范围为近5年来最大。渤海滨海地区海水入侵和土壤盐渍化依然严重，局部地区入侵范围有所增加。砂质和粉砂淤泥质海岸侵蚀依然严重，局部岸段侵蚀程度加大。陆地开发利用给海岸带来的灾害和给管理带来的挑战常常是复合性的。陆地开发常使位于集水盆地泄水口的海岸线距离变得越来越远。例如，土地交替用于耕作和种植树林会导致土壤侵蚀和污染，水坝会降低水流流速而导致来自上游泥沙在沿海海域沉降，沿岸带水体盐度变化或诱发有毒水华形成。海岸带区域最显著的特征是环境的脆弱性。海岸带不仅受到海岸线及其毗邻地区人类活动的影响，还受到内陆和相关流域活动的影响。海岸带自然资源有限，而使用者众多，竞争激烈。

海岸带地区多种利用的冲突不仅形式多样，而且涉及大量的经济利益方和当地的使用者。常见的冲突包括发展水产养殖、港口建设和运行、渔业捕捞、发展休闲业和旅游业、海运、开发矿产资源和自然保护而争夺土地、海域和资源。海岸带生态系统环境承载力具有不确定性。尽管在评估海湾、海岸带养殖水域、滨海旅游的承载力方面已经取得了一定的进展，但是目前科学家仍无法提供一种可靠的方法来计算或者预测与人口和经济增长相关的海岸带地区的同化能力。海岸带环境可持续性承受的影响错综复杂。海岸带陆地与近海海域是大自然对人类的馈赠和恩赐，是沿海国家发展贸易的基础。然而，对海洋利益的过度追求诱导了对沿海资源长期而巨大的竞争性开发，这已经成为各国政府必须面对的问题。因此，人类应充分关注沿海区域经济的合理发展，在开发利用资源时应合理地规划和加强管理。沿海区域的生物与经济资源不仅现在，而且在将来都有多用途、利用开发强度大和竞争性使用的特点。在海岸带环境的脆弱性和复杂性的基础上处理好社会公平、环境保护和经济发展原则，就是海岸带经济区域的可持续发展。[①]

三、我国海岸带开发的前景

尽管已如前述，摆在我们目前的困难和问题甚多，形势也十分严峻，但多属于发展过程中的问题。国家强大，人民富裕，这是中华民族梦寐以求的目标。中国的和平崛起寄希望于海洋。用全面协调可持续的科学发展观来统领开发管理的各项工作，去迎接挑战、开创海岸带美好的未来。这里首先要解决两个基本问题。

第一，开发与保护关系。"开发"在一定程度上是"发展"的同义语，如果不去开发，就不会有发展，原始绝对不是强大和富裕的象征。我们一定要坚持发展这个硬道理。坚持发展为第一要务，但发展绝不是无政府、盲目和过度的开发。特别是海洋自古姓"公"，谁开发、谁占有的传统观念，使海洋既是人类"蛋白质的供应库"，又是人类的"垃圾场"。这种"无序、无度、无偿"开发，必须通过实施严格管理，彻底予以纠正。与此同时，海岸带的保护也必须认真实施，一定要克服把"保护"视为消极措施的错误观念，应认为保护也是一种发展，是发展的一个不可分割组分。因此，厘清发展与保护的辩证关系，是岸带的命运与前途所系。

第二，循环经济。所谓循环经济，是指以人类可持续发展为增长目的，以循环利用资源和环境为物质基础，以减量、再用和循环为行为准则，即"3R"原则，遵循生态规律建设的高效协调的经济形态，是一种有利于传统、自然和社会科学交融的新的经济形态。循环经济的物质主体是循环再用自然资源，也包括生物资源；环境则是该经济物质基础的另一组分，即坚持环境与资源并重。因此，只有人们遵从循环经济的运行规律，以此指导和实施海岸带经济开发，方可实现海岸带经济的可持续发展。

在解决以上两个基本问题的前提下，我国海岸带经济活动开发应从以下领域着手。

1. 能源领域

从宏观层面看，如今能源已是实现循环经济诸物质中矛盾最突出的物质之一。因此，实现循环经济的一个首要条件，也是原则，就是应设法逐

---

① 李健：《海岸带可持续发展理论及其评价研究》，硕士学位论文，大连理工大学，2005。

渐停止使用矿物质能源。从自然资源角度出发，可细分为科学地最大限度地增加可再生物质在人类物质消费总量中的比例，以及合理地最大限度地利用可循环利用的不可再生物质；从环境质量的角度出发，可简述为各类物质代谢的产生的废弃物在数量上低于环境容量。从我国矿物能源来看，尽管中国煤炭资源十分丰富，2004 年已生产 15.8 亿吨，但仍难满足 4.5 亿千瓦发电及相关产业用煤。燃煤带来的空气污染及运输"瓶颈"，导致再大幅增产有很大难度。我国 2005 年新增 6500 万千瓦，使装机容量超过 5 亿千瓦，但 2005 年夏季高峰期仍短缺 3000 万千瓦。同时，我国 2004 年已进口 1 亿吨石油，成为世界第二大石油进口国。面对迅猛发展的汽车工业和石油重化，如再加大进口势必增加全球业已紧张的能源链，也不符合国家政策和循环经济原则。为此向海岸带要能源。海洋拥有极为丰富、多样化的可再生能源，如潮汐、海流、温能、风能等，其中，就风能而言，据估计，中国拥有 10 万亿千瓦分布于海岸带。海岸带有广阔潮间带、河口湿地和海岛便于设风力电场。国际已发展叶轮直径 140 米，单机发电 2000 千瓦，我国也掌握直径 60 米、单机发电 1000 千瓦能力的规模生产技术，如能配套资金、设厂、运输等条件，风力发电将对缓解和解决沿海，特别是海岛电力供应起巨大作用。美国已绘出全球地表 80 米高度的风速分布图，并指出总发电潜力超过 70 万亿千瓦。如能开发其中的 20%，便能满足全球的能源需求，前景无量。[1]

2. 海水利用与淡化领域

海水利用指抽取海水直接用于工厂的冷却、洗涤等用途。通常一座百万吨的钢铁厂、百万千瓦电厂及几十万吨级重化工或重型制造业都需要 10 万吨以上的日冷却水供应。其工业用水量通常占城市用水的 80% 左右，以致发达国家的上述工业多从内地迁往江边，最后移到海边。现在，全球海水冷却水用量已经超过 5000 亿立方米/年。海水淡化指海水脱盐处理，再以"淡水"形式供应使用。当前全球海水淡化日产量已达 3250 万立方米，可解决 1 亿多人口的供水问题，其工艺日臻成熟，其中蒸馏法和反渗透淡化厂规模分别已达 44% 和 42%。我国淡水资源十分紧缺，且分布不均，严重制约着工农业发展。沿海地区应积极提倡海水淡化，就地供应。当前我国已掌握日产万吨淡化技术和规模产业技术。此外，争取把淡化水的副产品——卤水作为盐化工的原料加以综合利用，进一步降低淡水成本，把江河水留给干渴的区域。

---

① 梁俊乾、周凯：《深圳海洋产业可持续发展问题探讨》，《海洋开发与管理》2010 年第 8 期。

3. 港口与邻港工业

鉴于 1 万多亿美元进出口货物的 90% 通过海运,沿海港口,特别是深水港的建设将带来无限生机,港口经济逢勃发展的同时将极大地带动沿海经济的发展。如北仑港的建设使宁波的港口吞吐量和港口经济迅速超过青岛并极大地带动了邻港重化、炼化业和宁波的经济;随着蛇口等深水码头建设使集装箱运量提升到全国第二位,深圳成为世界级港口。但鉴于我国沿海的深水岸段紧缺,今后应强调跨地域港口建设和运力整合,如东南沿海的三都澳是孙中山先生建国方略中的东方大港选址,但当前福建北部运力有限、腹地较狭,而浙南温州地区则经济发展较快,可相对缺乏深水港址,故应该整合两地的自然和经济优势,建设温福港口经济区,以进一步促进与带动浙南至闽北沿海地区的经济发展。对于已建成港口码头的地区,应学习长江三角洲经验,跨地区整合资源,发挥共同优势,避免重复建设,以实现共同发展。在中国的港口建设完善的基础上,应加强物流业建设,以早日形成国际中转港或航运中心。同时应高度重视海上安全。港口建设的产物,是以港口岸段为依托建起一批邻港工业,这将是港口城市经济腾飞的巨大动力。

港口运输具有便捷、取水便利等优势,沿海仓储、加工、造船、重型机械与重化工、电力等依托临海陆域,建设临港产业群,进一步发挥港口作用。要注意克服重复建设,如造船业最近几年全球经济发展,景气回升,我国已看到发展机遇,正掀起一场造船厂建设热潮,上海、大连、天津、广州、青岛都已建起一批大型造船厂,并在不断扩张规模。据报道,上海长兴建船基地扩建规模为年产 1200 万吨的世界最大造船基地,而 2002 年全球造船量仅 1300 万吨。因此,如果不采取宏观调控,势必浪费资金和海岸线资源,给国家带来不必要的损失。[①]

4. 海洋渔业

沿海工业发展、水域侵占、环境污染、渔业资源衰退,近岸捕捞业几近无鱼可捕状态。随之兴起的海水养殖业,滩贝—海带—贻贝—对虾—扇贝—鱼类。在养殖方式上,历经滩涂—浅海—池塘—"工厂化"—深水网箱,因技术含量低,自污染日益严重,未取得理想效益。为了海洋渔业长远发展,应严格控制渔捞马力量,合理安排养殖渔业,提升养殖工程技术,减少海区污染与自污染,发展水产品加工,走循环经济之路,倡导游乐渔业和资源修复,实现"三渔"产业可持续发展。

---

① 孙斌、徐质斌:《海洋经济学》,山东教育出版社,2004。

四、我国海岸带开发的对策

（一）构建生态优先的海岸带空间格局

海岸带地区人口、产业和经济要素高度集聚，需要予以优先保护的重要生态功能区、生态敏感区和脆弱区密集分布，是生态、生活、生产空间高度融合的区域。

（1）充分认识海洋生态环境对"从山顶到海洋"各类人为活动压力的综合承载体属性，以海定陆、海陆联动，首先对海岸带生态空间进行整合与规划，构建海岸带生态安全屏障体系。在海岸带生态优先的绿色底图上，严格对各类人为开发活动的生态环境影响进行评价，充分依据海岸带资源环境承载能力和使用功能适宜性等调整优化生产、生活空间布局，细化海岸带空间分类分区管治，提高海洋资源集约节约化水平，规范和引领海岸带生产方式、生活方式的绿色转型，最大限度减少对海岸带生态环境的影响，真正做到"一张蓝图绘到底"。①

（2）整体系统推进生态保护修复工程，统筹陆地海洋、水里岸上、地上地下和流域上下游，开展海岸带生态系统分区和生物多样性普查，依据区域突出生态环境问题、主要生态功能定位和陆海生态联系等，构建打通陆地和海洋的生态廊道及生物多样性保护网络，提升海岸带生态系统质量和稳定性，优化生态安全屏障体系。以突出生态环境问题为导向，统筹规划海岸带生态保护与修复重点工程的部署方案，对集中连片、破碎化严重、功能退化的陆海生态系统进行系统修复和综合整治，多措并举实现海岸带生态产品提质增值。

（二）建立海岸带可持续发展综合协调机制

要建立强有力的协调机制。协调管理机构之间相互重叠的职责、各相关方的利益，综合协调海岸带可持续发展政策与措施，克服海岸带管理机构条块分割、机构之间的职责相互重叠等现象。以英国的海岸带综合治理为例，英国在治理过程中也曾经存在多部门管理并出现矛盾的情况，但在过去 10 年有明显的进步。主要是因为在环境食品和农村事务部成立了海岸带政策小组，建立了一个部际海岸带政策委员会，每 6 个月出版一期通讯，

---

① 沈国英、施并章：《海洋生态学》，厦门大学出版社，1990。

报道英国政府在海岸带及海洋环境方面的全局性的行动。我国应该考虑在国家层面建立一个跨部门的海岸带区域发展协调机构。

（三）建立完善污染控制政策体系

（1）制定排放标准、污染物排放收费、排污总量控制等政策措施。严格实行污水处理达标排放。陆源污染是海岸带污染的主要来源，工业、城镇生活、海岸工程、农业、旅游等污染要严格监测，严禁污染物直接向海排放。加强对海岸带涉海用海活动污染的防治，海水养殖业、港口作业、船舶工业、海上石油开采等要制定严格的排放标准，以控制海岸带污染恶化的势头。

（2）建立以重点海域排放总量控制制度为核心的海洋环境监管机制。依据重点海域污染物排放总量，确定各沿海地区污染物排海种类、数量及降污减排的实施方案。将海洋污染物排放总量控制纳入环境保护法。

（3）在法律中明确规定排污总量控制过程中的具体办法，如如何确定排污总量、排污控制计划的具体执行、负责执行总量控制计划的部门都有哪些等，应该将条款具化，避免模糊和概念性强的表达方式。加强环保执法力度，加大违规排放宣传和惩罚力度，加强责任追究，使排污企业不敢排，相关部门和单位不敢玩忽职守。2015年1月1日实施的新《环境保护法》，提供了一系列的执法手段，改变了长期以来中国环保部门的处罚力度、执法手段有限，沦为"软衙门"而难以遏制环境违法行为的现状。但法律的有效性还取决于严格的执法。例如，我国早在2008年就禁止使用超薄塑料袋，对其他塑料袋征收费用，但实施效果并不理想，在菜市场随处可以看到商家在用超薄塑料袋，在很多超市，塑料袋也是免费提供的。[①]

（四）建立地方政府海岸带区域可持续发展的问责机制

（1）海岸带开发必须坚持保护与开发并重原则。改变只顾经济效益而不顾环境效益，过度开发利用海岸带资源，肆意进行填海造地，造成开发活动无序和无度、无偿争抢资源、乱填海、乱造地、乱围垦、乱占乱用的短期行为；制止不合理地开发滩涂养殖场，严禁在潮上带大规模建设养殖池塘，以及其他严重破坏海洋生态环境的人为活动，缓解海洋资源枯竭危机。

（2）改变对地方政府唯生产总值目标的考核标准。将可持续发展、民

---

①　吴德庆、马月才：《管理经济学》，中国人民大学出版社，2003。

生问题等纳入考核范围，对海岸带开发中造成环境问题的地方政府追究责任。[①]

海岸带具有突出的区位优势、优良的资源禀赋和重要的生态功能，在经济社会发展和生态文明建设全局中具有重要战略地位，发挥着强韧支撑作用。及时对我国海岸带经济、生态与环境及社会效益进行评估将会使我们对海岸带不同时段的发展有更深的认识，也帮助我们认清海岸带在不同时期发展的不足和需要改进的地方，更加有利于国家方面针对其出台新的政策和对海岸带发展有更有利的规划。

五、海岸带经济效益

海岸带活动的经济效益，是指海岸带活动所投入的劳动力、资金等生产要素与所产出的成果之间的对比关系。从投入的角度看，产生相同的成果，所投入的成本、占用的资金及所付出的活劳动和物化劳动的量越少越好。从产出角度看，在投入同样的劳动及资金的情况下，所得到的成果越大，其经济效益越高。[②]

六、海岸带经济效益评估方法

经济效益评估的主要特点是把注意力集中在一个方案或系统的最终结果上，即根据每个方案在为目标服务时的效果来权衡它们的优缺点。同时还要从效果着眼，比较每个方案的费用（或成本）。针对海岸带经济活动的自身的特点，对海岸带经济活动进行评价时可以采用五性分析法、因素分析法、比重分析法和动态分析法。

（一）"五性"分析法

经济效益的五性分析是指分析海岸带活动单位（通常指在海岸带区域或者从事与海岸带相关的企业或产业）的收益性、流动性、安全性、成长性及生产性。

（1）收益性分析的目的在于观察海岸带经济单位在一定时期内的收益及获利能力。

---

① 恽才兴：《海岸带可持续发展与综合管理》，海洋出版社，2002。
② 朱坚真：《海洋资源经济学》，经济科学出版社，2010，第49–51页。

（2）流动性分析的目的在于观察海岸带经济单位在一定时期内资金周转状况，是对海岸带经济单位资金活动的效率分析。为此要计算出各种资产的周转率和周转期，分别讨论其运用效率。

（3）安全性是指海岸带经济单位经营的安全程度，也可以说是资金调动的安全性。海岸带经济单位安全性指标分析的目的在于观察海岸带经济单位在一定时期内的偿债能力状况。一般来说，海岸带经济单位收益性好，安全性也高。

（4）成长性分析的目的在于观察海岸带经济单位在一定时期内的经营能力发展状况。一个海岸带经济单位即使收益性很高，但如果成长性不好，也不能给予很高的评价。成长性就是从量和质的角度评价海岸带经济单位发展情况，即将来的发展趋势，其指标是将前期目标做分母，本期指标做分子，求得增长率。

（5）生产性分析的目的在于要查明海岸带经济单位在一定时期内的人均生产经营能力、生产经营水平和生产成果的分配问题。[①]

（二）因素分析法

因素分析法是指把综合性指标分解成各个原始的因素，以便确定影响经济效益的原因的方法。其要点如下：①确定某项指标是由哪几项因素构成的，各因素的排列要遵循正常的顺序，排列顺序要根据因素的内在联系加以确定；②确定因素与因素之间及与某项指标的关系，如加减关系、乘除关系、乘方关系、函数关系等；③根据分析的目的对每个因素进行分析，测定某一因素对指标变动的影响方向和程度。

因素分析法的每一层次分析计算也称为连锁替代法。连锁替代法就是依次把影响一项指标的若干个相互联系因素中的某个因素作为变数，暂时把其他因素作为不变数，逐个进行替换，以测定每个因素对该项指标的影响程度。根据测定的结果，可以初步分清主要因素与次要因素，从而抓住关键性因素，有针对性地提出改善经营管理的措施。

（三）比重分析法

比重分析法就是计算某项经济指标各个组成部分在总体中的比重，分析其内容构成的变化，从而区分主要矛盾和次要矛盾。通过结构分析，能够掌握事物的特点和变化趋势，例如，按构成流动资金的各个组成部分在

---

① 吴德庆、马月才：《管理经济学》，中国人民大学出版社，2003。

流动资金总额中的比重确定流动资金的结构，然后将不同时期的资金结构相比较，观察构成变化与产品积压的情况，以及产销平衡定额情况，为进一步挖掘资金潜力明确方向。

（四）动态分析法

动态分析法是将不同时间的同类指标的数值进行对比，计算动态相对数，以分析指标的发展方向和增减速度。例如，以某年作为基准年，该年的某一指标定为100，将以后几年的指标与该基准年的指标相比较，换成百分数，或者采用环比的方法来分析某项指标的变化趋势。[①]

七、海岸带活动单项经济效益的评价指标及计算公式

（一）海岸带区域固定资产产出率

海岸带固定资产产出率是指在一定时期内海岸带生产总值与固定资产投入量之比，即

海岸带固定资产产出率 = 海岸带生产总值 ÷ 海岸带固定资产投资总额

（二）海岸带区域固定资产投资收益率

海岸带固定资产投资收益率是指在一定时期内海岸带生产总值增量与海岸带固定资产投资总额的比值，它反映了单位投资能实现的海岸带生产总值的增加量，即

海岸带固定资产的投资收益率 = 海岸带生产总值增量 ÷ 海岸带
固定资产投资总额

（三）技术进步对海岸带区域经济增长的贡献率

技术进步对海岸带经济增长的贡献率是指年度技术进步增长率与海岸带经济国内生产总值增长率之比，即

$$G_A = \frac{a}{y}, \quad y = (Y_t - Y_{t-1})/Y_{t-1}$$

其中，G_A 代表技术进步对海岸带经济增长的贡献率；a 代表年度技术进步增长率；y 代表海岸带经济国内生产总值增长率；Y 代表海岸带的 GDP；t、$t-1$

---

① 朱坚真：《海洋经济学》，高等教育出版社，2010，第207-211页。

代表不同的年份。

（四）海岸带区域经济增长对国内经济增长的贡献率

海岸带经济增长对国内经济增长的贡献率是指在一定时期内海岸带生产总值增长率与国内生产总值增长率之比，即

$$G_0 = \frac{y_0}{y} \times 100\%$$

其中，G_0 代表海岸带经济对国内经济增长的贡献率；y_0 代表的是海岸带生产总值增长率；y 代表国内生产总值增长率。

八、海岸带经济效益的综合评估

海岸带综合效益评价方法有很多种，目前常用的是综合经济效益指数法。即在合理的经济效益指标体系上，运用上述单项指标的增长指数及在整体效益评价中的重要程度，统一制定各个指标在综合效益评价中的权数，将各指标数乘以各自的权数再加总，就得到了经济效益的综合指数，然后就可以进行横向或纵向的比较了。

海岸带综合经济效益指数公式为

$$K = \frac{a_1}{a_0} \times w_1 + \frac{b_1}{b_0} \times w_2 \cdots + \frac{n_1}{n_0} \times w_n$$

其中，K 为海岸带综合经济效益指数；$a_1, b_1, \cdots, n_1$ 为当期各指标的实际值；$a_0, b_0, \cdots, n_0$ 为基期各指标的实际值；$w_0, w_0, \cdots, w_n$ 为各指标的权数。

海岸带经济效益指标能评价出经济效益的好坏，其中单项指标和综合指标各有作用。通过各经济效益指标的评定，能够对海岸带开发提供有力的理论支持，做出有利得决策。

第二节　海岸带综合管理生态与环境效益评估

一、海岸带生态与环境效益评估

海岸带的生态与环境效益是指在一定时期内海岸带的生态与环境系统对人类社会的生产和发展造成影响。其中，海岸带的生态效益的基础是保证其生物系统各组成部分在物质和能源输出与输入的数量及结构功能处于

相互适应、相互协调的平衡状态,① 而海岸带的环境效益分为直接的海岸带环境效益和间接的海岸带效益。由于人类的生活和生产引起了生态与环境发生各种的变化,而这些变化对人类生活可持续发展的作用具有不确定性,因此,人类需要辩证地对海岸带的生态与环境效益进行综合的衡量和评估。

目前对海岸带的评估方法主要有市场价值法、机会成本法、影子价格法、能值分析法等。②

(一) 市场价值法

市场价值法,是把环境看作生产要素的一种,利用环境质量变化引起的某区域产值或利润的变化来计量环境质量变化的经济效益或经济损失。环境质量的变化导致生产率和生产成本的变化,用产品的市场价格来计量由此引起的产值和利润的变化,估算环境变化所带来的经济损失或经济效益。

(二) 机会成本法

机会成本法,是指在无市场价格的情况下,用资源安排特殊的用途而放弃其他用途所造成的最大损失、付出的代价来估算。③

(三) 影子价格法

影子价格法是一种以数学形式表述的,反映资源在得到最佳使用时的价格的方法。它是荷兰经济学家詹恩·丁伯根在 20 世纪 30 年代末首次提出来的,运用线性规划的数学方式计算,反映社会资源在获得最佳配置时的价格。

(四) 能值分析法

能值分析法以热力学定律、最大功率原则及能量等级原理为基础理论,利用能值来客观真实地反映自然生态系统和人类社会系统的所有财富,通过能值－货币价值实现自然环境与经济社会的连接。能值分析是对货币流、物质流、能量流和信息流的综合衡量,从而成为目前最有效的设计分析,为生态经济系统的研究开辟了一条新的途径。

---

① 朱坚真:《海洋环境经济学》,经济科学出版社,2010,第 21～25 页。
② 赵丹: 《水利工程建设水生态环境效益评估理论与应用》,硕士学位论文,武汉大学,2006。
③ 哈尔·范里安:《微观经济学:现代观点》,费方域等译,上海三联书店,2010。

二、海岸带生态与环境效益评价指标

（一）海岸带的保护面积

海岸带的保护面积，是指海岸带在某个时期其区域得到保护的面积绝对值，反映了管理机构对海岸带生态与环境的保护程度。其计算公式为

海岸带的保护面积 = 封滩育草面积 + 红树林面积 + … + 建设自然保护区面积

（二）植被覆盖率

植被覆盖率，是指森林面积与土地总面积之比，一般用百分数表示。该指标反映的是海岸带的植物生态系统的完整性。[①] 其计算公式为

植被覆盖率 =［森林面积(有林地) + 滩涂草地面积 + 其他
植被面积］/ 某地区土地总面积 × 100%

（三）生产、生活有害气体、粉尘、废物处理率

生产、生活有害气体、粉尘、废物处理率，是指海岸带区域中人类从事的生产活动对海岸带的生态环境造成不良影响的补救程度，它反映的是人类的环保工作的绩效。计算公式为

生产、生活有害气体、粉尘、废物处理率 = (生产、生活排放的有害气体
处理量 + 粉尘处理量 + 废物处理量)/ 三者的排放总量 × 100%

（四）"三废"的综合利用效果

"三废"的综合利用效果是指对人类生产生活中的废水、废气、废渣的排放的综合利用效果。其计算公式为

"三废"综合利用效果 ="三废"综合利用一年所创造的价值 + 减少
污染避免的经济损失价值 –"三废"综合利用的年费用额。

三、海岸带生态与环境效益评价

生态环境系统的效益是动态变化的，它随着社会经济的发展和人类生活水平的提高而逐渐显现和发展。现采用系统思想，将不同的环境资源的

---

① 恽才兴：《海岸带可持续发展与综合管理》，海洋出版社，2002。

生态价值动态分解为若干单项的功能，结合替代市场价格法、影子价格法、模糊数学法计算出各单项生态环境效益 V_i，再求和得出生态环境效益的最大值 V，即

$$V = \sum V_i, \quad i = 1, 2, \cdots, n$$

生态环境系统的效益受到多种因素的复杂影响，有多种测算模型，目前大多是估算区域的平均效益。本书采用以下方法与思路：首先根据标准区域的生态环境系统对海岸带进行分类，然后根据不同的测算方法计算各种类型的生态环境系统的单位面积的效益，最后综合计算总效益。运用不同的组合权重，可以计算出生态环境的总效益为

$$R = \sum_{j=i}^{m} \sum_{i=i}^{n} V_{ij} A_i$$

其中，R 为生态环境系统的总效益；V_{ij} 代表的是第 j 种区域第 i 类生态环境系统的单位效益；A_i 是代表第 i 种生态环境的面积。

海岸带的生态环境系统，特别是其中的海水，在大气环流的过程中，夏季能减少空调的使用，冬季则可使沿海地区的陆地气温下降不会太低。这效益可以用替代成本法来计算，即以减少费用来衡量。同时，由于目前缺乏公认的评估生态环境系统固定二氧化碳经济价值的方法，参考历史的工作计算方法，运用造林成本法及碳税法，评估海岸带生态环境系统固定二氧化碳的间接效益，而生态环境系统释放出来的氧气的价值则用释放的氧气量与氧气的市场价格乘积衡量。[1]

第三节　海岸带综合管理社会效益评估

海岸带的社会效益是指人类开发海岸带资源的活动满足其日益增长的物质文化需求，以及在活动过程中对后代社会发展带来的持续影响。它分为正的社会效益和负的社会效益。海岸带的社会效益评估则是以国家各项社会政策为基础，对海岸带的开发利用活动为实现国家和沿海地区社会发展的目标所做出的贡献、产生的影响及其与社会的相互适应性所做的系统

---

[1]　金锐、韩文秀：《环境－经济系统协调模型研究》，载《系统工程与可持续发展战略——中国系统工程学会第十届年会论文集》，1998。

分析评估。①

一、海岸带社会效益评价的方法

社会的发展目标是实现经济、政治、教育、文化、艺术、卫生、安全、国防、环境等各领域的全面平衡和持续发展。本书对海岸带的社会效益评估主要从其基础性、宏观长远性、多目标的角度出发，运用对比分析法、逻辑框架法、综合分析评估法等方法对海岸带的社会效益经济评价。

（一）对比分析法

对比分析法，指对海岸带开发利用前后的社会影响对比分析，或者资源情况大致相同的部分海岸带区域开发不同项目的社会影响对比。

（二）逻辑框架分析法

逻辑框架分析法，是从确定待解决的核心问题入手，向上逐级展开，得到其影响及后果，向下逐层推演找出其原因，得到所谓的问题树。将问题树进行转换，即将问题树描述的因果关系转换为相应的手段－目标关系，得到所谓的目标树。目标树得到之后，进一步的工作要通过规划矩阵来完成。该方法是由美国国际开发署在 1970 年开发并使用的一种设计、计划和评价的方法。目前有 2/3 的国际组织把它作为援助项目的计划、管理和评价方法。把该方法运用到海岸带的社会效益评价里，主要是评价其开发管理过程的社会效益。

（三）综合分析评估法

综合分析评估法，是对海岸带开发活动时要考虑的多个社会因素及目标的实现程度进行评价的科学方法。社会评价的综合分析结论不能单独应用，必须与适应性结合起来考虑。要对海岸带的开发与海岸带社区的互适性进行分析，研究如何采取措施使海岸带开发与社会相互适应，以取得较好的投资效果。综合分析评价得出海岸带开发的社会评价总分后，在方案比较中，除了要看总分高低，还要看海岸带开发措施实施的难易和所需费用的高低，以及风险的大小情况，才能得出开发海岸带活动的社会效益的

---

① 胡聃、许开鹏、杨建新、刘天星：《经济发展对环境质量的影响——环境库兹涅茨曲线国内外研究进展》，《生态学报》2004 年第 6 期。

正负性。

二、海岸带社会效益评价指标

（一）海岸带能源利用效率

海岸带能源利用效率，是指在一定时期内海岸带产业与消耗能源总量之比。由于海岸带的开发利用活动需要多种多样的能源，需把各种能源转换成标准煤计算。其计算公式为：

海岸带产业能源利用效率 ＝ 海岸带产业生产总值 ÷ 能源消耗总量

（二）海岸带区域社会劳动生产率

海岸带区域社会劳动生产率，是指在一定时期内海岸带生产总值与海岸带就业人数之比。它综合反映了海岸带社会生产力的发展水平和人口平均创造的效益。其计算公式为：

海岸带社会劳动生产率 ＝ 海岸带区域生产总值 ÷ 海岸带
区域产业就业人数

（三）海岸带经济的带动率

海岸带经济的带动率，是指在一定时期内职工工资差额与海岸带增加生产总值之比，其计算公式为：

$$R = \frac{W_t - W_{t-1}}{Y_t - Y_{t-1}}$$

其中，R 代表海岸带经济带动率；W、Y 分别指职工工资和海岸带生产总值；t、$t-1$ 指不同的时期。

三、海岸带的社会效益评估

对于海岸带的社会效益评估，本书采用多指标综合评价，根据计算原始数据来源不同，主要采用客观赋权法。设多指标综合评价问题中的方案集为 $A = \{A_1, A_2, \cdots, A_n\}$，指标集为 $T = \{T_1, T_2, \cdots, T_m\}$，方案 A_i 对指标 T_j 的属性值记为 $Y_{ij}(i = 1, 2, \cdots, n; j = 1, 2, \cdots, m)$，$Y = (Y_{ij})_{n \times m}$ 表示方案集 A

对指标集 T 的属性矩阵。[①] 由于不同的评价指标大多数有不同的量纲和量纲单位，为了便于数据的处理，在进行评价之前，首先对评价指标进行无量纲化处理。对于社会效益的评估，采用效益型的指标，令

$$Z_{ij} = (y_{ij} - y_{i,\min}) / (y_{j,\max} - y_{j,\min}) \quad (i = 1, 2, \cdots, n, j = 1, 2, \cdots, m)$$

其中，$y_{i,\min}$ 为社会效益最小值，$y_{j,\max}$ 和 $y_{j,\min}$ 分别为指标的最大值和最小值。

这样得到无量纲化的矩阵 $Z = (Z_{ij})_{n \times m}$，$Z_{ij}$ 的值越大，表示海岸带该区域的社会效益越好。

海岸带的社会效益评估涉及面广，在进行评估时还需注意该区域内之间的联系，把握社会效益、经济效益和生态环境效益的统一性。社会效益是基础，经济效益是动力，生态环境效益则是保障。在进行海岸带的开发活动时，不能以牺牲其生态环境和社会的效益为代价换取经济效益，否则就违背了人民群众的根本利益，就违背了以人为本的发展观，就违背了社会主义本质。为此，政府需要出台相关政策来引导海岸带开发活动，加大监督力度，建立有效的海岸带社会管理机制，从根本上实现海岸带经济、生态环境与社会发展的统一。

练习思考题

1. 海岸带经济效益评估方法有哪些？

2. 海岸带社会效益评估方法有哪些？社会效益评估指标中的海岸带区域社会劳动生产率是什么？

3. 海岸带生态与环境效益的评估公式是什么？其中每个字母代表什么？

4. 坚持可持续发展对我国海岸带经济、社会、生态效益有哪些影响？

5. 定期对海岸带进行评估对于我国海岸带有哪些帮助？请举例说明。

6. 发展我国海岸带效益应该优先发展哪些部门？为什么？

7. 是否能做到只顾及经济效益而忽视其他效益？为什么？

8. 海岸带生态与环境评估方法主要有哪些？

---

① 狄乾斌、韩增林：《我国海洋资源开发综合效益的评价探讨》，《国土与自然资源研究》2003 年第 3 期。

第十二章　中国海岸带综合管理展望

本章学习目的：21 世纪是人类开发利用海洋的新世纪。海岸带地区商业发达、人口密集、经济活跃、交通便利、城市化进程迅速。海岸带管理的科学化和信息化，是实施海陆一体化和海陆统筹之路的关键所在。我国是一个发展中的海洋大国，学习本章的目的是了解我国海岸带管理现状和海岸带管理的困境，以及根据我国实际情况和结合国家政策、经济、生态环境实行科学的海岸带管理，提出有利于我国海岸带管理的建议和对策。

本章内容提要：通过从我国海岸带管理的现状和海岸带管理的困境出发，对我国海岸带管理政策进行切实分析，最后针对我国海岸带管理提出切实建议和对策。

第一节　中国海岸带综合管理的现状与难点

一、中国海岸带综合管理的现状

（一）海岸带管理发展演变

中国海洋行政管理起源较早，可以追溯到 3000 多年以前的周朝，那时就设置了渔政管理的专门官员，规定了禁渔期，还将此作为治国的大政方略之一。在汉朝时，汉武帝曾下诏没收私人煮盐工具，由官府直接组织盐业生产，在全国 30 多处设置盐官，对海盐生产进行管理，并设有盐业管理机关。唐朝时期，盐税是一项重要国家收入。但是明朝后期采取的闭关锁国政策，极大阻碍了中国海洋事业发展。在清政府时期，虽有过渔业方面的管理，却为时较短。19 世纪帝国主义列强多数从海上野蛮入侵中国，中国海洋管理也被迫取消。到了民国时期，帝国主义列强强迫中国政府"开放"通商口岸，控制主要港口，包括整个港口管理权。直到第二次世界大战结束，日本政府战败，盟军驻日总部才同民国政府签订了一项渔业协定，禁止日本渔船在中国沿岸区域内进行捕鱼，但这项协定对于其他国家却没有限制。[①]

中华人民共和国成立后，中国海洋管理逐渐引起各级政府的重视，海洋管理事业有了较大发展。自中华人民共和国成立到 20 世纪 60 年代中期，分散管理是中国海洋管理体制运行的主要方式。自上而下，依据海洋资源的自然属性，按照各个行业自身的特点实行行业管理，其主要特点是陆地各种资源开发部门管理职能向海洋管理的延伸。如海洋盐业的管理由轻工业部门负责，海洋渔业的生产和管理由渔业部门负责，港口和海上交通运输管理由交通部门负责，滨海旅游管理由旅游部门负责，海上油气的开发管理由石油部门负责，等等。这一时期，由于陆地各种资源开发部门的主要职能是进行生产管理，对海洋、海岸带空间和资源的开发利用规模较小，开发压力并不大，各涉海行业之间及行业内部的矛盾也不突出。

1964 年国家海洋局正式成立，至此中国有了专门的海洋管理工作的领

---

① 夏东兴、王文海、武桂秋、崔金瑞、李福林：《中国海岸侵蚀述要》，《地理学报》1993 年第 5 期。

导部门，中国的海洋管理事业进入了一个新的发展时期。

改革开放后，国家海洋局先由国家科委代管，并被赋予了海洋公益服务和行政管理职能。1900年国务院机构改革后，海洋综合管理的职能被正式赋予国家海洋局，中国海洋事业的相对统一管理时期从此开始，中国海洋事业的整体发展也得到了很大的促进。10年后，国务院机构改革，国家海洋局归由新成立的国土资源部管理，确定它为依法维护海洋权益、组织海洋科技研究、监督管理海域使用和海洋环境保护的行政机构，其海洋资源行政管理职能被划归国土资源部。2000年4月修订《中华人民共和国海洋环境保护法》，这是规范中国管辖海域内环境保护活动的基本法律，2002年1月《中华人民共和国海域使用管理法》的颁布实施，使海域管理工作进入了有法可依的阶段。

真正意义上的海岸带综合管理实践在中国始于1994年，中国政府与全球环境基金、联合国开发计划署、国际海事组织合作，在厦门建立了海岸带综合管理实验区。1994—1998年，厦门市开展了第一轮海岸带综合管理的探索和实践。2001年又开展了第二轮厦门海岸带综合管理。1997—2000年，在广东阳江市（海陵湾）、广西防城市（防城港）和海南文昌市（清澜湾）进行海岸带综合管理试验，进而探索了海岸带综合管理能力建设模式。2000年7月，在渤海湾开展了基于生态系统的海洋环境管理工作，用以推广海岸带综合管理经验。自2005年以来，"南部沿海生物多样性管理项目"由联合国开发计划署和全球环境基金资助，具体由国家海洋局组织实施，从而推动了生态保护和海岸带综合管理，逐渐形成了中国南部沿海生物多样性管理模式。

基于海岸带这个特殊的领域，其保护与开发利用都有独特的关系需要调整。要在体制上确立海岸带管理的地位，最终还是要制定针对性极强的海岸带法，以确保海岸带综合管理的有效实施。

（二）中国海岸带管理的现状

1. 海岸带区划管理

海岸带功能区划和海岸带管理都是在巨大的空间进行的活动，是从海、陆两个方面同时对自然施加影响的。其措施已初见成效，开展了海洋开发规划、海洋功能区划、海域使用规划、海洋环境保护规划等。规划的基本内容包括海洋开发战略、海洋基础条件评价、海洋区域开发布局、海洋产业结构调整和布局、海洋环境保护和国土整治、海洋服务体系建设和实施的政策措施等。海洋管理的测量、勘探、评价和论证等技术服务体系逐步完善，海洋天气和灾害性预报等公益服务事业也得到了长足发展。

2. 海岸带立法情况

中国已初步建立海洋管理法规体系框架，现已制定了维护海洋权益的法律、海洋资源开发管理法律等相关法律法规。例如，《国家海域使用管理暂行规定》，在中国初步奠定了海域使用管理制度，推动了沿海地方海域使用管理制度的建设；《国家海洋环境保护法》《海洋倾废管理条例实施办法》等法规条例确立了海洋环境保护管理法制化和科学化管理的体制；《海洋自然保护区管理办法》对建区的选划、建设和管理等进行了规定，实现了对海洋自然保护区有效的法制化管理；《海洋环境预报和海洋灾害预警报发布管理规定》对海洋预警报的工作机方式进行了明确的规定。这些法律法规均与海岸带管理有重要意义。海岸带管理的专项立法工作虽起步较晚，但发展较快。到目前为止，颁布的重要涉海法律和规章达 30 多部。但是中国现行的大多数法规是从管理涉海行业的角度延伸而成的部门管理法规、部门规章，是为了满足自身专项管理的需要而制定的。各部门因其职责涉及海岸带管理的不同，着眼点各异，对象和目标也不相同。这势必造成管理中缺乏必要的联系与合作，而忽视海岸带的整体性和特殊性，导致存在空白、重复，甚至相互抵触的现象。想要实现各部门的有机结合会遭到更大的阻力，即使经过努力也只能形成行业法规。

从 1979 年提出制定《海岸带管理法》至今，中国尚未出台综合性、全国性的《海岸带管理法》。因此，现行涉海法规很难对海岸带各种关系起到系统和综合的调整作用。1980—1987 年，中国完成了全国海涂资源和海岸带综合调查，随后又进行了全国海岛资源调查，积累了大量的有关中国环境状况和海岸带资源的基础资料，为海岸带研究奠定良好的基础。1985 年底颁布的《江苏省海岸带管理暂行规定》和 1995 年 5 月颁布的《青岛市海岸带规划管理规定》等，其宗旨是合理开发、利用海岸带资源，保护生态环境。①

3. 海岸带管理的机构设置

1）国家自然资源部（国家海洋局）。

（1）承担综合协调海洋监测、科研、倾废、开发利用的责任。组织拟订国家海洋事业发展战略和方针政策，组织拟订并监督实施海洋主体功能区规划、海洋信息化规划、海洋科技规划和科技兴海战略，会同有关部门

---

① 陈宝红、杨圣云、周秋麟：《以生态系统管理为工具开展海岸带综合管理》，《台湾海峡》2005 年第 1 期。

拟订并监督实施海洋事业发展中长期规划、海洋经济发展规划。

（2）负责建立和完善海洋管理有关制度，起草海岸带、海岛和管辖海域的法律法规草案，会同有关部门拟订并监督实施极地、公海和国际海底等相关区域的国内配套政策和制度，处理国际涉海条约、法律方面的事务。

（3）承担海洋经济运行监测、评估及信息发布的责任。会同有关部门提出优化海洋经济结构、调整产业布局的建议，组织实施海洋经济和社会发展的统计、核算工作，组织开展海洋领域节能减排和应对气候变化工作。

（4）承担规范管辖海域使用秩序的责任。依法进行海域使用的监督管理，依法组织编制并监督实施全国海洋功能区划，组织实施海域使用权属管理，按规定实施海域有偿使用制度，组织实施海域使用论证、评估和海域界线的勘定和管理，审批和管理海底电缆管道铺设。

（5）承担海岛生态保护和无居民海岛合法使用的责任。组织制定海岛保护与开发规划、政策并监督实施，组织实施无居民海岛的使用管理，发布海岛对外开放和保护名录。

（6）承担保护海洋环境的责任。按国家统一要求，会同有关部门组织拟订海洋环境保护与整治规划、标准、规范，拟订污染物排海标准和总量控制制度。组织、管理全国海洋环境的调查、监测、监视和评价，发布海洋专项环境信息，监督陆源污染物排海、海洋生物多样性和海洋生态环境保护，监督管理海洋自然保护区和特别保护区。

（7）组织海洋调查研究，推进海洋科技创新，组织实施海洋基础与综合调查，承担海水利用和海洋可再生能源的研究、应用与管理，管理海洋系列卫星及地面应用系统，拟订海洋技术标准、计量、规范和办法。

（8）承担海洋环境观测预报和海洋灾害预警报的责任。组织实施专项海洋环境安全保障体系的建设和日常运行的管理，发布海洋灾害和海平面公报，指导开展海洋自然灾害影响评估工作。

（9）组织对外合作与交流，参与全球和地区海洋事务，组织履行有关的国际海洋公约、条约，承担极地、公海和国际海底相关事务，监督管理涉外海洋科学调查研究活动，依法监督涉外的海洋设施建造、海底工程和其他开发活动。

（10）依法维护国家海洋权益，会同有关部门组织研究维护海洋权益的政策、措施，在中国管辖海域实施定期维权巡航执法制度，查处违法活动，管理中国海监队伍。

（11）承办国务院和自然资源部交办的其他事项。

2）地方海洋管理机构。

根据国家机构改革工作的统一部署，地方海洋管理机构改革工作到目前也已经基本完成。地方海洋管理机构设置和海洋管理职能主要有以下三种模式：

（1）海洋与渔业管理结合模式。在全国（不含港澳台地区）11个沿海省（自治区、直辖市）和4个计划单列市当中，有10个是属于海洋与渔业合并在一起的管理模式。管理机构名称一般为海洋与渔业厅（局）。海洋与渔业厅（局）兼有海洋和渔业的两种管理职能。在海上执法过程中能够，既有海洋管理的执法任务，又有渔政监督管理职能。因此，这种管理模式是把海洋和渔业管理紧密结合在一起的模式。

（2）自然资源管理机构模式。河北省、天津市、广西壮族自治区三个省（市、区）在机构改革中，遵循中央机构改革模式，将地矿、国土、海洋合并在一起，成立了自然资源厅（局），其中海洋部门负责海洋综合管理和海上执法工作。

（3）专职海洋行政管理模式。上海市地方海洋管理机构在改革过程中与国家海洋局东海分局合并，这种管理模式在全国尚属首例。

4. 海岸带执法管理

国家自然资源部（国家海洋局）海监执法的主要职能是依照有关法律和规定，对中国管辖海域（包括海岸带）实施巡航监视，查处侵犯海洋权益、违法使用海域、损害海洋环境与资源、破坏海上设施、扰乱海上秩序等违法违规行为，并根据委托或授权进行其他海上执法工作。其主要职责如下：

（1）制订并组织实施海洋执法监察工作规划、计划。

（2）拟订中国海监经费使用计划，监督管理业务经费使用。

（3）建设和管理中国海监队伍，制定海洋执法监察工作的规章制度。

（4）组织协调中国管辖海域海洋执法监察工作，发布海洋执法监察公报和通报。

（5）组织对海上重大事件的应急监视、调查取证，并依法查处。

（6）建设和管理海洋监视网，管理海洋执法监察信息。

（7）建设和管理海洋执法监察技术支持系统，组织拟定海洋执法监察的技术规范、标准。

（8）承办海洋监察员资格管理和培训工作，核发海洋监察员证书。

（9）拟订并组织实施中国海监船舶、飞机和设备及物资的配备、维护计划，监督中国海监船舶、飞机的安全工作。管理海监队伍的配备和使用。

（10）监督管理中国海监船舶、飞机巡航和中国海监人员的着装、标识的使用。

（11）承办海洋局交办的其他事项。

5. 农业农村部渔政渔监局

内设综合处，政策法规处，计划财务处，科技处，渔船渔港处，资源环保处，养殖处，市场与加工处，远洋渔业处（捕捞处），国际合作处等机构，其主要职责如下：

（1）负责渔业行业管理。

（2）拟订渔业发展战略、政策、规划、计划并指导实施；起草有关法律、法规、规章并监督实施。

（3）指导渔业产业结构和布局调整；指导渔业标准化生产，组织实施养殖证制度；拟订渔业有关标准和技术规范并组织实施。

（4）提出渔业科研、技术推广项目建议，承担重大科研、技术推广项目的遴选及组织实施工作；指导渔业技术推广体系改革与建设。

（5）组织水生动植物病害防控工作，监督管理水产养殖用兽药及其他投入品的使用，指导水产健康养殖、建立养殖档案，参与水产品质检体系建设和管理。

（6）拟订养护和合理开发利用渔业资源的政策、措施、规划并组织实施；组织实施渔业捕捞许可制度；负责渔船、渔机、渔具、渔港、渔业航标、渔业船员、渔业电信的监督管理。

（7）负责渔业资源、水生生物湿地、水生野生动植物和水产种质资源的保护；负责水产苗种管理，组织水产新品种审定；指导水生生物保护区的建设和管理。

（8）负责渔业水域生态环境保护；组织和监督重大渔业污染事故的调查处理工作；组织重要涉渔工程环境影响评价和生态补偿工作；指导渔业节能减排工作。

（9）指导水产品加工流通，参与品牌培育和市场体系建设，提出水产品国际贸易政策建议。

（10）负责渔业统计工作；负责渔业生产、水生动植物疫情、渔业灾情等信息的收集分析，参与水产品供求信息、价格信息的收集分析工作。

（11）组织开展国际渔业合作；监督执行国际渔业条约、协定；负责远洋渔业管理工作。

（12）指导中国渔政队伍建设；承担维护国家海洋和淡水管辖水域渔业权益的工作，协调处理重大渔业突发事件和涉外渔事纠纷，代表国家行使渔政渔港和渔船检验监督管理权。

（13）编制渔业行业基本建设规划，提出项目安排建议并组织实施；编制本行业财政专项规划，提出部门预算和专项转移支付安排建议并组织或指导实施。

（14）指导渔业安全生产，负责渔业防灾减灾工作，提出渔业救灾计划及资金安排建议，指导渔业紧急救灾和灾后生产恢复。

（15）指导归口管理的事业单位和社团组织的业务工作。

（16）承办部领导交办的其他工作。

6. 国家海事局

经国务院批准的中华人民共和国海事局（交通运输部海事局，以下简称海事局）已经成立。海事局是在原中华人民共和国港务监督局（交通安全监督局）和原中华人民共和国船舶检验局（交通部船舶检验局）的基础上合并组建而成的。海事局为交通部直属机构，实行垂直管理体制。根据法律、法规的授权，海事局负责行使国家水上安全监督和防止船舶污染、船舶及海上设施检验、航海保障管理和行政执法，并履行交通部安全生产等管理职能。海事局的主要职责包括：

（1）拟定和组织实施国家水上安全监督管理和防止船舶污染、船舶及海上设施检验、航海保障以及交通行业安全生产的方针、政策、法规和技术规范、标准。

（2）统一管理水上安全和防止船舶污染。监督管理船舶所有人安全生产条件和水运企业安全管理体系；调查、处理水上交通事故、船舶污染事故及水上交通违法案件；归口管理交通行业安全生产工作。

（3）负责船舶、海上设施检验行业管理，以及船舶适航和船舶技术管理；管理船舶及海上设施法定检验、发证工作；审定船舶检验机构和验船师资质、审批外国验船组织在华设立代表机构并进行监督管理；负责中国籍船舶登记、发证、检查和进出港（境）签证；负责外国籍船舶入出境及在中国港口、水域的监督管理；负责船舶载运危险货物及其他货物的安全监督。

（4）负责船员、引航员适任资格培训、考试、发证管理。审核和监督管理船员、引航员培训机构资质及其质量体系；负责海员证件的管理工作。

（5）管理通航秩序、通航环境。负责禁航区、航道（路）、交通管制区、港外锚地和安全作业区等水域的划定；负责禁航区、航道（路）、交通管制区、锚地和安全作业区等水域的监督管理，维护水上交通秩序；核定船舶靠泊安全条件；核准与通航安全有关的岸线使用和水上水下施工、作业；管理沉船沉物打捞和碍航物清除；管理和发布全国航行警（通）告，办理国际航行警告系统中国国家协调人的工作；审批外国籍船舶临时进入中国非开放水域；负责港口对外开放有关审批工作及中国便利运输委员会日常工作。

（6）航海保障工作。管理沿海航标无线电导航和水上安全通信；管理海区港口航道测绘并组织编印相关航海图书资料；归口管理交通行业测绘工作；组织、协调和指导水上搜寻救助，负责中国海上搜救中心的日常工作。

（7）组织实施国际海事条约；履行船旗国及港口国监督管理义务，依法维护国家主权；负责有关海事业务国际组织事务和有关国际合作、交流事宜。

（8）组织编制全国海事系统中长期发展规划和有关计划；管理所属单位基本建设、财务、教育、科技、人事、劳动工资、精神文明建设工作；负责船舶港务费、船舶吨税有关管理工作；负责全国海事系统统计和行风建设工作。

在有关法律、法规进行相应的修改之前，海事局仍继续以"中华人民共和国港务监督局"和"中华人民共和国船舶检验局"的名义对外开展执法管理工作。另外，海上执法队伍还有海上边防巡逻大队和海上缉私队伍。

毫不夸张地说，人类的活动自从人类出现至今都与海岸带有着密切的联系，而且年代越近联系就越紧密。人类利用和开发海岸带的活动主要有：沿海基础设施、生物资源开发利用、航行与通讯、矿产资源和能源开发、旅游业、废物倾倒和污染防治、滨海和岸线管理、海岸带和海洋环境保护、军事活动及各种方式的海洋科学研究等。由此形成了带有浓郁海岸带地域特色的社会、经济、生态等的复杂系统。

对于所有沿海国家的经济发展，海岸带都起到主导或是决定性的作用。如重要的贸易活动、主要企业、技术群体和高科技等多数都集中于海岸带地区，形成了具有明显特色的海岸带经济群体。然而，人类在注重经济发展的同时，却往往忽视海岸带各子系统之间是相互影响、相互联系的有机整体性特征，再加上海岸带生态环境本身的脆弱性，都使管理工作的成效受到限制。

二、中国海岸带管理的重点

（一）海岸带管理的机构设置及权限划分

地方海洋管理机构虽受国家海洋行政机构的领导，但同时也要服务于地方政府的经济建设发展的需要，因此在产生矛盾时往往难以处置。另外，地方海洋管理机构模式不一，职能也差距较大，这就造成原本应属同级地方海洋行政管理机构的职权相差较大，对其辖区内的管理力度自然也就不尽相同。

根据《宪法》第九条及《领海及毗连区法》第五条"中华人民共和国对领海的主权及于领海上空、领海的海床及底土"的规定，国家海洋局首要考虑到海洋（包括海岸带）环境的整体性，应将包括海岸带在内的海洋区域的开发利用和保护作为基本责任。各涉海行业的海洋管理职能部门和海洋管理机构，如农业、环保、国土资源、交通、旅游等部门，分别从本部门的利益出发，参与了海岸带管理。但是由于各部门缺乏横向协调，极易造成管理上的重复、冲突或真空。另外，又因为相互合作不足，管理部门分散，易形成令出多头、政出多门的局面。地方之间、部门之间、部门与地方之间权益纷争，也易造成管理上的混乱。例如，盐业、渔业、苇田、农垦争占滩涂，港口建设、军事设施、市政建设争占岸线，石油勘探开发、盐业、海港、渔业和航道建设相互影响，等等。总之，随着邻近海域和海岸带开发利用程度的纵深发展、矛盾的日渐凸显，海洋资源管理宏观失控的可能性有增加的趋势。

（二）海岸带综合管理协调机制

海岸带既是一个统一的复合生态系统，又处于特殊的地理位置，因而各种资源的开发和利用应该是相互联系、综合、可持续的。鉴于此，对其管理应在一个强有力的部门下进行，以保证其统一性、效益性和持续性。然而，中国海岸带管理基本上是陆地各种资源开发行业部门的管理职能向海岸带的延伸。而唯一具有全局性的职能部门国家海洋局，部门层次偏低，难以协调在海岸带开发过程中部门之间的冲突和矛盾；在实际管理工作中权责有限，主要是咨询与协调，对海岸带的管理实际上仍是以部门管理为主。这种情况的出现，在实践中极易导致各管理部门，如国家旅游局、交通部门、农业部、国家石化部门等，仅仅从本地区、本部门、本行业的局部利益出发进行管理。当生产开发与管理发生矛盾时，会以牺牲资源管理来服务于生产开发。其结果严重影响到海洋资源管理工作的有效开展，并引发资源管理中更加尖锐、复杂的矛盾，即在同一个区域内的开发与管理被行政壁垒、部门壁垒分割开来。①

这种管理体制对破坏性事件和重大决策失误的发生可能起到一定的抑制作用，但缺陷也是明显的，主要是没有把海岸带作为一个相对独立的综合系统看待，没充分考虑海岸带的特殊性。随着国家海洋事业的发展，这种管理体制模式的弊端逐渐暴露出来。体制的缺陷使我们不能进行有效地进行综合管理或科学协调各种海事活动之间的关系，以便把各方冲突减少到最低程度或变冲突为双赢。海岸带的可持续发展必然要求政府各部门在引进项目、制定发展战略、开发海岸带等工作上通力合作。以海岸带的可持续发展为首要目标，建立有效协调机制，改变在具体运作中易产生的冲突与矛盾。首先，应解决管理机构重复设置、职能交叉的局面，避免利益争、责任推的现象发生；其次，应解决政策规划中只顾及本部门利益，缺乏海洋、海岸带综合开发规划的理念；最后，应解决缺乏协调，综合效率低下的问题。

（三）海岸带管理的立法

海岸带立法是海岸带综合管理体系的基础，是相关机构有效地实现对海洋和海岸带的综合管理的依据。法制的统一是人们的行动协调和社会稳定、效益充分发挥的前提，因此，在当前立法中贯彻立法的法制统一性就显得尤为重要。也只有以此为前提，借助于合理、科学的标准与规范，才能实现综合管理的科学化。如果说《环境保护法》在立法时更多地考虑了陆地，那么《海洋环境保护法》更多关心的是海洋，但两者都没能给予海岸带这个处于海陆的过渡带以足够的重视。中国到目前为止没有出台《海岸带综合管理法》，因此在海岸带管理方面仍缺乏国家级的综合性法律，只有零星的省、市级管理条例和行业法的相关规定。海岸带管理则更适于采用区域管理的办法，而不适于采用以具体管理部门权限为界限的管理规范和制度等作为管理的标准。我们应在海岸带综合管理价值链中，把海岸带立法、权益和功能区划作为管理的基础和前提，以地区的整体性作为出发点，以保护海岸带资源和协调海岸带地区经济发展为基准，把它作为一个特殊的国土地带实行综合管理，为整个管理价值链的顺畅运转和具体管理

---

① 严恺、周家苞：《中国海岸带开发利用中的问题和对策》，《水利学报》1991年第4期。

环节活动提供保障，最终实现海岸带的和谐发展。①

（四）海岸带管理的执法

（1）执法部门之间缺乏协调机制。中国海岸带执法分属不同的部门，因部门执法职责不清，缺乏必要的协调，趋利而避责，极大影响了对事件的处理速度和效果，执法效率与效果低下。海岸带职能交叉的管理体制，使执法权横向分散于不同的职能部门，这样不但分散了国家有限的物力和财力，增加了执法成本，而且降低了政府的服务与管理效能，影响了执法的质量和效率。

（2）执法人员专业素质有待提高。执法人员的业务水平的专业性高低直接影响执法的过程与效果。现阶段中国的海上执法人员大多来自其他专业领域，如果没有很好地完成由外行到内行的转变，必然会导致在执法过程中出现问题与偏差。

（3）执法物质条件差，技术手段落后。各部门各自为政，利用有限的资源所进行的建设必定是重复性的、低水平的。海上执法以购买船只和飞机为先决条件，要建设通信、指挥和后勤保障系统。一旦投入使用，还需要大量的经费用于日常维护。其性能的优越与否直接影响对违法行为的监督和打击力度。

（4）公众对海岸带综合管理的法律意识淡薄。因海岸带综合管理是一项涉及面较广的工作，而政府的人力、物力有限，如果只靠政府部门的单方面行动，根本无法实现。公众的监督具有广泛性、及时性的特点，然而公众海洋法律意识却较为淡薄，严重影响海岸带综合管理制度的普及与可持续发展。

第二节　中国海岸带综合管理的政策建议

一、加强宣传，加深对海岸带综合管理的认识

在体制建设上，海洋管理和海岸带管理似乎是同一个范畴的问题，将海岸带管理纳入海洋管理的领域。事实上，海洋管理仅限于海岸线的海测，

---

① 刘述锡、孙钦邦、孙淑艳、闫吉顺、温泉：《海岸带开发强度评价研究》，《海洋开发与管理》2015 年第 2 期。

而海岸带管理则是将海岸线两侧一定范围内的而区域作为统一的单元进行管理。海岸带是人类活动的前沿地带，人类活动密度大、频度高，所承受的压力也是最大的，是人类活动最敏感的地区。因此，应把海岸带作为个独立的管理单元实施综合管理。应通过加强宣传，弄清确立综合管理体制的重要性，加深各方面对海岸带综合管理的认识，形成对综合管理必要性重要性的公式。宣传重点要把握以下方面：

（1）从认识上，解决海岸带构成一个统一的生态单元的问题，因海岸带有地理和生态上的特殊性：其一，海岸带处于海陆的过渡带，生态稳定性差；其二，受海、陆、冰、气四种介质的交互影响，表现出其过程的复杂性、多样性；其三，整个区域因海洋的影响表现出极强的动态性；其四，具有海陆生物的过渡性、交互渗透和相互影响；其五，退潮地作为土地资源的不稳定性等。

（2）综合管理是传统的部门管理发展的高级形式，立足于对海岸带根本利益和长远利益，对海岸带进行全方位整体的协调管理，在于确立一种科学化、程序化制度化的协调管理机制。

（3）海岸带综合管理的目标集中在海洋资源开发与海洋环境保护工作的系统工程，达到海洋生态资源的可持续性利用的目的。

（4）海岸带综合管理侧重于全局整体客观和共用条件的建设和实践，并不深入具体行业管理的领域，只是把行业的部门管理有机的协调起来，使其各种有关管理形成一个完整的统一体。

（5）海岸带宣传工作要深入群众、深入实际，提高广大民众的海洋意识、综合管理意识、参与意识，只有广大民众积极支持、参与到海岸带管理中，海岸带的综合管理才能够真正有效。

二、加快海岸带综合管理基础条件的创造

海岸带的综合管理只有借助于科学合理的规范与标准才能实现科学化，对于海岸带的管理，主要应厘清海岸带管理的范围、加强海洋功能区划工作。①

---

① 黄康宁、黄硕琳：《我国海岸带综合管理的探索性研究》，《上海海洋大学学报》2010 年第 2 期。

（一）确定海岸带管理的范围

借鉴国外的实践经验，根据中国的实际情况，应保持生态单元的完整性，考虑到管理的可实施性和可操作性，建议海岸带的管理范围如下：

（1）以潮间带为管理的核心地带。

（2）向海延伸到 15 米等深线。

（3）向陆界线的划定原则是：①从海岸线向陆控制在 5 千米的范围内；②乡村地区，为了保持管理的可实施性，最好能与乡镇管理界线保持一致；③城市建成区，以平行海岸的第一条分水岭或第一条主干道路为界；④小岛包括全岛。

（二）加强海洋功能区划

海洋功能区划是为了与海洋资源管理相配套而设计的一项工作，其工作范围包括海岸带管理的范围，为海洋和海岸带管理奠定科学基础。为了更好地贯彻实施全国海洋功能区划和开发规划，针对目前问题，特提出以下意见：

（1）广泛宣传，提高对海洋规划和区划的认识。海洋功能区划是新生事物，人们对它还缺乏了解，要使功能区划顺利地贯彻执行，必须做好宣传教育工作，强化海洋意识，强化对海洋功能区划的系统论、控制论的认识，只有这样，海洋功能区划的贯彻执行才能有广泛、深入的实践基础和群众基础。

（2）加强领导，完善海洋功能区划体系。规划应通过各级政府的审批，或由相应的政府颁布管理规章保证其贯彻实施，保证海洋功能区划的科技行为向行政行为的转变，加强海洋开发规划和海域使用规划工作，并将其工作制度化，从而确立其海岸带综合管理规范地位，最终实质性地确立其作为海洋和海岸带综合管理规范的地位；此外，健全法制，通过法律制度，以法律的强制力和普遍的约束力，认真组织实施海洋功能区划，依法行政；定期监督检查，确保《全国海洋功能区划》目标的实现。

（3）依靠科技，完善海洋功能区划的技术支撑体系。利用现代科技手段，对海域的资源与环境、使用状况进行调查与评价，为海洋功能区划的编制提供基础依据。建立结构完整、功能齐全、技术先进的海洋功能区划管理信息系统，为建立海域使用与环境保护动态监视监测网络体系、全方位动态跟踪和监测海域使用状况与环境质量状况、强化政府对海域使用和海洋环境保护的实时监督管理提供基础依据。①

（4）加强海洋开发规划和海域使用规划工作，并将其工作制度化，从而确立其海岸带综合管理规范地位。

三、设置一个较高层次的海岸带综合管理机构

在对海岸带的开发利用已向广度和深度拓展的今天，建立一个跨部门多层次的海岸带综合管理机构愈显重要。立足于中国国情，建立维护国家海洋权益、海岸带防灾减灾、海岸带资源开发与保护统一管理与分行业分部门管理相结合的管理体制也迫在眉睫。也就是说，从事海岸带开发活动的部门可以是多个，但要建立一个起协调作用的、强有力的海洋海岸带综合管理体制，做到管理分工有序、综合有制，将现有的部门管理科学地协调起来，克服存在的各部门管理间相互的不协调因素。

因此，国家应设立较高层次的海洋行政管理职能部委，可以设立海岸带开发委员会，协调地方政府的海岸带开发规划，负责全国海岸带开发大政方针的制定；可以成立各涉海部门参与的海岸带管理委员会，由最高行政领导担任组长，成员由各涉海部门的业务主管领导兼任；海洋局作为海岸带管理委员会的办公室，负责其日常事务。海岸带管理委员会主要职责是从中央到地方的纵向管理，指导地方之间的横向协调；把民主决策做出的结论付诸实施，并追踪核实实施效果，然后反馈给海岸带管理委员会的各成员。海岸带开发委员会和海岸带管理委员会代表国家形式行政管理职权，只是形式协调功能，并不深入和介入应归部门管理的内部事务，最终使综合管理同分部门专项管理形成相辅相成的协调管理机制。

改变现存于地方管理机构中的海洋与土地、地矿结合，海洋与渔业结合，专职海洋行政管理机构，地方与国家合并的机构设置模式。在海岸带管理中，政府是主导力量，其主要职能是贯穿在政府管辖的各项事业中的指导、协调、控制、监督、服务、管理、保卫等职能。正因为政府的职能动态性和特殊地位的特点，推动海岸带综合管理不但是政府社会属性的体现，也是沿海地区政府的主要职能，因此海岸带管理部门履行职能时，应使其摆脱部门利益的制约，避免管理真空和多头管理现象，充分发挥其服务保障功能。

---

① 孔一颖、粤海渔：《多规融合，"一张图"管控广东海岸带 十大问题带你解读〈广东省海岸带综合保护与利用总体规划〉》，《海洋与渔业》2017年第12期。

四、实现海岸带法制建设综合化

（一）加强海岸带立法

与管理机构改革相配套，健全的海岸带综合管理体制不仅包括一个高效的海岸带管理职能部门，还应逐步建立起海岸带综合性法律法规体系。管理机构只有借助立法才能有效地实现对海洋和海岸带的综合管理，弱化各涉海部门各自为政的观念，充分发挥其在中国海岸带立法体系中的指导、协调作用。而且也只有借助于合理、科学的标准与规范，才能实现科学化的综合管理。①

因此，中国应尽快制定《海岸带综合管理法》，借鉴国外的经验，结合中国的实际情况，海岸带综合管理法规内容应至少包括以下方面：

（1）海岸带综合管理的宗旨目的。

（2）海岸带管理范围的界定。

（3）海岸带地区及其资源所有权的规定。

（4）海岸带开发与保护的基本政策。

（5）海岸带综合管理的指导思想和原则。

（6）海岸带综合管理机构及其职能范围。

（7）海岸带综合管理需建立的基本制度。

（8）海岸带及其资源开发利用的审批制度。

（9）海岸带资源的治理保护和防灾。

（10）海岸带管理的综合实施等。

应在国家颁布《海岸带综合管理法》的同时，各地以此法为纲制定管理本地区的海岸带法规文件，加强海岸带地区的综合管理，形成一套完善的法律体系。同时，还应加强配套法律的建设，并积极开展海洋、海岸带的普法宣传工作。

（二）强化海上执法队伍建设

因海岸带综合管理具有专业性、综合性、复杂性的特性，这要求建立全国统一多职能一元化的海岸带执法队伍。其目标为保障海岸带综合管理

---

① 朱大霖、岳鑫：《提升我国海岸带生态环境保护管理水平对策》，《海洋开发与管理》2015年第2期。

的有效进行，并确保法律的有效。

中国海上执法队伍力量薄弱、设备陈旧，并分散在 5 个部门，缺乏统一协调，应急反应能力有待提高。这种分别由海监、港监、渔政、海上公安和海上缉私等 5 支队伍构成的海洋执法体制，与当前和今后维护海洋权益，实施海岸带综合管理极不适应。为避免重复建设造成的财力、人力和物力浪费，改善目前的执法装备，应该集中力量加强投资力度。具体应该做到：

（1）配备先进的巡航监视船舶、飞机、装备及器材。

（2）建立海陆之间、船机之间的信息传递系统。

（3）完善陆上技术、物资保证系统，提高其执法能力和执法水平。

（4）建立统一的海上执法队伍。

随着地方海洋机构改革的进展，现有沿海省、自治区、直辖市的海洋机构中，大多数海洋机构为海洋和渔业厅（局），在这些省（区、市）实现了海监与渔政执法队伍合二为一，也为海上执法队伍的联合提供了有力的条件和实现的可能。

在中国海岸带统一执法的过程中应遵循依法行政原则、及时性原则、客观性原则、合理性原则。只有在此基础上，才能在海岸带执法中，使案件或事件的处理得以顺利执行和圆满解决，从而提高工作效率，避免造成取证困难或事态扩大。整合现有的各部门的执法力量，明确、协调各执法队伍的职责与分工，属于各自管辖的事项应各司其职，遇到综合问题时由海岸带管理委员会统一协调。克服目前多支执法队伍分工的真空地带和交叉重叠的缺陷，避免执法管理的盲区。全面有效地维护国家在资源开发与利用、环境保护、渔业资源、国家安全及卫生、海洋科研、缉私等方面的权益。

完善海岸带执法监督约束机制、应急机制。规则的遵守需要自觉性，但也需要有外界力量施加影响，敦促所有成员执行，采用监督检查是较为有效的方式。通过人大、政府、司法部门、政协、社会团体和公众的参与，加强对海洋法规实施情况的监督和检查，实现优质快捷的执法。另外，海洋、海岸带工作的特殊性，要求高素质的执法人员，可以对现有的执法人员进行定期的业务培训，招聘新的执法工作人员时严格把关，将有限的资源发挥出最大的效能。增强建设海洋强国理念的宣传与教育，提高对海洋、海岸带重要性的认识，加大对涉海科研、院校的投入力度，提高海洋高等教育水平等。此举会让我们坚信，中国的海岸带综合管理将在各界人士的共同努力下更加完善。

第三节　中国海岸带综合管理的主要措施

一、建立多维度的海岸带综合协调机制

（一）建立各涉海岸带部门及政府间的综合协调机制

在政府机构精简、减少经费开支和编制数量压缩的宏观背景下，要协调好海岸带相关事务，必须调整职能配置，加强部门间的合作。建立能对管理工作实行统一领导、规划和协调的海岸带综合管理委员会，以实现管理、科研和执法监察部门间的协作，负责统一领导和规划中国的海洋、海岸带数据库、办公网络和海洋信息系统建设等。沿海省、市、县各级政府机构，因各自的利益归属主体差异、发展状况与出发点的不同，会做出各自的规划，就有可能造成不利于海岸带整体性发展的局面。为了处理好诸如此类问题，实现整体与局部、长远与短期利益的均衡，也需要有一个综合管理的部门来处理决断。[①]

（二）建立海陆间的综合协调机制

海岸带开发利用可能会忽略整体性，使海陆间开发利用的相关政策、法规缺乏联系甚至相互抵触。中国的海陆综合协调难以实现，究其原因在于涉及海岸带的政策、法规针对性太弱，缺乏强有力的综合协调管理法规的建设。各部门应在服从总体目标的框架下进行海岸带资源的开发利用和管理，在经济发展及部门规划的基础上兼顾部门利益，编制海岸带开发计划和管理规划方案，建立审批制度；应在强化部门之间有效协调的基础上，突破行政区划、海区的局限，把海岸带综合管理计划的实施，提到国家和地方政治议程的高度，以确保各级政府有效地参与实施。此外，地方政府也可以在国家法律、政策的框架下积极尝试，为海岸带的可持续发展积累宝贵的经验。

[①] 张利权、袁琳：《基于生态系统的海岸带管理——以上海崇明东滩为例》，海洋出版社，2012，第 13－16 页。

（三）建立与沿海邻国间的区域协作机制

海水具有流动性、系统性等特点，就是在某国的行政区划内，海洋环境和海洋生物并非为其国家所独享，这就为与沿海邻国间的区域协作提供了条件。21世纪是海洋的世纪，海岸带在社会经济发展地位的重要性可想而知。世界各国都面临着资源、人口、环境等共同的难题，加强与海洋邻国建立区域性合作组织、发展信息传播网络和区域性海洋环境监测就显得较为重要。实现与海岸带信息中心信息和数据的双向传输，随时处理、分析这些信息和数据，以便制定相应的对策。同时，还可以为社会公众提供便利的信息与服务，提高公众的认可度。

（四）建立海岸带综合管理中的科学参与机制

基于海岸带本身的特殊性与复杂性，海岸带综合管理应属于社会科学和自然科学的交叉学科。这就要求解决好科学工作者与决策者之间的沟通协调，使研究成果及时应用于领导层的决策之中。既能提高学者们的研究热情，又能使海岸带的决策具有整体性与科学性，从而达到双赢。此外，也要注意科学工作者之间的协调。可在海岸带管理委员会下，成立由相关专家组成的咨询委员会，实现决策和管理的科学与合理，达到海岸带管理的最优化，真正做到民主科学决策。[①]

二、制定促进三大产业协调发展的海岸带管理的经济政策

中国是世界海洋大国，海岸带的经济发展应注重效益、扩大规模，实行陆海联动协调可持续开发的策略，以促进三大产业的合理规划与发展为目标。

对于渔业、淡水及海水养殖等第一产业，应根据《渔业法》等法规，加强渔业捕捞管理与监督，严格执行渔业管理制度；积极发展水产品深加工，创立品牌产品，培养龙头企业，努力开拓国内外市场；建设以渔港为重点的集仓储、交易、配送、运输为一体的水产品物流中心；注重渔业资源的增殖，把休闲渔业发展提到一个较高水平，提升鱼类的经济价值；拓展渔业发展空间，鼓励和开发能与第三产业衔接相关的新型产品，产业链

---

① 孙伟、陈诚：《海岸带的空间功能分区与管制方法——以宁波市为例》，《地理研究》2013年第10期。

条的延伸将会极大推动渔业产业化的进程。

海岸带的第二产业主要包括海洋油气业、海洋船舶工业、海盐与海洋化工、海水利用、机械装备制造业、电力工业、轻纺工业等。应以中国5个沿海地区港口群为中心，建立各具特色的产业基地，大力推动产业集聚，充分发挥核心企业和产业集聚区的带动作用，促进产业链延伸和产业升级；积极推动产业融合发展，尤其是先进制造业和现代服务业的融合，积极培育新的经济增长点；利用与完善并举，不断开发新产品，提高质量；建设高效发达的黄金海岸经济带和蓝色产业带。

海岸带第三产业主要包括陆海交通运输、滨海旅游、软件、海洋生物医药、新材料、环保新能源和数字内容等。有关部门在制定相关的发展政策时，应重点发展第三产业，使海岸带社会和谐繁荣，城市化水平进一步提高；提高各种服务的附加值，建立比较完善的海岸带综合管理机制，以利于环境、经济、社会三维复合系统实现可持续发展；重点提升科技进步对海岸带经济发展的贡献率，使海岸带产业布局和经济结构进一步优化。

三、制定全国性权威的海岸带管理法

1958年9月4日，中国政府发表关于领海的声明，这是首次在国家声明中涉及海洋、海岸带的权益问题。1983—2001年，中国先后颁布了《海洋环境保护法》《防止船舶污染海域管理条例》《海洋石油勘探开发环境保护管理条例》《海上交通安全法》《海洋倾废管理条例》《渔业法》《防止拆船污染环境管理条例》《环境保护法》《防治海岸工程建设项目污染损害海洋环境条例》《防治陆源污染物污染损害海洋环境管理条例》《海域使用管理暂行规定》《海域使用管理法》等。

由于这些法律法规都带有明显的专属性，起不到综合管理的作用；而且不够全面，某些新兴海洋产业又无法可依。在此期间，中国在1996年加入《联合国海洋法公约》。也正是在此契机下，中国《海域使用管理法》和《海洋环境保护法》才得以顺利出台，成为中国当前对海洋、环境与海岸带资源管理的综合性法规。这些法规虽对海岸带有一定的作用，但对于海岸带这个特殊的区域而言，只是某些专项法规的延伸，很难实现其整体的效能。为了能更有效地解决好各种海岸带资源开发与保护之间的关系，应尽快制定具有全国性权威的海岸带法律、法规，从而能使海岸带的科学管理有法可依，实现海岸带的可持续发展。

四、制定双目标体系的海岸带的生态系统综合管理政策

海岸带生态系统是具有多层结构的动态开放、复合系统，同时也是人类活动最为集中的场所。因此，海岸带综合管理要求用综合方法、观点，统筹考虑对海岸带的生态、资源、环境的保护和开发。这里所讲的综合既是指部门之间、政府之间的综合，也有科学的综合和空间综合等，是一个连续的、动态的发展过程。对海岸带的开发和利用，即使是在其可承受的能力范围内，因为海岸带生态系统具有复杂性、整体性、脆弱性的特征，其恢复过程也是相当缓慢的。因此，必须从多学科多角度进行综合考虑，严格谨慎地按照科学规律来制定海岸带开发利用计划，进行综合决策。[①]

适时建立双目标体系。所谓双目标体系，是指在保证从同一个生态系统中不断获取商品和服务，来满足人类日益增长的物质需求，同时注重调节整个人类社会的欲望，以保护、修复和整治自然生态系统，来调和这两种相互冲突的海岸带管理目标。海岸带是海陆过渡、交接地带，是自然地理要素及大气、陆地水、海水、人、动植物之间的能量转换与物质迁移场所，其能量流动和物质转化具有统一性和整体性。由于生产力水平不断提高，科学技术加速发展及工业化、城市化的进程加快，人类对自然环境的影响和开发利用达到了较高的程度，也由此引发了一系列的生态环境问题。国际社会和许多科学家指出，应在世界范围内加强和实施海岸带可持续发展和综合管理战略。

五、制定科学的海岸带地质灾害预防政策

（1）进行科学规划。因海岸带灾难的多样性，应该运用高科技手段对各种地质灾害进行科学分析，力求其成因及规律，进行科学布控，综合规划。

（2）进行沿海岸护岸工程和防潮防洪大堤建设，消减台风、风暴潮、海岸侵蚀和洪涝所造成的危害；同时重视沿海防护林体系工程建设，把它作为海岸带抵御海岸侵蚀的一道天然屏障，既可以改善区域的生态环境，又能够抵御台风破坏。

（3）加强海岸带地区各项建筑的抗震力度；进行沿海工程建设，特别

---

① 宁凌：《海洋综合管理与政策》，科学出版社，2009，第22-25页。

是在人口较为集中的城市时，整体提高抵御突发地震、海啸等大型自然灾害的等级。

（4）防止超采地下水引起的地面沉降和海水倒灌等现象，加强跨流域调水工程建设。

六、制定有效的公众参与政策

（1）鼓励公众及社会团体积极支持与参与，确保管理政策行之有效。公众及社会团体在海岸带自然资源开发与保护中的参与力度，与公众的海岸带资源保护意识密切相关。公众参与需要集中解决对象、意识、途径和能力等方面的问题，公众、团体和组织的参与程度和参与方式将决定海岸带管理信息化、科学化的进程。

（2）公开和完善决策程序，建立一个有效的公众参与的综合决策机制，将公众参与列为其中的重要环节。可以考虑让公众通过海岸带合作伙伴关系的方式，参与海岸带资源的开发与保护。政府重大政策制定、宏观决策、重大建设项目立项要广泛征集环保社团和环保专家的意见，并给予及时反馈。[①]

（3）制定有效的公众参与政策应先提升公众对海岸带的保护意识。公众对海岸带自然资源环境保护意识淡薄，是目前海洋垃圾产生的一个重要原因。《2009 年中国海洋环境质量公报》显示，海面漂浮垃圾的分类统计结果为塑料类垃圾数量最多，占 60.54%；其次为聚苯乙烯泡沫塑料类和木制品类垃圾，分别占 17.25% 和 11.47%。表层水体小块及中块垃圾的总密度为 3.45 克/100 平方米。其中，塑料类、纸类和橡胶类垃圾密度最高，分别为 1.67 克/100 平方米、0.53 克/100 平方米和 0.36 克/100 平方米。通过公共媒体等的宣传和引导，加强公众对海岸带自然资源的保护意识，将有利于从源头上减少海洋垃圾的数量，从而降低对海岸带生态环境产生的恶劣影响。

七、完善海岸带管理的科技政策

（1）实现以高科技为技术支撑的海岸带全方位监控，要积极推动地理

---

① PEMSEA 秘书处：《海岸带综合管理读本》，张朝晖、傅明珠、王守强等译，海洋出版社，2013，第 162 - 163 页。

信息系统、遥感、全球定位系统一体化，进而服务于海岸带环境保护与开发。开展对海岸带的生物资源、环境质量、海平面和滩涂变化、生态系统等全方位监测，完善针对海岸带污染的海、陆、空的立体监视网络，加强资源的动态监测。

（2）进行海岸带变化趋势和动态发展的分析和模拟，提供快速、有效、准确的咨询和决策信息。完善海岸带管理科技政策必须以增加科研、教育的投入为前提。与美国、日本等发达国家相比，中国在一些方面的研究还处于初步阶段，海岸带科研投入的力度与自然资源的开发利用和保护的需求之间还存在较大差距。

（3）增加海洋科研经费，提升从事科技活动人员的学历构成的合理性，通过增设海岸带科研机构的科技课题等方式来加大对海岸带能源开发技术的科研投入力度；还应积极加强与海洋类高等院校及临海企业的合作，提升海岸带综合利用的科学性。

八、完善海岸带资源的开发与保护政策

海岸带资源包括自然资源与人文资源。前者主要指海洋化学资源、海洋能资源、生物资源、矿产资源、滨海旅游资源、海岸带土地资源、港口资源、海岸带空间资源等，后者主要指海岸带地区的人类在生产、生活、劳动中所形成的人文资源。由于海岸带资源的构成具有复杂性，其自然环境也具有一定的特殊性。正是基于海岸带资源环境的特殊性，海岸带的开发规划应打破行政区划的限制，通过加入环境影响与功能区定位技术来实现其可持续发展。此外，把海岸带也作为一种资源来认识，这种观点是近几年才出现的，它也可以说是在海岸带研究过程中的一次提高和深化。

在中国，这个跨越热带、亚热带和温带的辽阔陆海地域，从战略性角度统筹海岸带区域资源合理配置，解决可持续发展和资源开发及生态保护需求的矛盾冲突，应使规划环境成为政府决策的重要依据，正确处理好海岸带自然资源开发利用与保护的矛盾，避免"公地悲剧"的发生。从经济学关于理性人的假设来看，任何单位和个体都倾向于不断扩大生产规模，倾向于利益的最大化，对公共物品资源的损害也就随之出现。正如约翰·伊特韦尔等所提出的观点那样，如果没有人对这项公共财产的价值（租金）具有排他性的所有权，那么人们竞相使用这项公共财产将导致这样的结果：每一个竞相使用者所可以获取的，只不过是在使用这一公共财产时需要付出他自己的资源的替代物。换句话说，最终的结果是开发者是不会主动承

担的，最终也只能转嫁给全社会。

　　制定海岸带资源的开发与保护政策时还应当注意到海岸带资源资产的产权管理，实现海岸带资源资产有偿使用及海岸带资源资产化管理的立法工作，实行海岸带开发利用许可证制度，设定不同的审批级别，进行综合审核，尽快完善价值核算体系，从而通过提升科技水平来提高海洋资源的利用效率。①

练习思考题

　　1. 我国海岸带管理目前面临的困境有哪些？

　　2. 请阐述我国海岸带管理能否脱离生态环境一味追求经济利益。

　　3. 我国真正意义上的海岸带管理始于什么时候？具体措施是什么？

　　4. 我国海岸带管理机构设施主要是什么？

　　5. 改革开放时期的海洋政策主要是什么？

　　6. 我国现有的关于海岸带的法律制度有哪些？

　　7. 我国海岸带管理是否中央集中管理下发条令即可？

　　8. 生态环境保护在海岸带管理中的地位是什么？为什么？

---

　　① 董跃：《我国海岸带管理立法建设途径刍议》，《海洋开发与管理》2008 年第 11 期。

参 考 文 献

[1] BEATLEY T, BROWER D J, SCHWAB A K. An introduction to coastal zone management [M]. Washington D. C. : Island Press, 2002.

[2] CLARK J R. Coastal zone management for the new century [J]. Ocean & coastal management, 1997, 37 (2): 191 –216.

[3] COOPER J A G. Progress in integrated coastal zone management (ICZM) in Northern Ireland [J]. Marine policy, 2011, 35 (6): 794 –799.

[4] DEBOUDT P, DAUVIN J C, LOZACHMEUR O. Recent developments in coastal zone management in France: the transition towards integrated coastal zone management (1973 – 2007)　[J]. Ocean & coastal management, 2008, 15 (7): 115 –121.

[5] DEBOUDT P. Testing integrated coastal zone management in France [J]. Ocean & coastal management, 2011, 35 (4): 218 –223.

[6] DUMAS P, PRINTEMP J, MANGEAS M. Developing erosion models for integrated coastal zone management: a case study of the New Caledonia west coast [J]. Marine pollution bulletin, 2010, 61 (7): 519 –529.

[7] GEOFFREY W. Integrated coastal zone management in the Australian states [M]. Sydney: Antarctic CRC, 2001.

[8] HUA S, ASHBINDU S. Status and interconnections of selected environmental issues in the global coastal zones [J]. AMBIO: a journal of the human environment, 2003, 32 (2): 145 –152.

[9] MENON M, RODRIGUEZ S, SRIDMR A. Coastal zone management: better or bitter fare? [N]. Economic and political weekly, 2007 – 10 – 7 (5/ 6).

[10] PORTER M E. The competitive advantage of nation [M]. New York: Te Free Press, 1990.

[11] PRIMAVERA J H. Overcoming the impacts of aquaculture on the coastal zone [J]. Ocean & coastal management, 2006, 49 (9/10): 531 –545.

［12］ RAMANATMN A L, NEUPANE B R. Management and sustainable development of coastal zone environments ［M］. Berlin: Springer, 2010.

［13］ SEKMR N U. Integrated coastal zone management in Vietnam: present potentials and future challenges ［J］. Ocean & coastal management, 2005, 48 (9/10): 813 – 827.

［14］ SHIPMAN B, STOJANOVIC T. Facts, fictions, and failures of integrated coastal zone management in Europe ［J］. Coastal Management, 2007, 35 (2/3): 375 – 398.

［15］ TITUS J G, KUO C Y, CIBBS M J, et al. Greenhouse effect, sea level rise, and coastal zone management ［J］. Coastal zone management journal, 1987, 113 (2): 216 – 227.

［16］ WOLANSKI E, NEWTON A, RABALAIS N, et al. Coastal zone management ［J］. Encyclopedia of Ecology, 2008: 630 – 637.

［17］ 陈宝红, 杨圣云, 周秋麟. 以生态系统管理为工具开展海岸带综合管理 ［J］. 台湾海峡, 2005 (1): 122 – 130.

［18］ 陈浮. 舟山群岛海域资源开发利用研究 ［J］. 资源开发与市场, 1998, 14 (1): 17 – 19.

［19］ 陈计旺. 地域分工与区经济协调发展 ［M］. 北京: 经济科学出版社, 2001: 86 – 90.

［20］ 董健, 王淼. 我国海岸带综合管理模式及其运行机制研究 ［J］. 中国海洋大学学报, 2006 (4): 1 – 49.

［21］ 冯文勇, 吴攀升. 中国海岸带经济特征分析 ［J］. 忻州师范学院学报, 2003 (4): 91 – 92.

［22］ 高洪深. 区域经济学 ［M］. 北京: 中国人民大学出版社, 2005: 22.

［23］ 龚强, 袁国恩, 汪宏宇, 等. 辽宁沿海地区风能资源状况及开发潜力初步分析 ［J］. 地理科学, 2006, 26 (4): 483 – 489.

［24］ 龚再升, 王国纯. 渤海新构造运动控制晚期油气成藏 ［J］. 石油学报, 2001, 22 (2): 2 – 5.

［25］ 巩固. 海域使用权制度的环境经济学分析 ［J］. 海洋开发与管理, 2006 (5): 91 – 94.

［26］ 管华诗, 王曙光. 海洋管理概论 ［M］. 青岛: 中国海洋大学出版社, 2003.

［27］ 国家海洋局海岛海岸带管理司. 1993 年世界海洋大会文献资料汇编 ［G］. 北京: 海洋出版社, 1994: 8 – 23.

［28］国家海洋局海洋发展战略研究所课题组.中国海洋发展报告 2010 ［R］.北京：海洋出版社，2010.

［29］国家海洋局海域管理司.国外海岸带管理法规汇编 ［G］.北京：海洋出版社，2000.

［30］国家海洋局.2010 年中国海洋环境状况公报 ［EB/OL］. http：//www. mlr. gov. cn/zwgk/tjxx/201106/t20110607_875493. htm，2011 – 06 – 07.

［31］国家海洋信息中心.美国的海岸带管理经验 ［M］.北京：海洋出版社，1993.

［32］国家环境保护总局.中国保护海洋环境免受陆源污染国家报告 ［J］. 环境保护，2006（20）：15 – 21.

［33］海雄，轻舟.全球八大海权之争 ［J］.决策与信息（武汉），2004（9）：13 – 18.

［34］韩立民，都晓岩.泛黄海地区海洋产业布局研究 ［M］.北京：经济科学出版社，2009.

［35］郝红梅.台湾吸引外资和对外投资的现状及特点 ［J］.国际经济合作，1998（1）：44 – 46.

［36］和先琛.浅析我国现行海洋执法体制问题与改革思路 ［J］.海洋开发与管理，2004（4）：42 – 46.

［37］胡序威.中国海岸带社会经济 ［M］.北京：海洋出版社，1992：106 – 107.

［38］胡序威.中国海岸带社会经济 ［M］.北京：海洋出版社，1992：102 – 105.

［39］胡序威.中国海岸带社会经济 ［M］.北京：海洋出版社，1992：2 – 3.

［40］环境保护部.2009 年中国环境状况公报 ［EB/OL］. http：//news. so-hu. com/20100604/n272568798. shtml，2010 – 06 – 04.

［41］黄志超，叶加仁.东海海洋油气资源与选区评价 ［J］.地质科技情报，2010，29（5）：51 – 53.

［42］姜亮.东海陆架盆地油气资源勘探现状及含油气远景 ［J］.中国海上油气，2003，17（1）：1 – 5.

［43］姜旭朝，毕毓洵.中国海洋产业体系经济核算的演变 ［J］.东岳论丛，2009（2）：51 – 56.

［44］金建君，巩彩兰，恽才兴.海岸带可持续发展及其指标体系研究——以辽宁省海岸带部分城市为例 ［J］.海洋通报，2001（1）：61 – 66.

［45］金秋，张国忠.世界海洋油气开发现状及前景展望 ［J］.国际石油经济，2005（3）：43 – 44，57.

[46] 李健.海岸带可持续发展理论及其评价研究［D］.大连：大连理工大学，2006.

[47] 李珠江，朱坚真.21世纪中国海洋经济发展战略［M］.北京：经济科学出版社，2007.

[48] 连琏，孙清，陈宏民.海洋油气资源开发技术发展战略研究［J］.中国人口·资源与环境，2006（1）：66－70.

[49] 联合国环境与发展大会.21世纪议程［M］.国家环境保护局，译.北京：中国环境科学出版社，1993.

[50] 林强.蓝色经济与蓝色经济区的发展研究［D］.青岛：青岛大学，2010.

[51] 刘培哲，潘家华，周宏春.可持续发展理论与中国21世纪议程［M］.北京：气象出版社，2001.

[52] 刘新华，秦仪.论中国的海洋观念和海洋政策［J］.毛泽东邓小平理论研究，2005（3）：70－75.

[53] 卢宁，韩立民.海陆一体化的基本内涵及其实践意义［J］.太平洋学报，2008（3）：43－47.

[54] 卢宁.山东省海陆一体化发展战略研究［D］.青岛：中国海洋大学，2009.

[55] 鹿守本.海洋管理通论［M］.北京：海洋出版社，1997.

[56] 鹿守本.海洋资源与可持续发展［M］.北京：中国科学技术出版社，1999.

[57] 马英杰，胡增祥，解新英.海洋综合管理的理论与实践［J］.海洋开发与管理，2001，18（2）：27－31.

[58] 欧阳康，张明仓.社会科学研究方法［M］.北京：高等教育出版社，2001：319－320.

[59] 秦曼.海洋渔业资源资产的产权效率研究［D］.青岛：中国海洋大学，2010.

[60] 任淑华，吴中平.舟山渔民转产转业的策略及对策［M］.北京：海洋出版社，2003：89.

[61] 塞奇，阿姆斯特朗.系统工程导论［M］.胡保生，彭勤科，译.西安：西安交通大学出版社，2006.

[62] 帅学明，朱坚真.海洋综合管理概论［M］.北京：经济科学出版社，2009.

[63] 宋增华.构建海岸带综合管理体制的设想［J］.海洋开发与管理，2002

(5)：21 – 25.

[64] 苏东水.产业经济学 ［M］.北京：高等教育出版社，2002.

[65] 孙毅.海洋生物工程的巨大潜力及开发动态 ［J］.科技情报开发与经济，2006（21）：180 – 182.

[66] 孙智宇.中国海洋经济研究的回顾与展望 ［D］.大连：辽宁师范大学，2007.

[67] 王雅庭，蒋玲.浅谈舟山海洋产业经济的发展 ［J］.浙江海洋学院学报（自然科学版），2001，20（3）：256 – 258.

[68] 王亚民.中国近海生物资源与生态环境可持续利用 ［R］.海洋科技与经济发展国际论坛，2000.

[69] 吴传钧，蔡清泉.中国海岸带土地利用 ［M］.北京：海洋出版社，1993：17 – 20.

[70] 吴克勤.2020 年的海洋 ［M］.北京：海洋出版社，2004：32 – 39.

[71] 夏东兴，王文海，武桂秋，等.中国海岸侵蚀述要 ［J］.地理学报，1993（5）：468 – 475.

[72] 肖国林.南黄海盆地油气地质特征及其资源潜力在认识 ［J］.海洋地质与第四纪地质，2002，22（2）：81 – 83.

[73] 徐杏.海洋经济理论的发展与我国的对策 ［J］.海洋开发与管理，2002（2）：37 – 40.

[74] 徐志良.中国"新东部"：海陆区划统筹构想 ［M］.北京：海洋出版社，2008.

[75] 徐质斌.海洋经济学教程 ［M］.北京：经济科学出版社，2003：174 – 175.

[76] 许肖梅.海洋技术概论 ［M］.北京：科学出版社，2000：16 – 18.

[77] 晏维龙，袁平红.海岸带和海岸带经济的厘定及相关概念的辨析 ［J］.世界经济与政治论坛，2011（1）：84 – 86.

[78] 杨博文，李志刚.社会系统工程概论 ［M］.北京：石油工业出版社，2008：2 – 5.

[79] 杨金森.海岸带管理指南：基本概念、分析方法、规划模式 ［M］.北京：海洋出版社，1999.

[80] 杨金森，秦德润，王松霈.海岸带和海洋生态经济管理 ［M］.北京：海洋出版社，2000.

[81] 姚丽娜.我国海岸带综合管理与可持续发展 ［J］.哈尔滨商业大学学报（社会科学版），2003（3）：98 – 101.

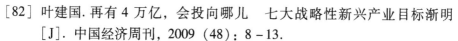
［82］ 叶建国.再有 4 万亿,会投向哪儿　七大战略性新兴产业目标渐明 ［J］.中国经济周刊,2009（48）：8－13.

［83］ 游建胜.福建省海岸带主要生态环境问题及可持续发展对策 ［J］.海洋开发与管理,2001（2）：54－55.

［84］ 于大江.近海资源保护与可持续利用 ［M］.北京：海洋出版社,2001：64－66.

［85］ 郁志荣.浅谈对海洋权益的定义 ［J］.海洋开发与管理,2008（5）：25－29.

［86］ 张德贤,陈中慧,戴桂林,等.渔业资源配额微分对策研究 ［J］.资源科学,2000,22（2）：61－65.

［87］ 张光威.“海岸带地质与可持续发展”学术研讨会学术报告综述 ［J］.海洋地质与第四纪地质,2002（3）：68－69.

［88］ 张宽,胡根成,吴克强,等.中国近海含油气盆地新一轮油气资源评价 ［J］.中国海上油气,2007,19（5）：290－293.

［89］ 张宽.珠江口盆地带法油气资源评价的勘探检验 ［J］.石油地质,2011,2（5）：24－26.

［90］ 张琳,韩增林.营口港发展条件及战略措施探讨 ［J］.海洋开发与管理,2009（26）：11.

［91］ 张耀光.中国边疆地理（海疆）［M］.北京：科学出版社,2001.

［92］ 张振克.黄渤海沿岸海岸带灾害、环境变化趋势及其可持续发展对策的研究 ［J］.海洋通报,1996（5）：91－96.

［93］ 赵济.中国自然地理 ［M］.北京：高等教育出版社,1995.

［94］ 赵领娣,于乐.海洋经济发展对陆域经济收入的拉动分析 ［J］.河北渔业,2008（9）：1－4,23.

［95］ 浙江省海洋水产养殖研究所.中国南部沿海生物多样性管理项目简介 ［EB/OL］.（2007－11－22）.http：//www.zjmri.com/ReadNews.asp?id＝863.

［96］ 中华人民共和国海洋环境保护法 ［M］.北京：中国法制出版社,2000.

［97］ 中华人民共和国国务院新闻办公室.中国海洋事业的发展 ［J］.中华人民共和国国务院公报,1998（16）：659－672.

［98］ 周才凡.东海油气普查勘探历程及成果 ［J］.海洋地质与第四纪地质,1989,9（3）：51－61.

［99］ 周鲁闽,卢昌义.厦门第二轮海岸带综合管理战略行动计划研究 ［J］.

台湾海峡，2006（2）：303－308.

[100] 朱坚真.广东海洋生物资源开发与保护机制研究［M］.北京：海洋出版社，2006.

[101] 朱坚真.国防经济学［M］.北京：海洋出版社，2010.

[102] 朱坚真.海洋规划与区划［M］.北京：海洋出版社，2007.

[103] 朱坚真.海洋环境经济学［M］.北京：经济科学出版社，2010.

[104] 朱坚真.海洋经济学［M］.北京：高等教育出版社，2010：76－79.

[105] 朱坚真.海洋资源经济学［M］.北京：经济科学出版社，2010：4－5.

[106] 朱坚真.南海开发与中国东中西产业转移的大致构想［J］.海洋开发与管理，2008（1）：33.

[107] 朱坚真，乔俊果，师银燕，等.南海开发与中国东中西产业转移的大致构想［J］.海洋开发与管理，2008，25（1）：33－38.

[108] 朱坚真，吴壮.海洋产业经济学导论［M］.北京：经济科学出版社，2009.

后　记

本教材由广东海洋大学管理学院副教授周珊珊博士主持编著，是广东海洋大学海洋管理规划教材之一。周珊珊拟定本书写作大纲，多次主持召开编写组工作座谈会，强调写作目的与教学要点，要求根据国内外海岸带经济管理理论与实践发展需要，特别注意吸收海洋经济管理的新情况、新问题，撰写适合用于海洋高等院校教学的优秀教材。在各成员完成的初稿基础上，周珊珊对全书进行了统一修改完善。

全书共十二章，各章初稿分工如下：第一、二、三、四章，周珊珊、朱坚真；第五、六、七章，刘汉斌、杨蕊、武文艺；第八、九、十章，崔曦文、马犇、王鑫玉；第十一、十二章，周珊珊、朱坚真。

本书主要参考了广东海洋大学原副校长兼广东省人文社会科学重点研究基地——海洋经济与管理研究中心主任、中国海洋发展研究中心研究员朱坚真博士几年前编著的《海岸带经济与管理》，也充分吸收了近几年国内外有关海岸带经济管理理论与实践发展的最新成果。

中国太平洋学会理事长、原国家海洋局副局长张宏声在百忙中认真阅读本书并欣然作序。中央外事委员会副主任孙书贤，全国人大常委会环境资源委员会副主任委员、原国家海洋局总工程师吕彩霞，国家海洋信息中心主任何广顺，中国太平洋学会理事长张宏声，以及中国海洋大学、上海海洋大学、上海海事大学、大连海洋大学、大连海事大学、浙江海洋大学、江苏海洋大学等同行专家学者也提出了许多好的意见与建议。

海岸带综合管理涉及海洋自然科学与人文社会科学。随着海洋学、地理学、环境学、管理学、经济学等多学科的迅猛发展，海岸带综合管理的知识面越来越广，内容日趋丰富多彩。近几年我国海岸带管理的理论与实践在许多方面已取得新的进展，新成果不断涌现。本书主要是我国沿海省市高等院校海岸带综合管理教学的阶段性成果，尽管编写组做了许多努力，但因时间紧迫，加之对海岸带综合管理高等院校课程教学的相关问题仍在不断摸索之中，书中仍有不足之处，恳请学界同仁和广大读者予以指正。

编著者
2023 年 11 月